广西职业教育专业发展研究基地计算机动漫与游戏制作专业发展研究基地研究成果

广西计算机动漫与游戏制作职教集团校企合作开发教材

广西中职名师工作坊合作开发教材

影视后期制作

主　编　宋　欢　黄永明

副主编　梁薇薇　刘建宏

参　编　廖　宁　金庆杰　兰　翔

　　　　周美锋　茹佐聪　吴　剑

主　审　张建德　包之明

北京理工大学出版社

BEIJING INSTITUTE OF TECHNOLOGY PRESS

内容简介

本书主要介绍 After Effects CC 软件操作的基础知识，比较系统地介绍软件的基本使用方法及其与 Photoshop 等软件的联合应用。全书分为 6 个项目，包括基础案例、文字特效、颜色校正、抠像技巧、三维空间合成、仿真特效的使用。本书案例丰富，通过实例任务讲解具体操作，让学生在实践操作过程中掌握影视作品后期制作的技巧。

本书既可作为职业院校影视动漫、平面设计、影视广告设计及相关专业的教材，也可作为广大视频编辑爱好者或相关从业人员的自学手册和参考资料。

图书在版编目（CIP）数据

影视后期制作 / 宋欢，黄永明主编 . -- 北京 : 北京理工大学出版社，2021.9

ISBN 978-7-5763-0477-0

Ⅰ. ①影… Ⅱ. ①宋… ②黄… Ⅲ. ①视频编辑软件②图像处理软件 Ⅳ. ①TN94②TP391.413

中国版本图书馆 CIP 数据核字（2021）第 205071 号

出版发行 / 北京理工大学出版社有限责任公司
社　　址 / 北京市海淀区中关村南大街 5 号
邮　　编 / 100081
电　　话 /（010）68914775（总编室）
（010）82562903（教材售后服务热线）
（010）68944723（其他图书服务热线）
网　　址 / http://www.bitpress.com.cn
经　　销 / 全国各地新华书店
印　　刷 / 定州市新华印刷有限公司
开　　本 / 889 毫米 ×1194 毫米　1/16
印　　张 / 13.5
字　　数 / 200 千字
版　　次 / 2021 年 9 月第 1 版　2021 年 9 月第 1 次印刷
定　　价 / 38.00 元

责任编辑 / 张荣君
文案编辑 / 张荣君
责任校对 / 周瑞红
责任印制 / 边心超

前言 PREFACE

After Effects CC 是 Adobe 公司开发的影视特效制作软件，是目前最流行的影视后期处理软件之一，被广泛应用于电视制作、广告制作、电影剪辑、游戏场景制作，以及企事业单位和个人视频制作等领域。目前，许多院校和培训机构的艺术专业都将 After Effects CC 作为一门重要的专业课程。

为了帮助职业院校和培训机构的教师系统地讲授这门课程，也为了帮助学生和广大读者能熟练地使用 After Effects CC 进行影视特效制作，制作出符合实际应用需要的作品，广西壮族自治区省级示范性职教集团广西计算机动漫与游戏制作职教集团，发挥担任广西职业教育计算机动漫与游戏制作专业发展研究基地主持人单位的优势，联合广西中职名师工作坊张建德、包之明、林翠云等三个主要编写团队，在充分调研各院校关于这门课程教学改革情况的基础上，结合编者丰富的教学经验和项目制作经验编写了本书。

一本好教材，应该易教、易学，让学生轻松学到实用的知识；一本好教材，应该内容安排合理，体例新颖、实用；一本好教材，应该概念准确，语言精炼，讲解通俗易懂；一本好教材，应该图文并茂，案例丰富、典型、实用。具体来说，本书具有以下几个特点。

• 精心设计结构体例，易教易学。本书按照“任务描述、学习目标、学习指导、实训过程、课堂体验、拓展训练、学习总结”7 个环节的思路编排每个项目结构。在讲解各节内容时，首先通过“任务描述、学习目标”让学生快速熟悉软件的相关功能和设计思路，然后通过“学习指导”让学生系统地学习软件的相关功能，接着通过“实训过程、课堂体验”让学生练习并巩固所学知识，在每个项目的最后还安排了“拓展训练、学习总结”，让学生进一步练习本项目所学知识，增强实战能力。

• 精心设计案例，符合教学需要。本书的案例主要分为四类，其中课堂案例、课堂实训案例和课后练习案例具有操作简单、针对性强（针对当前要讲解的软件功能、符合实际应用）等特点，最后的综合案例则是 After Effects CC 功能的综合应用，具有专业性强、设计精美等特点，目的是提高学生的综合实战能力。

• 精心安排内容，符合岗位需要。本书精心挑选与实际应用紧密相关的知识点和案例，从而让读者在学完本书后，能在实践中应用学到的技能。

• 语言精炼，通俗易懂。本书在讲解知识点时，力求做到语言精练，通俗易懂。在“学习指导”部分，对于一些较难理解的功能，使用小例子的方式进行讲解。

本书可作为职业院校以及各类计算机教育培训机构的专用教材，也可供广大初、中级电脑爱好者自学使用。

本书中对 After Effects CC CS6 的菜单、对话框和各项参数的中文描述因翻译原因，与其他资料的描述可能不完全一致，敬请理解。编者在编写本书的过程中参考与借鉴了大量文献，在此向相关作者致以诚挚的谢意。 由于编者水平有限，疏漏和不当之处难免存在，敬请广大读者批评指正。

编　者

项目 1 基础案例

项目 2 文字特效

项目 3 颜色校正

项目 4 抠像技巧

项目 5 三维空间合成

项目 6 仿真特效的使用

项目 1

基础案例

任务1

路径动画

任务描述

请根据图 1–1–1（a）所示的素材，让瓢虫对象沿着路径运动，为对象的“位置”“比例”“旋转”和“透明度”等参数创建关键帧，调整不同时间点处关键帧的参数，使对象产生运动变化，最终完成效果如图 1–1–1（b）所示。

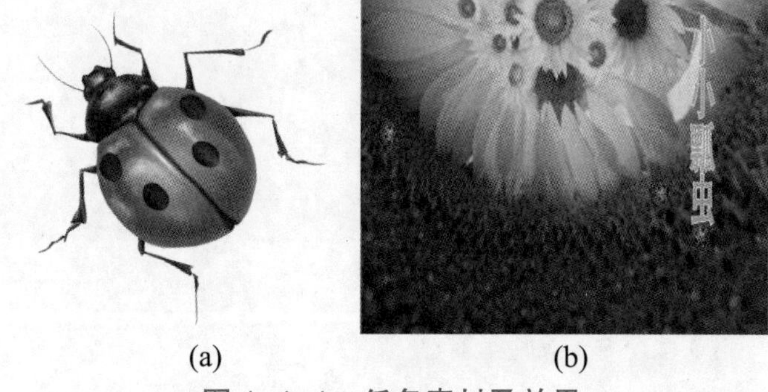

(a)　　(b)

图 1–1–1　任务素材及效果

（a）素材；（b）效果

学习目标

1. 熟悉素材的导入方式。
2. 了解图层的合并方式。
3. 了解新建合成的方式。
4. 学会利用“位置”“比例”“旋转”和“透明度”等参数制作关键帧动画。
5. 掌握满屏命令和渲染影片的方式。

学习指导

一、了解 After Effects CC 常见概念与术语

1. 图层（layer）

图层是引入 Photoshop 中层的概念，使 After Effects CC 既可以非常方便地调入 Photoshop 和 Illustrator 中的层文件，也可以将视音频文件、文字和静态图像等其他文件作为图层显示在合成图像中。

2. 帧（Frame）

帧是传统影视和数字视频中的基本信息单元。我们在电视中看到的活动画面其实是由一系列的单个图片构成的，相邻图片之间的差别很小。如果这些图片以高速播放，由于人眼的视觉暂留现象，所以我们感觉播放的这些连续图片是动态的，而且是连贯流畅的，这些连续播放的每一幅图片称为一帧。

3. 帧速率（Frame Rate）

帧速率是指视频播放时每秒钟渲染生成的帧数。对于电影来说，帧速率为 24 帧 / 秒；对于 PAL 制式的电视系统来说，其帧速率为 25 帧 / 秒；而对于 NTSC 制式的电视系统，其帧速率为 30 帧 / 秒。由于技术的原因，NTSC 制式实际使用的帧速率为 29.97 帧 / 秒，而不是 30 帧 / 秒。因为在时间码与实际播放时间之间有 0.1% 的误差，为了解决这个问题，NTSC 制式中设计有掉帧（Drop-Frame）格式，这样可以保证时间码与实际播放时间一致。

4. 帧尺寸（Frame Size）

帧尺寸就是形象化的分辨率，指图像的长度和宽度。对于 PAL 制式的电视系统来说，其帧尺寸一般为 720 × 576；而对于 NTSC 制式的电视系统，其帧尺寸一般为 720 × 480；对于 HDV（数码摄像机高清标准）来说，其帧尺寸一般为 1 280 × 720 或 1 440 × 1 280。

5. 关键帧（Keyframe）

关键帧是编辑动画和处理特效的核心技术。关键帧记录动画或特效的特征及参数，中间画面的参数则由计算机自动运算并添加。

6. 场（Field）

场是电视系统中的另一个概念。电视机由于受到信号带宽的限制，以隔行扫描的方式显示图像，这种扫描方式将一帧画面按照水平方向分成许多行，用两次扫描来交替显示奇数行和偶数行，每扫描一次就称为一场。也就是说，一帧画面是由两场扫描完成的。因此，以 PAL 制式的电视系统为例，其帧速率为 25 帧 / 秒，则场速率为 50 帧 / 秒。随着视频技术和逐行扫描技术的发展，场的问题已经得到了很好的解决。

7. 时间码（SMPTE）

时间码是影视后期编辑和特效处理中视频的时间标准。通常时间码用来识别和记录视频数据流中的每一帧，根据电影和电视工程师协会（SMPTE）使用的时间码标准，其格式为小时：分钟：秒：帧（Hours:Minutes:Seconds:Frames）。如果一段 00:01:22:08 的视频素材，则其播放的时间为 1 分钟 22 秒 8 帧。

8. 帧宽高比和像素宽高比

我们平常所说的 4∶3 和 16∶9 就是指视频画面的长宽比，也就是指组成每一帧画面的长宽比。而像素宽高比则是指帧画面内每一个像素的长高比，例如，对于 PAL 制式的电视系统来说，帧尺寸同为 720×576 的图像，其 4∶3 的单个像素长宽比为 1∶1.067，而 16∶9 的单个像素长宽比为 1∶1.422。

9. Alpha 通道

Alpha 通道是图形图像学中的一个名词，是指采用 8 位二进制数存储于图像文件中，代表各像素点透明度附加信息的专用通道。其中，白色表示不透明，黑色表示透明，灰色则根据其程度不同而呈现半透明状态。Alpha 通道常用于各种合成、抠像等创作中，是保存选择区域的地方。

二、After Effects CC 的工作界面

启动 After Effects CC 的常用方法有两种，一种是通过操作系统的开始菜单进行启动，另一种是双击桌面快捷图标启动。在启动 After Effects CC 后，系统会显示 After Effects CC 的启动画面，如图 1-1-2 所示。

图 1-1-2　After Effects CC 的启动画面

启动 After Effects CC 后，系统会弹出“警告”对话框，提示系统未安装 QuickTime（Apple 公司出品的一款多媒体播放器），如图 1-1-3 所示，单击“确定”按钮后，系统弹出“欢迎使用 Adobe After Effects CC”对话框，左侧显示最近打开过的项目，右侧显示“新建合成”“打开项目”“帮助和支持”及“入门”按钮，取消勾选“启动时显示欢迎屏幕”选项，下次将不显示该对话框，如图 1-1-4 所示。

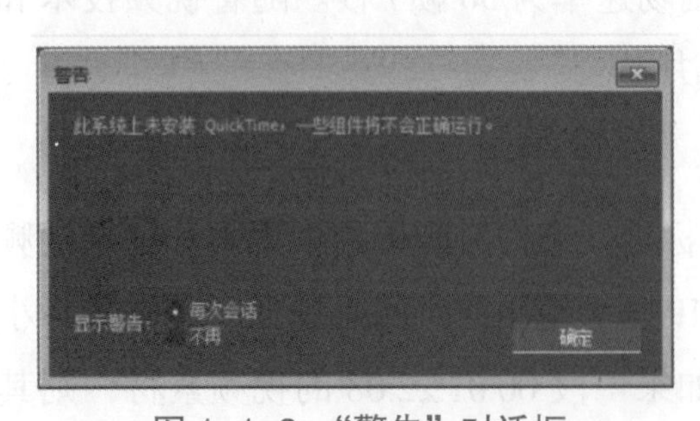

图 1-1-3　“警告”对话框

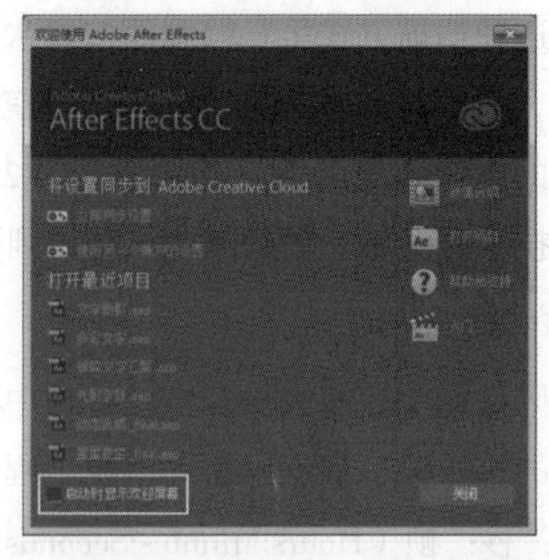

图 1-1-4　“欢迎使用 Adobe After Effects CC”对话框

关闭“欢迎使用 Adobe After Effects CC”对话框，显示 After Effects CC 的工作界面，它主要由标题栏、菜单栏、“工具”面板、“合成”面板、“项目”面板、时间线面板和其他工具面板组成，如图 1-1-5 所示。

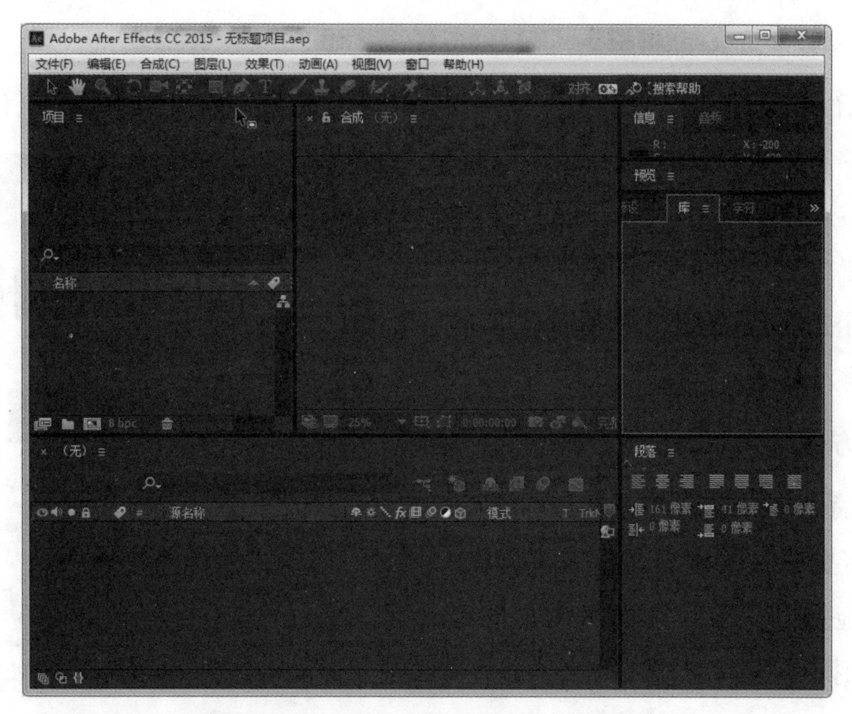

图 1–1–5　After Effects CC 工作界面

三、导入素材

素材是After Effects CC的基本构成元素，在After Effects CC中可导入的素材包括动态视频、静帧图像、静帧图像序列、音频文件、Photoshop 分层文件、Illustrator 文件、After Effects CC 工程中的其他合成、Premiere 工程文件及 Flash 输出的 .swf 文件等。在工作中，将素材导入“项目”面板中有以下 5 种方式。

1. 一次性导入一个或多个素材

步骤 1：执行“文件”→“导入”→“文件”命令，打开“导入文件”对话框，如图 1–1–6 所示。

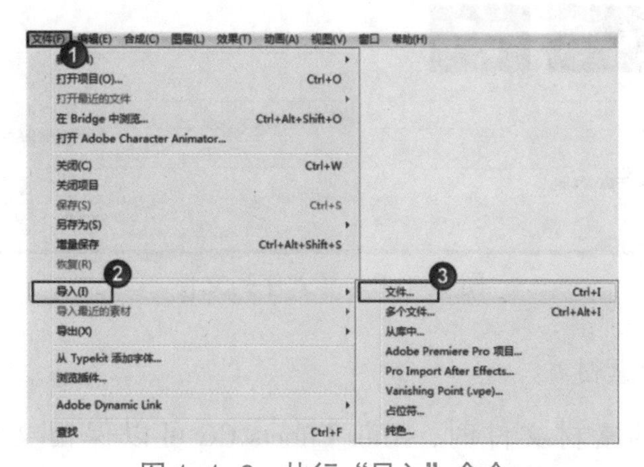

图 1–1–6　执行“导入”命令

步骤 2：在磁盘中选择需要导入的素材，然后单击“导入”按钮即可将素材导入到“项目”面板中，导入素材文件后，在“项目”面板中，会出现导入的文件。

2. 连续导入单个或多个素材

步骤 1：执行“文件”→“导入”→“多个文件”命令，或使用组合键〈Ctrl+Alt+I〉，可以打开“导入多个文件”对话框，如图 1-1-7 所示。

步骤 2：在“导入多个文件”对话框中，选择需要的单个或多个素材，然后单击“导入”按钮即可导入素材。

3. 以拖拽方式导入素材

在 Windows 系统资源管理器或 Adobe Bridge 窗口中，选择需要导入的素材文件或文件夹，然后直接将其拖拽到“项目”面板中，即可完成导入素材的操作。

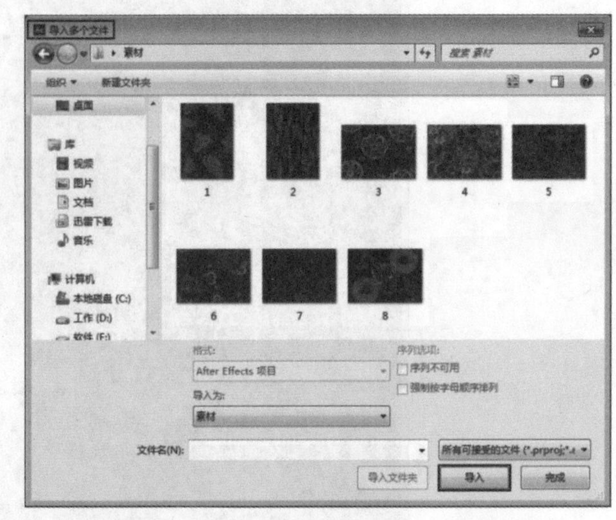

图 1-1-7 “导入多个文件”对话框

4. 导入序列文件

在“导入多个文件”对话框中勾选“JPEG 序列”选项，这样就可以以序列的方式导入素材，最后单击“导入”按钮完成导入，如图 1-1-8 所示。

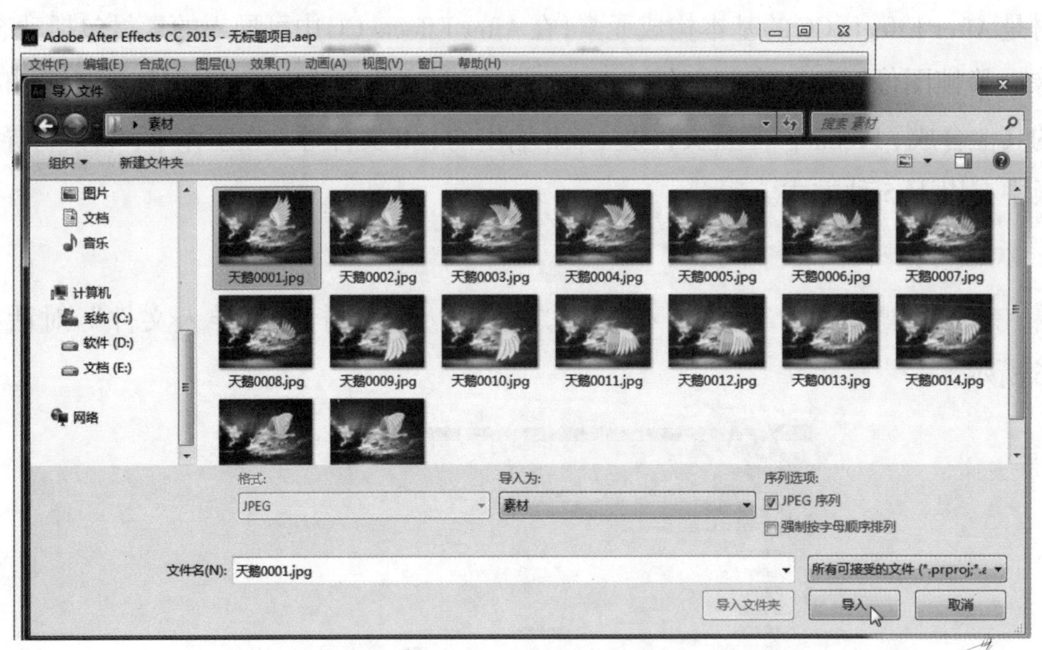

图 1-1-8 导入序列文件

5. 导入含有图层的素材

在导入含有图层的素材文件时，After Effects CC 可以保留文件中的图层信息，如 Photoshop 的 .psd 文件和 Illustrator 的 .ai 文件，可以选择以“素材”或“合成”的方式进行导入，如图 1-1-9 所示。

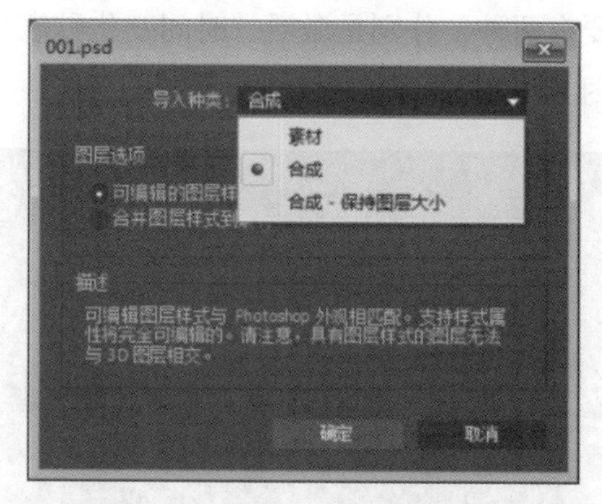

图 1–1–9 导入含有图层的素材

四、关键帧动画

在 After Effects CC 的关键帧动画中，至少需要两个关键帧才能产生作用。第 1 个关键帧表示动画的初始状态，第 2 个关键帧表示动画的结束状态，中间的动态则由计算机通过插值计算得出。如图 1–1–10 所示的摆钟动画中，状态 1 是初始状态，状态 9 是结束状态，中间的状态 2~8 是通过计算机插值来生成的中间动画状态。

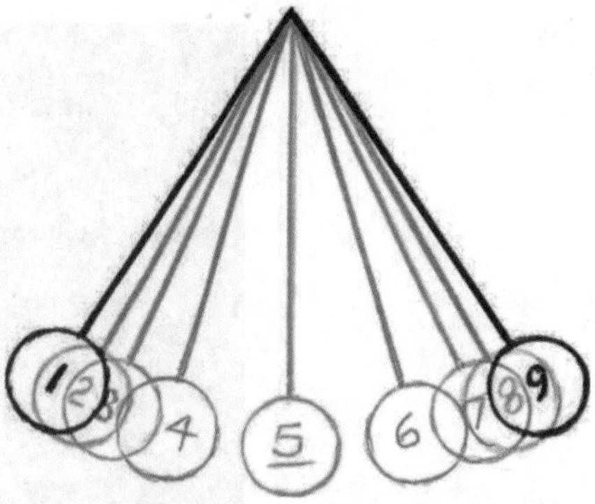

图 1–1–10 摆钟动画

创建关键帧的方法如下。

在 After Effects CC 中，每个可以制作动画的图层参数前面都有一个“时间变化秒表”按钮，单击该按钮，使其呈凹陷状态就可以开始制作关键帧动画了。

一旦激活“时间变化秒表”按钮，在时间线面板中的任何时间进程都将产生新的关键帧；关闭“时间变化秒表”按钮后，所有设置的关键帧属性都将消失，参数设置将保持当前时间的参数值。图 1–1–11 分别是激活与未激活的关键帧。

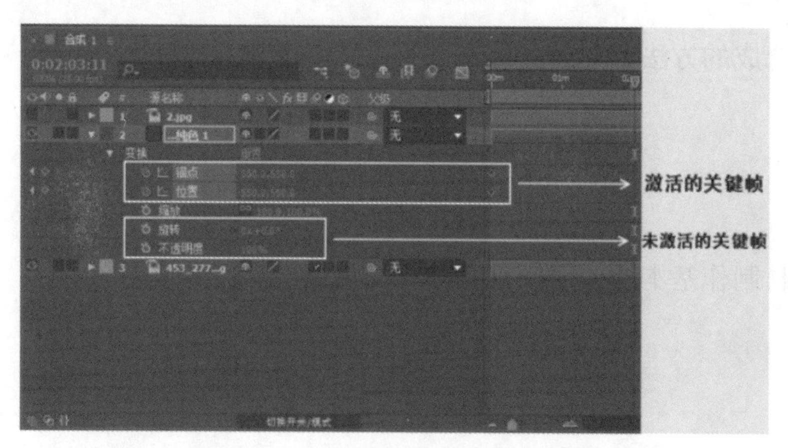

图 1–1–11 激活与未激活的关键帧

生成关键帧的方法主要有两种，分别是激活“时间变化秒表”按钮，如图 1–1–12 所示；制作动画曲线关键帧，如图 1–1–13 所示。

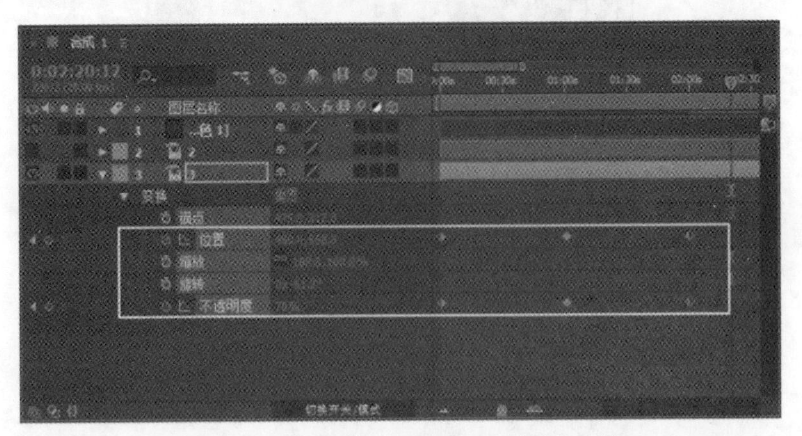

图 1–1–12　激活“时间变化秒表”按钮

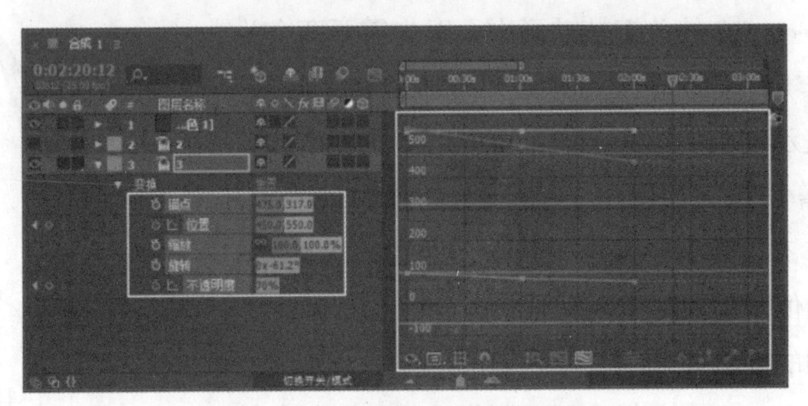

图 1–1–13　制作动画曲线关键帧

路径动画

实训过程

一、自主学习

1. 简述新建合成的方法。

2. 如何为素材制作基本的关键帧动画？

二、实践探索

步骤 1：打开 After Effects CC 软件，执行“文件”→“导入”→“文件”命令，或按组合键〈Ctrl+I〉，导入素材文件“瓢虫 .jpg”“向日葵 .jpeg”，如图 1–1–14 所示。

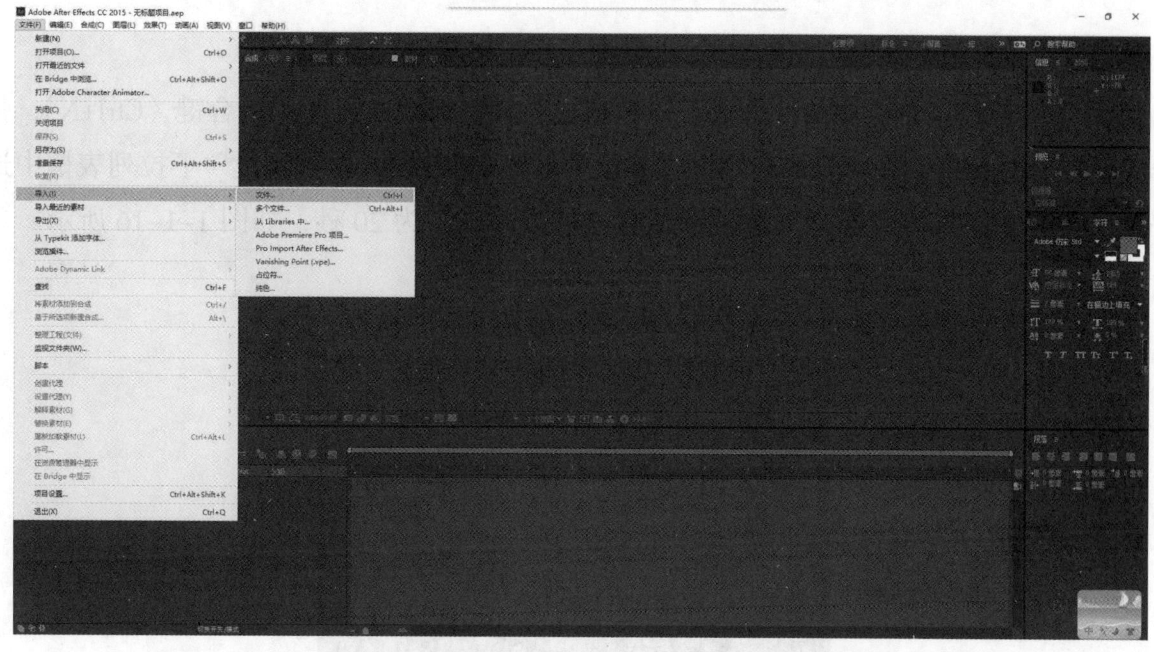

图 1–1–14　“导入”菜单

思考：简述打开 After Effects CC 软件的方法。

步骤 2：执行“文件”→“保存”命令，弹出“另存为”对话框，将项目命名为“路径动画”，保存项目，如图 1–1–15 所示。

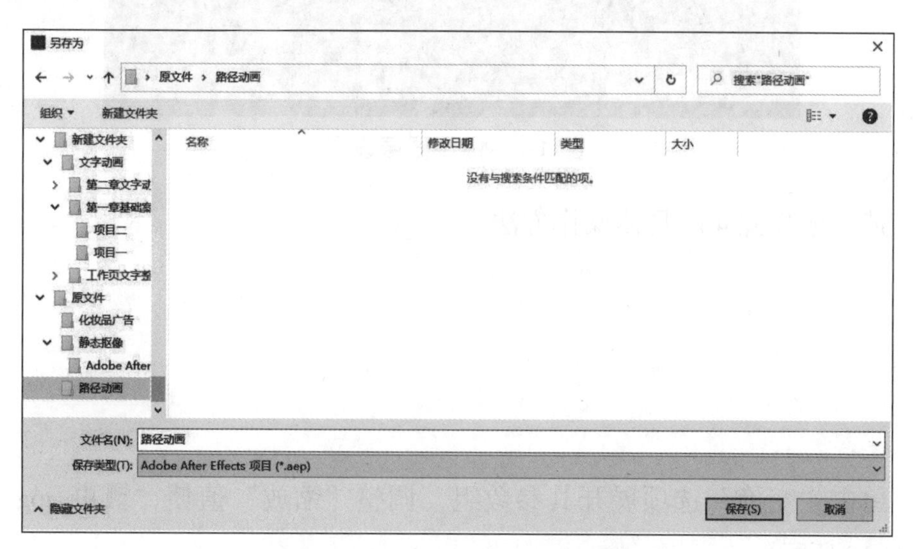

图 1–1–15　“另存为”对话框

思考：简述保存项目的方法。

步骤 3：执行菜单栏中的“合成”→“新建合成”命令，或使用组合键〈Ctrl+N〉，弹出“合成设置”对话框，在“合成名称”文本框中输入“瓢虫”，在“预设”下拉列表框中选择“PAL D1/DV 宽银幕方形像素”选项，设置“持续时间”为 20 秒，如图 1–1–16 所示。单击“确定”按钮，新建一个合成。

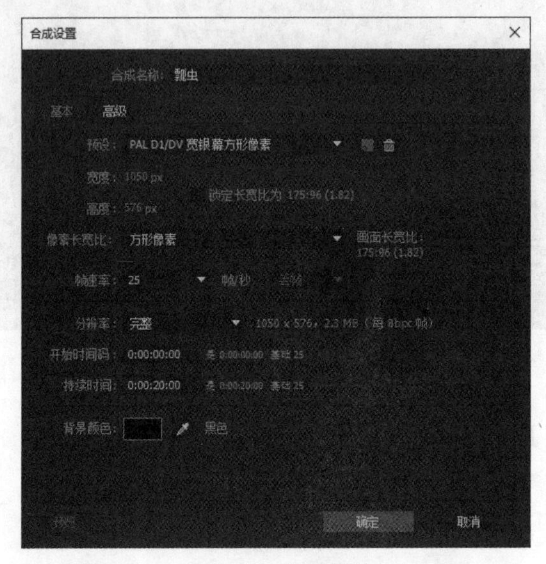

图 1–1–16 “合成设置”对话框

步骤 4：添加“向日葵.jpeg”素材到时间线面板，锁定图层，添加素材“瓢虫.jpg”至“向日葵.jpeg”上方，如图 1–1–17 所示。

图 1–1–17 图层设置

思考：简述完成步骤 4 的具体操作方法。

步骤 5：单击“变换”选项展开其参数组，调整“缩放”值使“瓢虫.jpg”达到合适大小，如图 1–1–18 所示。

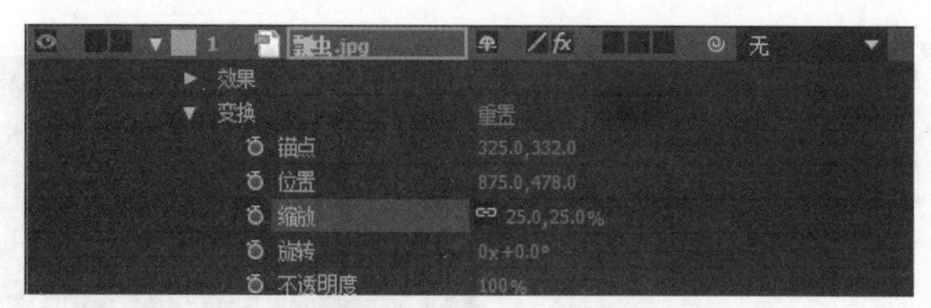

图 1-1-18　调整“缩放”参数

在实际操作过程中，调整的缩放比例是________。

步骤 6：单击“位置”前的码表，生成位置关键帧，如图 1-1-19 所示。调整“瓢虫 .jpg”位置和时间线，生成位置动画。

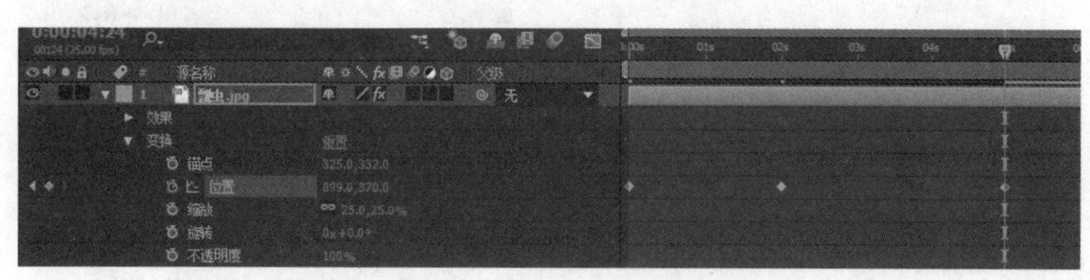

图 1-1-19　生成位置关键帧

步骤 7：单击“旋转”前的码表，设置路径动画，使瓢虫沿着路径运动，如图 1-1-20 和图 1-1-21 所示。

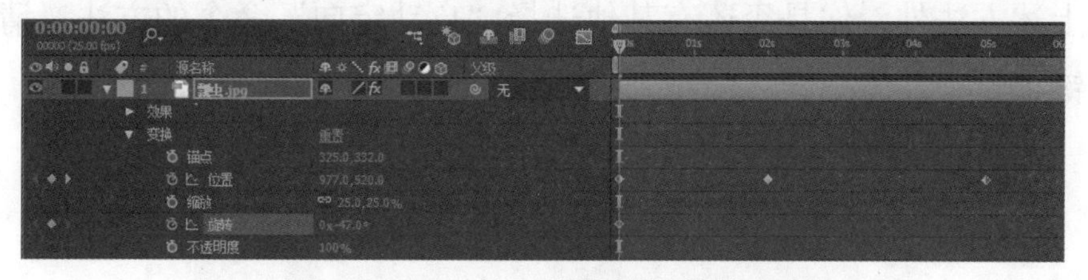

图 1-1-20　单击“旋转”前的码表

图 1-1-21　设置路径动画

思考：请展示设置的路径图形。

步骤 8：执行菜单栏中的“图层”→“变换”→“自动定向”命令，如图 1-1-22 所示。

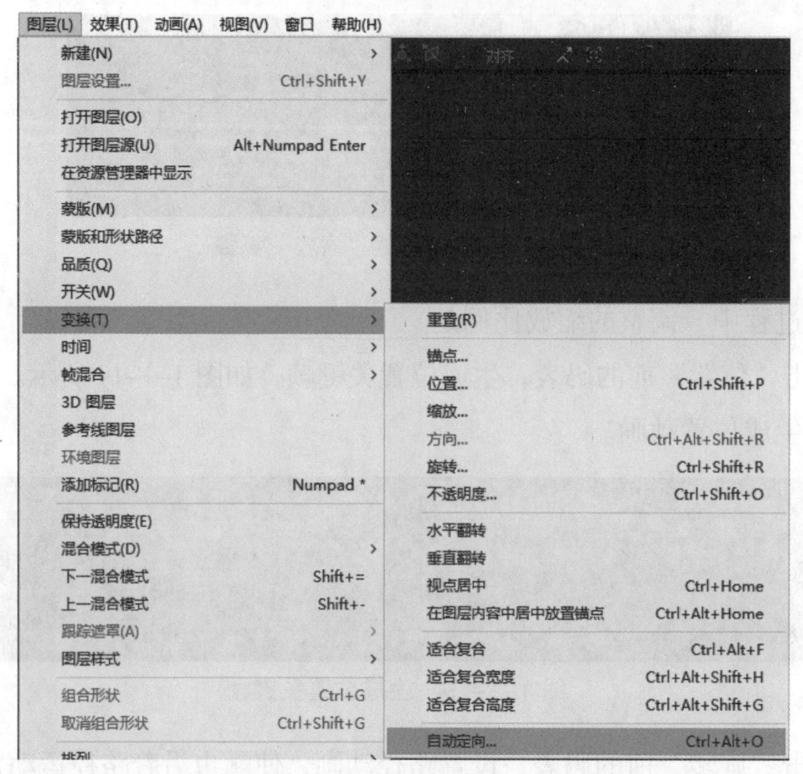

图 1–1–22 执行“自动定向”命令

思考：除上述方法外，你是否还有其他选择“自动定向”命令的方法？请具体说明（提示：使用快捷键）。

步骤 9：执行“效果”→“效果控件”→“透视”→“投影”命令，添加投影特效，如图 1–1–23 所示。

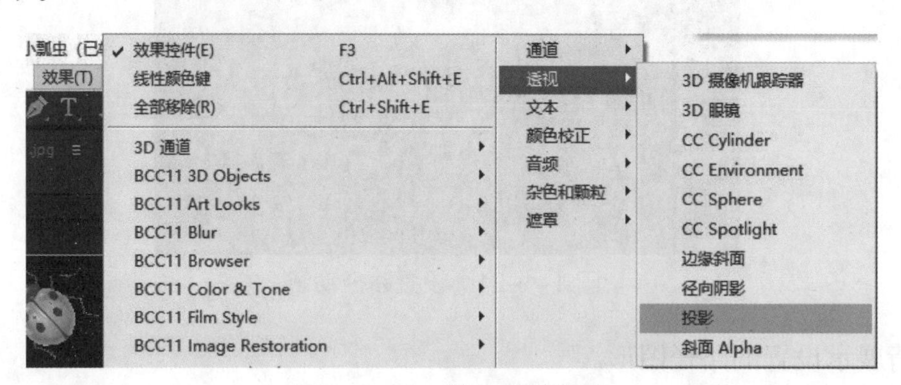

图 1–1–23 添加投影特效

请展示添加投影后的效果。

步骤 10：使用组合键〈Ctrl+D〉复制属性，调整多个图层中的参数，制作多个瓢虫运动动画，如图 1–1–24 所示。

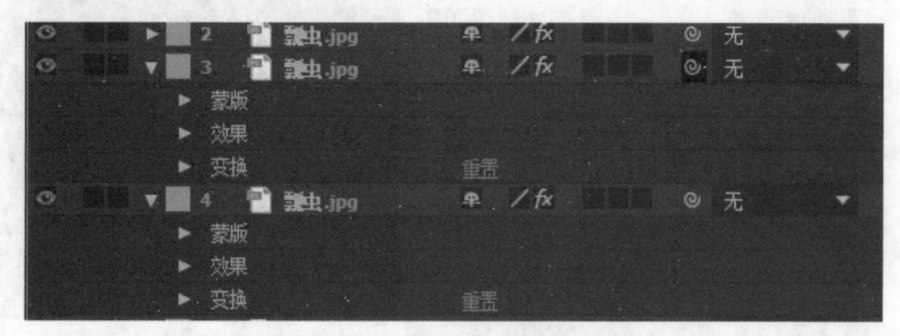

图 1–1–24　调整图层参数

思考：简述需要调整的参数有哪些。

步骤 11：使用工具栏中的 T 工具，添加标题“小小瓢虫”，设置 0 秒处的“透明度”为 100%，10 秒处的“不透明度”为 0%，如图 1–1–25 所示。

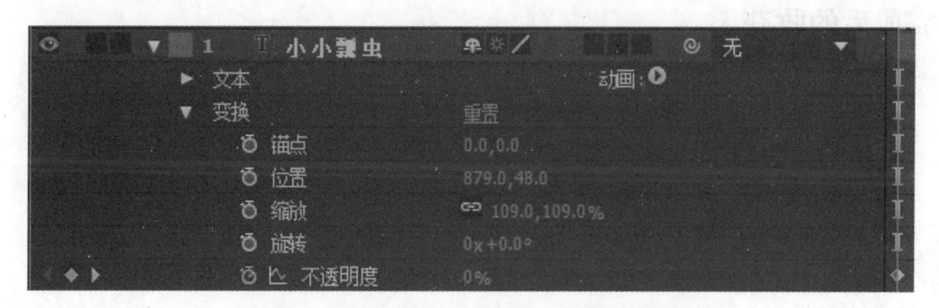

图 1–1–25　添加标题，设置透明度

思考：简述设置“透明度”参数的步骤，并请展示设置完成后的效果。

步骤 12：执行“文件”→“导出”→“添加到渲染队列”命令（见图 1–1–26），打开“添加到渲染队列”面板，调整渲染设置中的“格式”“通道”“保存路径”，单击“渲染输出动画”，完成制作。

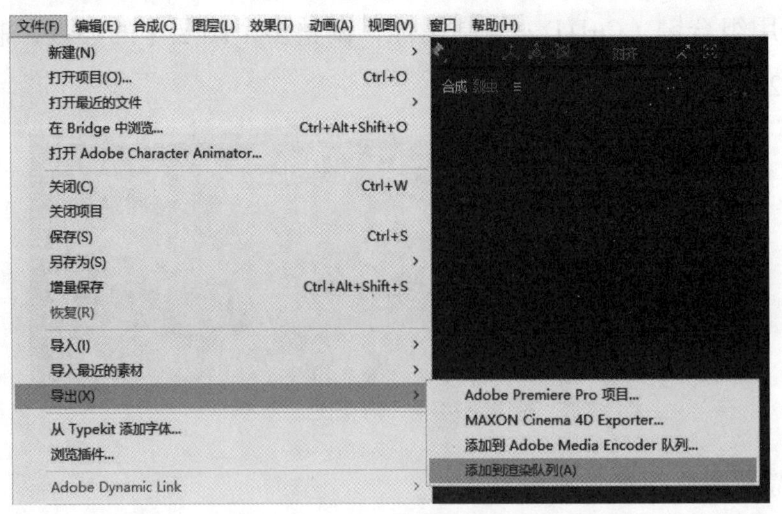

图 1-1-26　执行“添加到渲染队列”命令

思考：请展示面板的设置内容。

课堂体验

简述制作完成后的收获。

拓展训练

请根据提供的素材，完成图 1-1-27 所示的“自行车运动”的路径动画。通过为素材添加路径，设置位置关键帧实现运动效果，然后应用自动定向命令调整运动的角度控制，完成最后的自行车运动。

(a)

(b)

图 1-1-27　拓展任务素材及效果

（a）素材；（b）效果

参考步骤

步骤 1：基本设置，新建合成组，背景色为青色（R:0，G:200，B:255），导入素材。

步骤 2：新建纯色层，颜色为绿色（R:0，G:120，B:50）。

步骤 3：山坡制作，用钢笔在固态层上绘制一个山坡的遮罩区域，类似一个崎岖的山体。

步骤 4：素材置入，修改比例。

步骤 5：设置自行车的路径。

步骤 6：转向设置。

步骤 7：动感加强，为了加强视觉效果，可以打开“动态模糊”按钮。

学习总结

1. 请写出学习过程中的收获和遇到的问题。

2. 请对自己的作品进行评价，并填写表 1–1–1。

表 1–1–1　项目任务过程考核评价表

班级		项目任务			
姓名		教师			
学期		评分日期			
评分内容（满分 100 分）			学生自评	组员互评	教师评价
专业技能（60 分）	工作页完成进度（10 分）				
	对理论知识的掌握程度（20 分）				
	理论知识的应用能力（20 分）				
	改进能力（10 分）				
综合素养（40 分）	按时打卡（10 分）				
	信息获取的途径（10 分）				
	按时完成学习及工作任务（10 分）				
	团队合作精神（10 分）				
总分					
综合得分（学生自评 10%；组员互评 10%；教师评价 80%）					
学生签名：			教师签名：		

任务 2

蒙版动画

任务描述

请根据图 1-2-1（a）所示的素材，利用蒙版可以对图层做局部再现、改变色调、限制动画范围等操作，最终完成效果如图 1-2-1（b）所示。

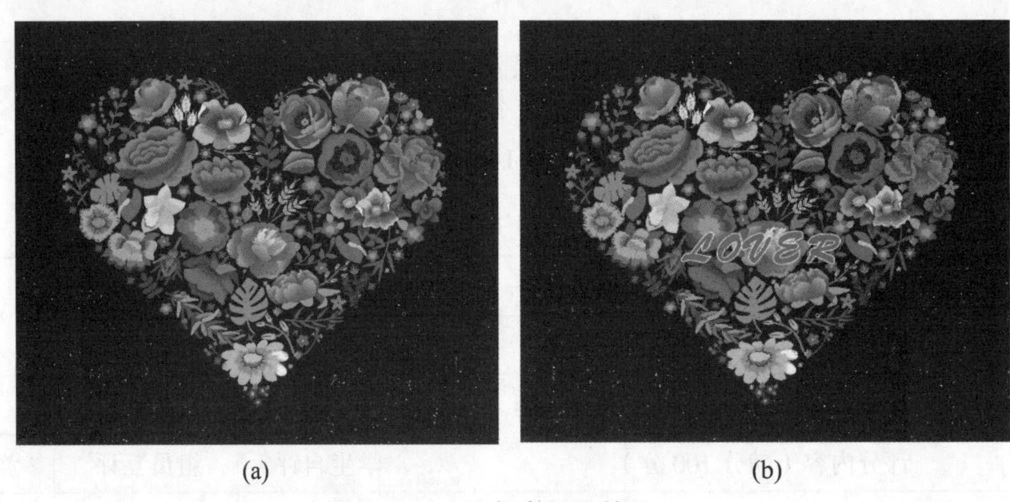

(a) (b)

图 1-2-1 任务素材及效果
（a）素材；（b）效果

学习目标

1. 掌握蒙版的绘制方法。
2. 了解使用工具调整蒙版的方法。
3. 学会利用蒙版的属性创建动画。
4. 学会利用“不透明度”参数制作关键帧动画。

学习指导

After Effects CC 中的蒙版是一个用参数来修改图层属性、效果和属性的路径。蒙版的最常见用法是修改图层的 Alpha 通道，以确定每个像素的图层的透明度。蒙版的另一个常见用法是用作对文本设置动画的路径。蒙版属于特定图层，每个图层可以包含多个蒙版。

蒙版有闭合路径和开放路径两种存在形式：闭合路径蒙版可以为图层创建透明区域；开放路径蒙版无法为图层创建透明区域，但可用作特效参数。可以将开放或闭合蒙版路径用作输入的，包括描边、效果路径文本、音频波形、音频频谱以及勾画。可以将闭合蒙版（而不是开放蒙版）用作输入的特效，包括填充、涂抹、改变形状、粒子运动场以及内部/外部键。

可以用“形状工具”在常见几何形状（包括多边形、椭圆形和星形）中绘制蒙版，或者使用钢笔工具来绘制任意路径。虽然蒙版路径的编辑和插值可提供一些额外功能，但绘制蒙版路径与在形状图层上绘制形状路径基本相同。用表达式将蒙版路径链接到形状路径，这能够将蒙版的优点融入形状图层，反之亦然。

一、蒙版创建与蒙版属性

（1）创建蒙版：选择“钢笔工具”或“形状工具”均可在素材图层上绘制出闭合的蒙版区域，默认情况下，闭合蒙版的内部为不透明，外部为透明。

（2）编辑蒙版：创建好的蒙版可以用钢笔工具和选择工具编辑路径节点来改变蒙版形状，还可在选中蒙版后选择“菜单”→“编辑”→“清除”命令，来删除当前蒙版。

（3）蒙版属性：展开时间线面板中蒙版选项可对蒙版相关属性进行修改。

（4）反转蒙版：要反转特定蒙版的内部和外部，在时间线面板中选择蒙版名称旁边的“反转”按钮。

（5）蒙版路径：单击时间线面板中蒙版路径选项，可以对蒙版四角数值进行修改。

（6）蒙版羽化：通过按用户定义的距离使蒙版边缘从透明度更高逐渐减至透明度更低，可以对蒙版边缘进行柔化；使用“蒙版羽化”属性，可将蒙版边缘变为硬边或软边（羽化）；默认情况下，羽化宽度跨蒙版边缘，一半在内一半在外；例如，如果将羽化宽度设置为25，则表示羽化扩展蒙版边缘内部的12.5像素及其外部的12.5像素。

（7）蒙版不透明度：修改蒙版遮蔽部分的透明度。

（8）扩展或收缩蒙版边缘：扩展或收缩受蒙版影响的区域；蒙版扩展影响Alpha通道，但不影响底层蒙版路径；蒙版扩展实际上是一个偏移量，用于确定蒙版对Alpha通道的影响与蒙版路径的距离，以像素为单位。

二、复合蒙版

当在一层素材中同时存在多个蒙版时，通过在时间线面板素材轨道中修改蒙版的复合方式来改变各个蒙版间的复合方式。

不同复合方式可产生不同的效果。蒙版的复合方式有以下7种。

无：蒙版对图层的Alpha通道没有直接影响。仅对描边或填充等特效使用蒙版路径时，或者要使用蒙版路径作为形状路径的基础时，此选项很有用。

相加：蒙版将添加到堆积顺序中位于它上面的蒙版中。蒙版的影响将与位于它上面的蒙版累加。

相减：将从位于该蒙版上面的蒙版中减去其影响。如果想在另一蒙版的中心创建一个洞，则此选项很有用。

交集：蒙版将添加到堆积顺序中位于它上面的蒙版中。在蒙版与位于它上面的蒙版重叠的区域中，该蒙版的影响将与位于它上面的蒙版累加。在蒙版与位于它上面的蒙版不重叠的区域中，结果是完全不透明。

变亮：蒙版将添加到堆积顺序中位于它上面的蒙版中。如果有多个蒙版相交，则使用最高透明度值。

变暗：蒙版将添加到堆积顺序中位于它上面的蒙版中。如果有多个蒙版相交，则使用最低透明度值。

差值：蒙版将添加到堆积顺序中位于它上面的蒙版中。在蒙版与位于它上面的蒙版不重叠的区域中，将应用该蒙版，就好像图层上仅存在该蒙版一样。在蒙版与位于它上面的蒙版重叠的区域中，将从位于它上面的蒙版中减去该蒙版的影响。

蒙版动画

一、自主学习

1. 简述蒙版的制作方法。

2. 如何利用蒙版的属性创建动画？

二、实践探索

步骤 1：打开 After Effects CC 软件，新建项目“蒙版动画”。

思考：简述打开 After Effects CC 软件的方法。

步骤 2：导入素材文件“背景 .jpg”，如图 1–2–2 所示。

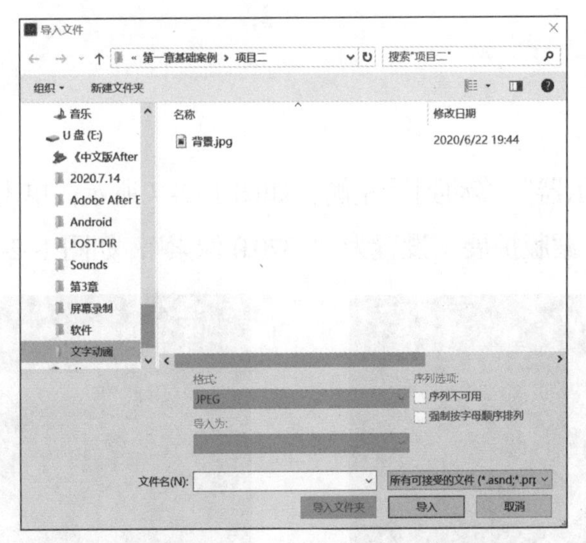

图 1–2–2　导入素材文件

步骤 3：新建合成，在“合成设置”对话框中调整合成参数，如图 1–2–3 所示；新建纯色层，在“纯色设置”对话框，“名称”文本框中输入“背景层”，如图 1–2–4 所示。

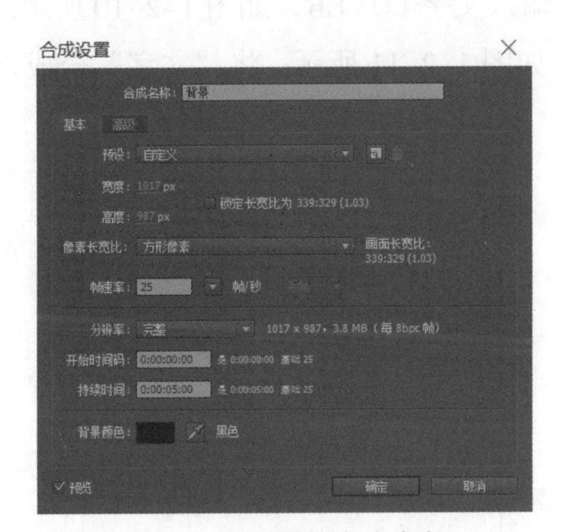

图 1–2–3　调整合成参数

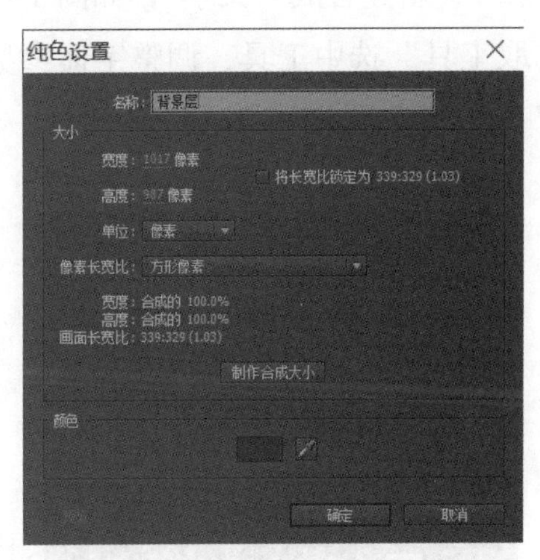

图 1–2–4　命名为“背景层”

步骤 4：绘制一个心形蒙版，调整蒙版大小和形状，如图 1–2–5 所示。

步骤 5：使用“选取工具”调整蒙版曲线上的控制点，调整蒙版的形状，如图 1–2–6 所示。

图 1–2–5　绘制心形蒙版

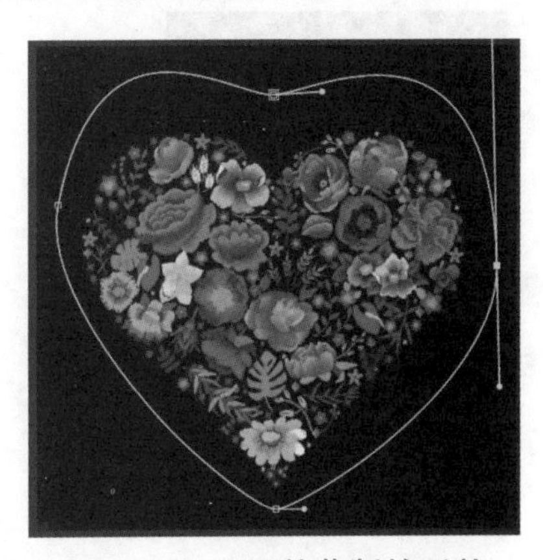

图 1–2–6　调整蒙版的形状

思考：简述调整蒙版形状的方法。

步骤 6：将“时间指示器”移动到最左侧，如图 1–2–7 所示；单击“蒙版羽化”前的码表，调整“蒙版羽化”参数，“蒙版扩展”设置为“–370.0 像素”，如图 1–2–8 所示，制作羽化动画。

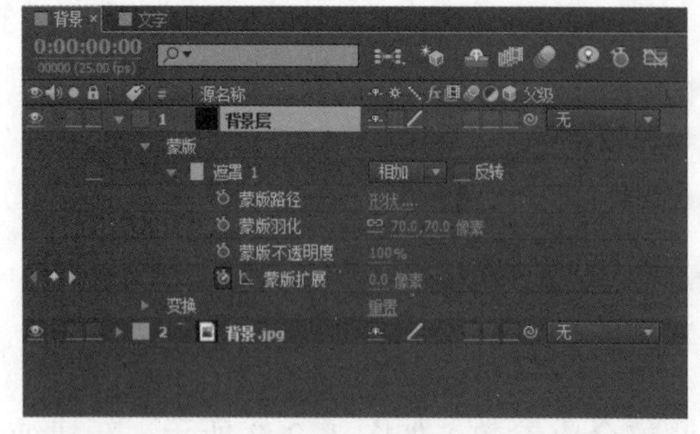

图 1–2–7 “时间指示器”移动到最左侧

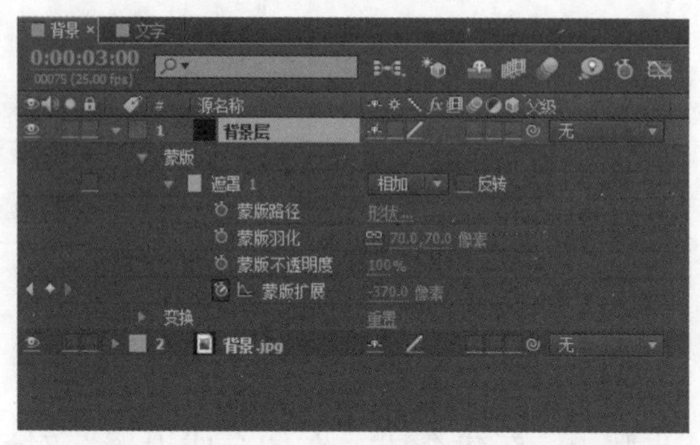

图 1–2–8 调整“蒙版羽化”参数

步骤 7：新建合成“文字”，如图 1–2–9 所示；输入文字 LOVER，如图 1–2–10 所示；使用“选取工具”选中工具，调整字体参数与颜色，如图 1–2–11 所示；将“文字”合成拖到“背景”合成中，如图 1–2–12 所示。

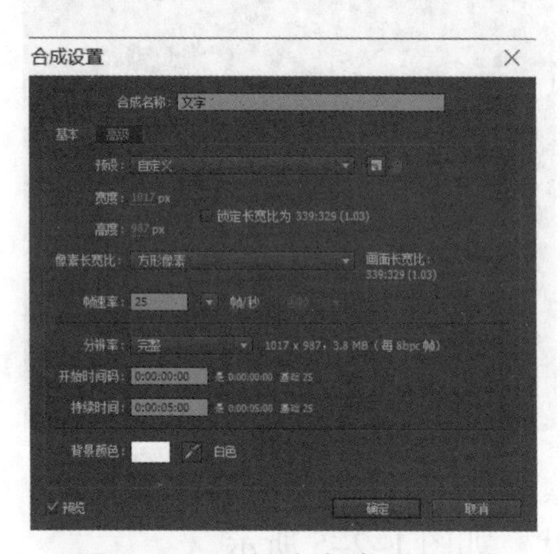

图 1–2–9 新建合成“文字”

图 1–2–10 输入文字

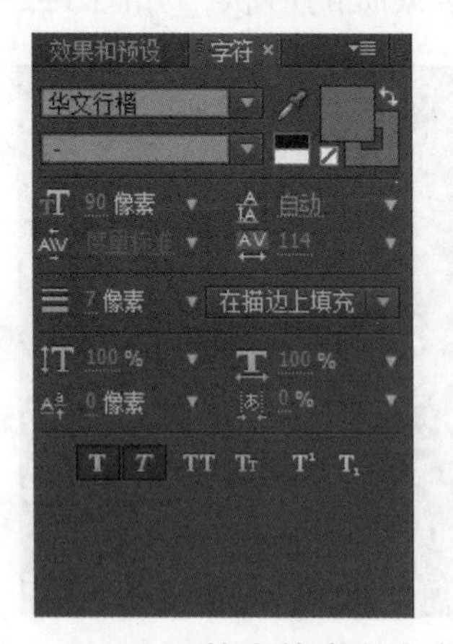

图 1–2–11 调整字体参数与颜色

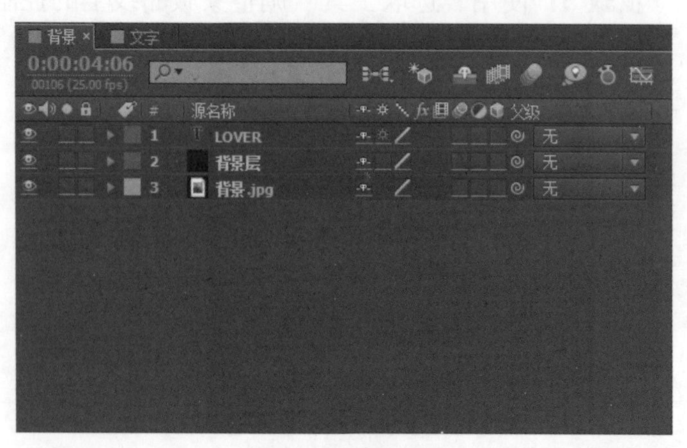

图 1–2–12 将“文字”合成拖到“背景”合成中

思考：简述调整字体参数与颜色的方法。

步骤 8：将“时间指示器”拉到 3 秒 10 帧，将文字“不透明度”调成 0%，如图 1-2-13 所示;再将“时间指示器”拉到 4 秒 10 帧，文字“不透明度”调成 100%，如图 1-2-14 所示。

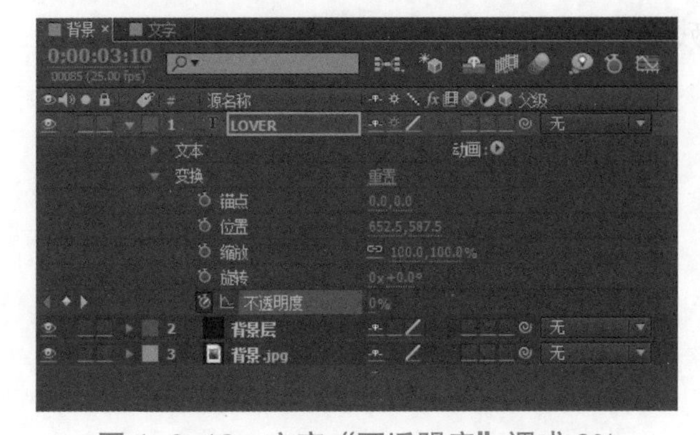

图 1-2-13　文字“不透明度”调成 0%

图 1-2-14　文字“不透明度”调成 100%

步骤 9：渲染输出作品，完成制作。

课堂体验

简述制作完成后的收获。

拓展训练

请根据提供的素材，完成图 1-2-15 所示的“穿云破雾”的蒙版动画。利用“钢笔工具”对素材进行区域绘制，然后将两个素材进行合成，制作出飞机穿过云雾的效果。

(a)　　(b)

图 1-2-15　拓展任务素材及效果

（a）素材；（b）效果

参考步骤

步骤 1：基本设置，新建合成组，持续时间为 5 秒，导入素材，导入云彩素材时要注意勾选“Targe 序列”选项。

步骤 2：图层属性调整。

步骤 3：复制云层，并更名为“残雾”。

步骤 4：图层顺序调整，将“残雾”图层移到“飞机 3”图层的上方。

步骤 5：绘制区域，用“钢笔工具”在“残雾”图层绘制蒙版，提取中间部分的云彩，并修改“遮罩羽化”的参数。

学习总结

1. 请写出学习过程中的收获和遇到的问题。

2. 请对自己的作品进行评价，并填写表 1-2-1。

表 1-2-1　项目任务过程考核评价表

班级		项目任务		
姓名		教师		
学期		评分日期		
评分内容（满分 100 分）		学生自评	组员互评	教师评价
专业技能（60 分）	工作页完成进度（10 分）			
	对理论知识的掌握程度（20 分）			
	理论知识的应用能力（20 分）			
	改进能力（10 分）			
综合素养（40 分）	按时打卡（10 分）			
	信息获取的途径（10 分）			
	按时完成学习及工作任务（10 分）			
	团队合作精神（10 分）			
总分				
综合得分（学生自评 10%；组员互评 10%；教师评价 80%）				
学生签名：		教师签名：		

任务 3

父子阶层

任务描述

请根据图 1–3–1（a）所示的素材，使用父子阶层功能，让两个图层中的图像相关联的同时具有相关的动态效果，最终完成效果如图 1–3–1（b）所示。

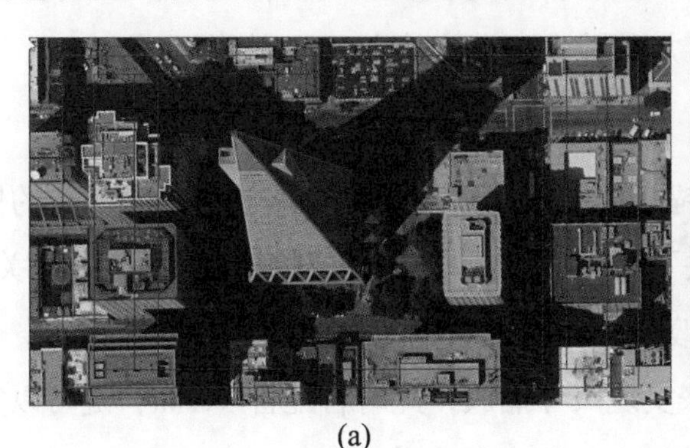
(a)

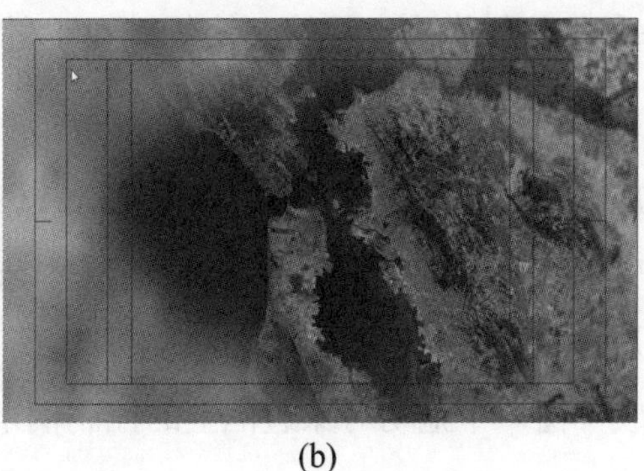
(b)

图 1–3–1　任务素材及效果
（a）素材；（b）效果

学习目标

1. 了解 After Effects CC 中的父子阶层的关系。
2. 熟悉在图层上设置关键帧的技巧。
3. 掌握层与层叠加的应用技巧。
4. 掌握蒙版的应用技巧。

学习指导

一、图层属性

图层的基本属性包括锚点、位置、缩放、旋转、不透明度 5 种。下面对各个属性进行详细的介绍。

1. 锚点

锚点属性用来控制素材的中心点位置，在默认情况下，锚点处于图层的正中央。锚点位置的不同，决定了对象的运动状态也会产生不同的变化。例如，对对象进行旋转的时候，旋转轴心是沿着锚点进行的，而不是沿着物体的正中央进行的。改变轴心点，首先选中要改变轴心点的对象，在英文输入法下按〈A〉键打开其锚点属性。可以直接单击锚点后面的两个数值对其 X 轴、Y 轴的数值进行调整；也可以直接在“合成”窗口中改变对象的锚点，在“工具”面板中选择“轴心点工具”然后单击要改变锚点的对象，将其拖动至新位置即可。

2. 位置

位置属性用来控制素材在“合成”窗口中的相对位置。在英文输入法下按〈P〉键可以快速展开位置属性的相关参数。修改位置属性，可以在合成图像窗口中选择要改变位置的图层，配合“选取工具”，将其拖动至新位置即可。若同时按住〈Shift〉键，图层的位置会随水平或垂直方向移动。另外，按住键盘上的方向键，可以实现位置上的微调。

3. 缩放

缩放属性用于调整素材的大小。旋转以锚点为基准，对对象进行缩放，改变对象的比例大小。选中需要调整的图层后，在英文输入法下按〈S〉键可以快速打开缩放属性的相关参数。可以通过输入数值对其调整，当以数字方式改变尺寸时，若输入负值，则会翻转图层；也可以在“合成”窗口中拖动对象边框上的控制柄来实现尺寸缩放，此时若配合〈Shift〉键可以实现等比例缩放。

4. 旋转

旋转属性用于控制素材的旋转角度。旋转以对象轴心点为基准，可以进行任意角度的旋转。当超过 360° 时，系统以旋转一圈来标记已旋转的角度，如旋转 760° 为 2 圈 40°。负的角度表示反向旋转。

选择对象后，在英文输入法下按〈R〉键打开旋转属性的相关参数，可以在数值上面拖动鼠标左键改变其参数以调整其旋转角度。也可手动旋转对象，在“工具”面板中选择“旋转工具”，在合成窗口中拖动对象上的控制手柄进行旋转，此时按住〈Shift〉键，移动鼠标旋转时每移动一下会旋转 45°；按住键盘上的〈+〉键或〈-〉键，则向前或向后旋转 1°；若同时按住组合键〈Shift+〉键，或同时按下〈Shift-〉键则向前或向后旋转 10°。

5. 不透明度

通过对不透明度的设置，可以调整某一个图层的透明程度。在英文输入法下按〈T〉键，可以快速展开与不透明度属性相关的参数。

二、图层的复制、重复、拆分、重命名

1. 复制图层

在复制图层时，可复制其所有属性，包括效果、关键帧、表达式和蒙版。复制图层是一个快捷方式，通过它，可以使用一个复制（快捷键〈Ctrl+C〉）命令复制图层到内存中。复制具有轨道遮罩的图层会保持图层及其轨道遮罩的相对顺序。在粘贴图层（快捷键〈Ctrl+V〉）时，将按在复制之前选择它们的顺序进行放置。所选的第一个图层是最后放置的图层，以使其位于图层堆积顺序的顶端。如果首先从顶端选择图层，则在粘贴图层时，这些图层采用相同的堆积顺序。

2. 重复图层

重复图层是将图层创建一个副本的复制方式。选择要重复的图层，执行菜单栏中的“编辑”→“重复”命令（组合键〈Ctrl+D〉）即可复制该图层副本。

3. 拆分图层

拆分图层是将选中图层的入点和出点之间的内容在时间线位置拆分成同名的分层的两段。选择要拆分的图层，执行菜单栏中的“编辑”→“拆分图层”命令（组合键〈Ctrl+Shift+D〉）即可拆分该图层。

4. 重命名图层

重命名图层可以将图层名称自定义。由于几乎所有合成项目都具有很高的复杂性，故最好养成良好的命名习惯。良好的命名习惯不但可以让图层堆栈清晰明了，还可以方便其他团队成员的接手工作，这在工作中是非常重要的习惯。可以在选择层上右击，选择“重命名”命令，或者直接右击选择层并按〈Enter〉键，即可重命名。

父子阶层

实训过程

一、自主学习

1. 简述父子阶层的关系。

2. 如何使用父子阶层？

二、实践探索

步骤 1：启动 After Effects CC 软件，导入素材文件到“项目”面板中，如图 1–3–2 所示。

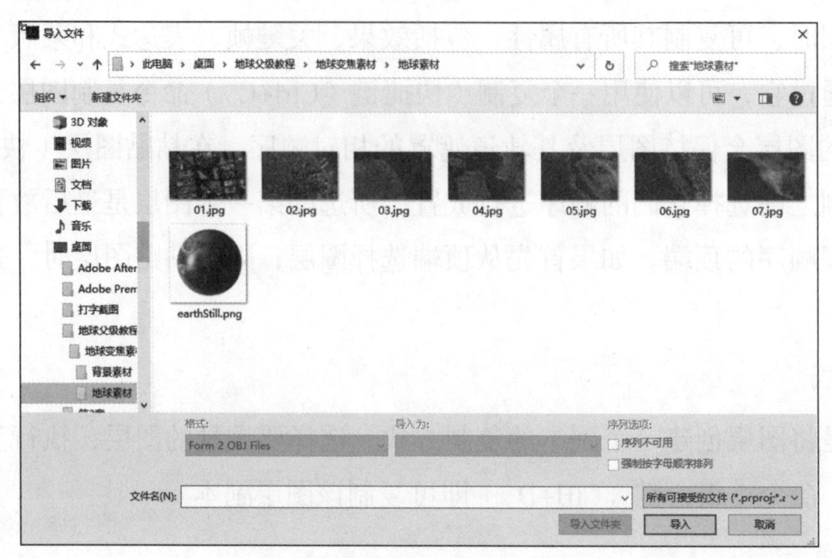

图 1–3–2　导入素材文件

思考：简述导入文件的步骤。

步骤 2：按组合键〈Ctrl+N〉，弹出“合成设置”对话框，新建合成，命名为“地球”，设置“预设”为 HDV/HDTV 720 25，“像素长宽比”为“方形像素”，“持续时间”为 10 秒，如图 1–3–3 所示。

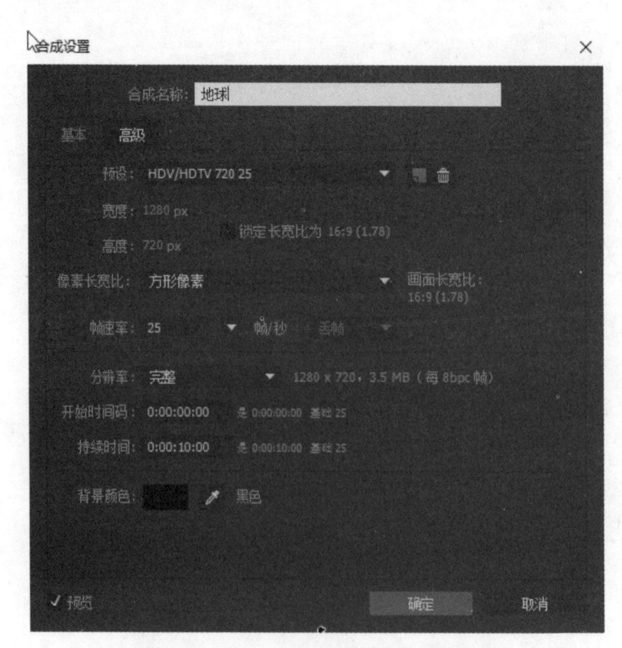

图 1–3–3　“合成设置”对话框

思考：简述“合成设置”对话框的设置方法。

步骤 3：在“项目”面板中，按组合键〈Ctrl+A〉全选素材并将其拖动到时间线面板中，如图 1–3–4 所示；单击除 01.jpg、02.jpg 图层以外图层的眼睛显示图标，将图层隐藏，只显示 01.jpg、02.jpg 图层，如图 1–3–5 所示。

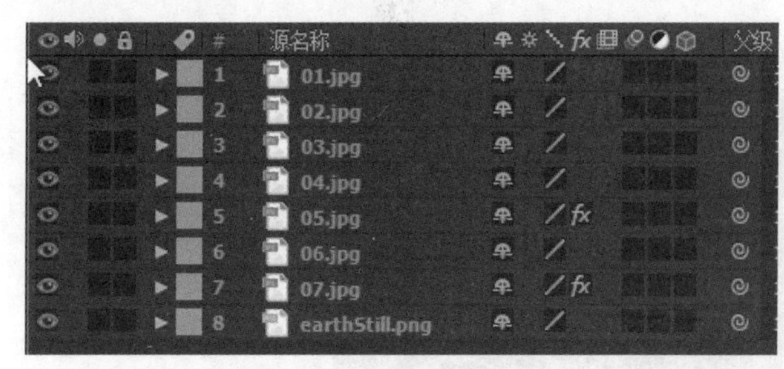

图 1–3–4　全选素材并将其拖动到时间线面板

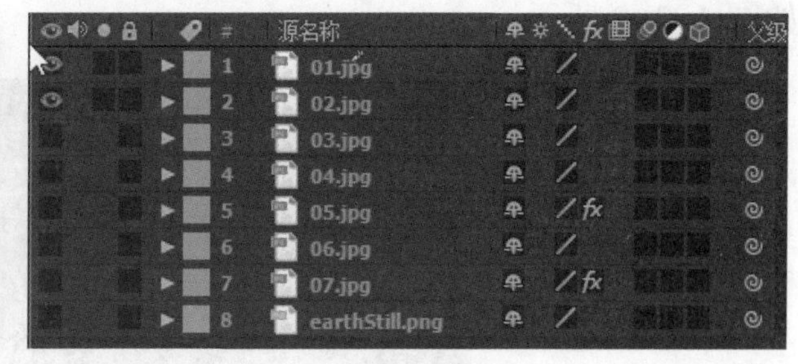

图 1–3–5　只显示 01.jpg、02.jpg 图层

步骤 4：选中 01.jpg 图层，展开该图层“变换”参数组，将“不透明度”设置为 100%，使该图层变成半透明；将“缩放”设置为 25.0，25.0%，将“位置”设置为 437.0，273.0，如图 1–3–6 所示。设置好参数后，01.jpg 图层就能与 02.jpg 图层中的画面完全重合、精确对位，如图 1–3–7 所示。

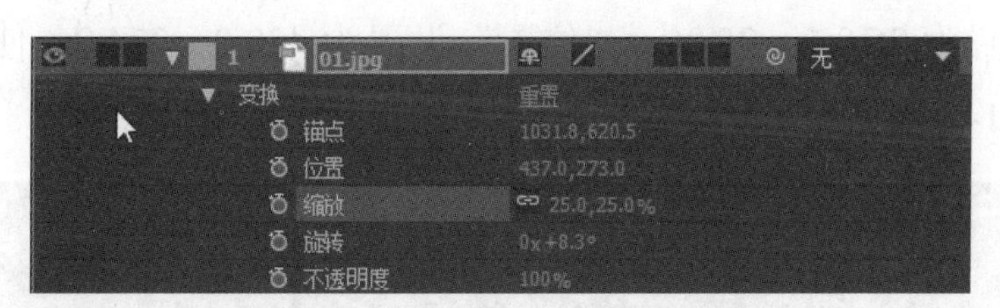

图 1–3–6　设置“缩放”参数

图 1–3–7　画面完全重合

思考：简述画面完全重合、精确对位的方法。

步骤 5：将 01.jpg 图层与 02.jpg 图层建立父子阶层。单击 01.jpg 图层“父级”栏的下拉按钮，在下拉列表中选择 02.jpg 图层，使 01.jpg 图层成为 02.jpg 图层的子图层，保证在调整 02.jpg 图层的过程中，01.jpg 图层与 02.jpg 图层之间已经调整好的位置及大小关系保持不变，如图 1–3–8 所示。

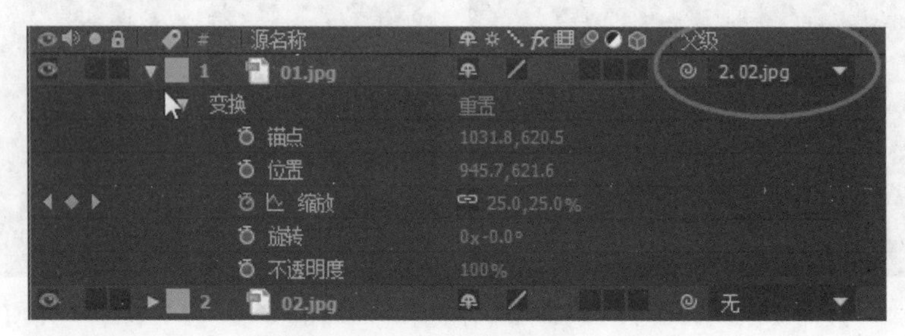

图 1–3–8　建立父子阶层

步骤 6：使用调整 01.jpg 图层与 02.jpg 图层的方法，调整 02.jpg 图层和 03.jpg 图层的大小和位置关系。只开启 02.jpg 图层和 03.jpg 图层的显示图标；选中 02.jpg 图层，展开“变换”参数组，将其“不透明度”设置为 50%；在视图中调整 02.jpg 图层的大小和位置，将 02.jpg 图层的“缩放”设置为 25.0%，25.0%，“位置”设置为 430.0，274.0，使其和 03.jpg 图层中的画面对位，如图 1–3–9 所示。

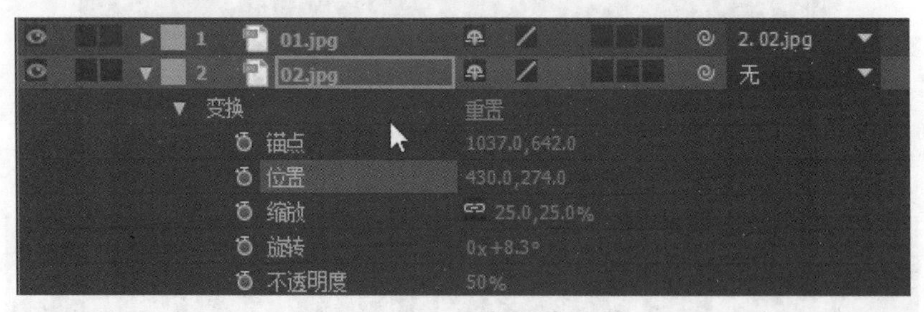

图 1–3–9　设置位置参数

步骤 7：将 02.jpg 图层链接为 03.jpg 图层的子层级，这样可以保证在调整 03.jpg 图层的过程中，02.jpg 图层与 03.jpg 图层之间已经调整好的位置及大小关系保持不变，如图 1–3–10 所示。

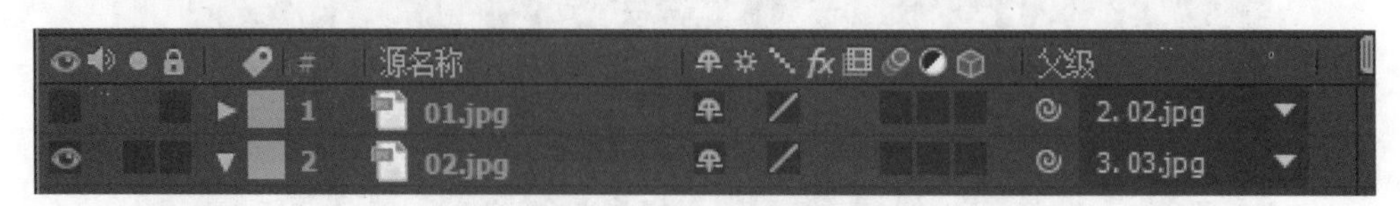

图 1–3–10　链接子层级

步骤 8：用同样的方法，调整 03.jpg 图层和 04.jpg 图层的大小和位置关系，同样只显示 03.jpg 图层和 04.jpg 图层；将 03.jpg 图层的“位置”设置为 430.0, 272.0，如图 1–3–11 所示；“缩放”设置为 25.0，25.0%，如图 1–3–12 所示；使 03.jpg 图层和 04.jpg 图层中的画面对位，并将 03.jpg 图层链接为 04.jpg 图层的子层级。

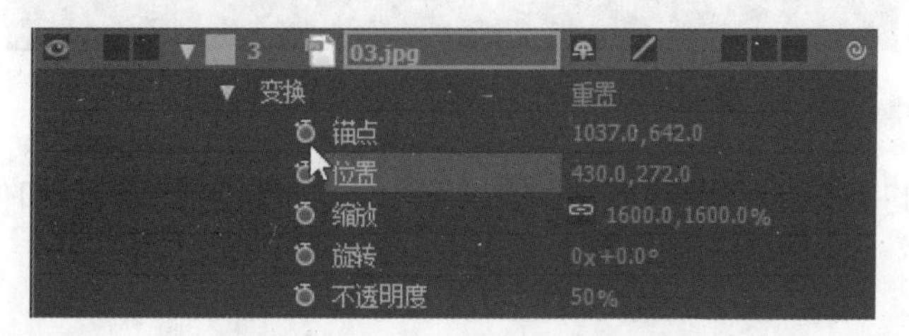

图 1–3–11　设置图层位置

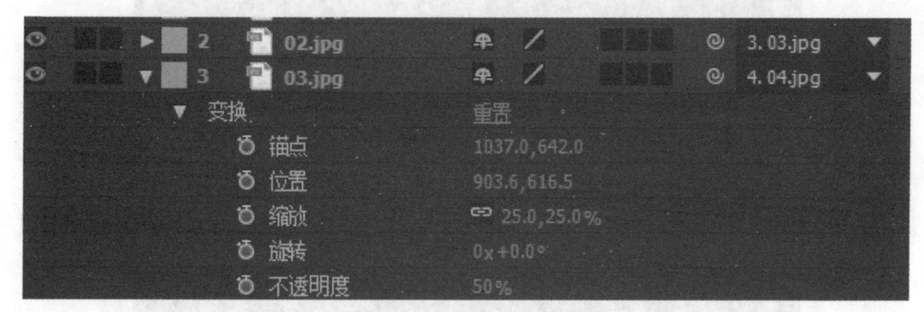

图 1–3–12　设置“缩放”参数

步骤 9：用同样的方法，将 04.jpg 图层“不透明度”设置为 50%，“缩放”设置为 25.0，25.0%，“位置”设置为 425.0，278.0，使 04.jpg 图层和 05.jpg 图层中的画面对位；将 04.jpg 图层链接为 05.jpg 图层的子层级，如图 1–3–13 所示。

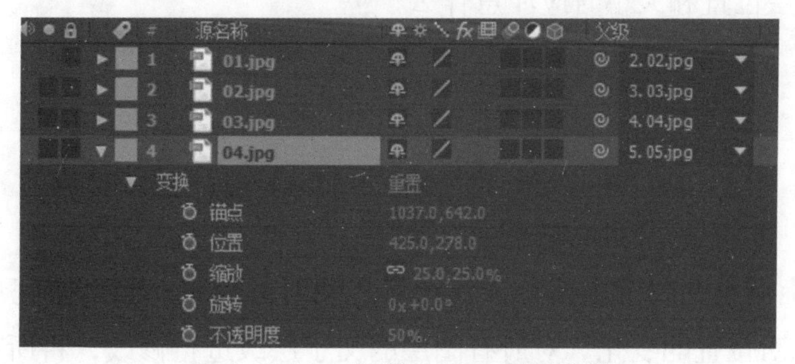

图 1–3–13　设置 04.jpg 图层参数

思考：请展示设置完成后的效果。

步骤 10：用同样的方法调整 05.jpg 图层和 06.jpg 图层的大小和位置关系，将 05.jpg 图层的“不透明度”设置为 50%”，“缩放”设置为 12.5，12.5%，“位置”设置为 922.0，664.0，如图 1–3–14 所示；使 05.jpg 图层和 06.jpg 图层中的画面对位，将 05.jpg 图层链接为 06.jpg 图层的子层级。

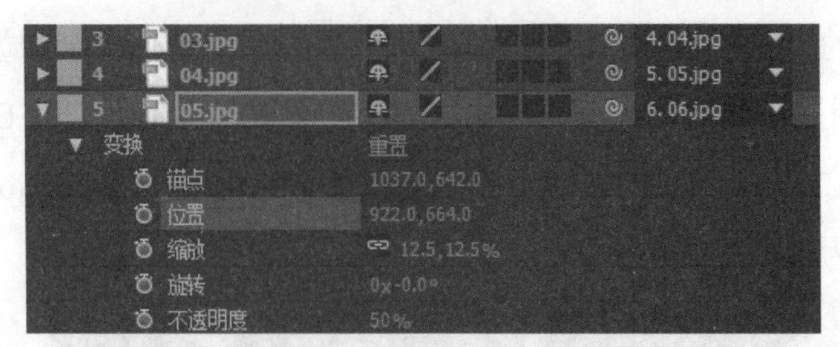

图 1–3–14　设置 05.jpg 图层参数

步骤 11：用同样的方法，调整 06.jpg 图层和 07.jpg 图层的大小和位置关系，如图 1–3–15 所示。

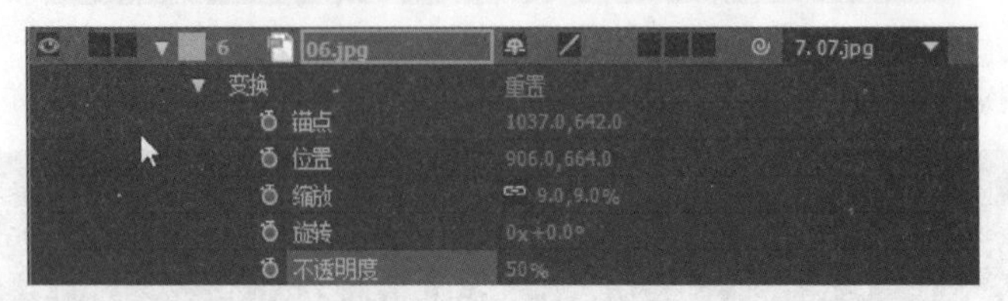

图 1–3–15　调整 06.jpg 图层和 07.jpg 图层

步骤 12：调整 07.jpg 图层和 earthstill.png 图层的大小和位置关系，如图 1–3–16 所示。

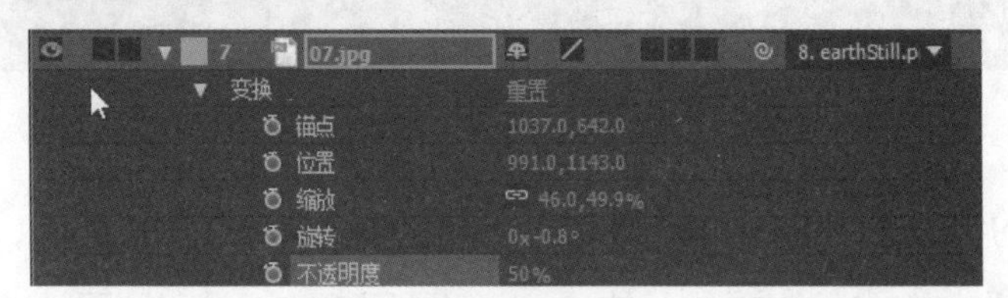

图 1–3–16　调整 07.jpg 图层和 earthstill.png 图层

思考：调整图层位置和大小时应注意什么？

步骤 13：以上调整的目的主要是让各图层之间对好位置，当调整完单个图层后，就不必再担心图层间相对位置的变化。对所有图层的父子层级进行修改，将所有的父级图层设回 01.jpg 图层，打开各图层的显示开关，这样我们只需对 01.jpg 图层进行修改就可以了；调整完的时间线面板，如图 1–3–17 所示。

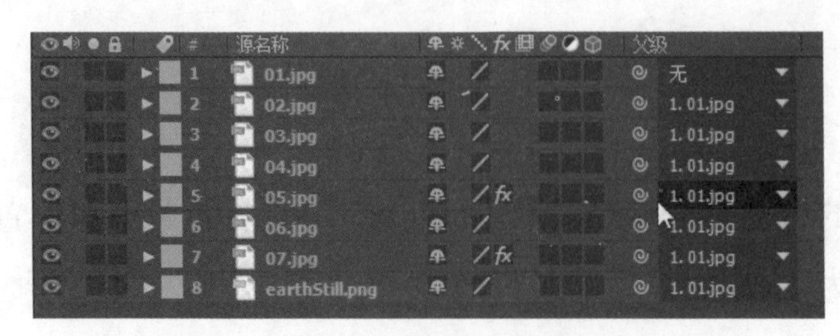

图 1–3–17　调整完的时间线面板

步骤 14：选中 01.jpg 图层，展开“变换”参数组，将其“不透明度”还原为 100%，调整“位置”“缩放”“旋转”等参数，如图 1–3–18 所示。效果如图 1–3–19 所示。

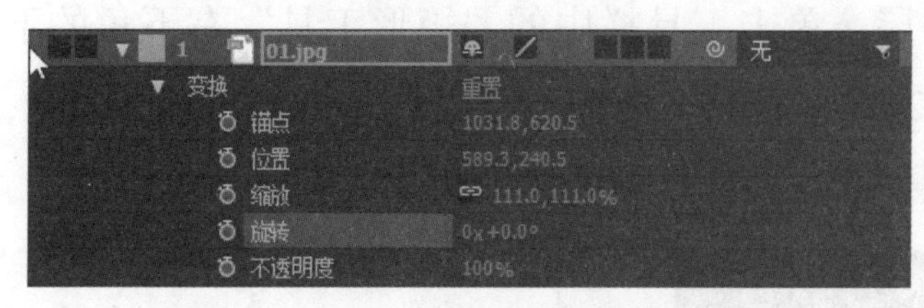

图 1–3–18　设置“变换”参数组

图 1–3–19　效果

步骤 15：给图层 01.jpg 的“缩放”参数设置关键帧，单击“缩放”参数前的码表，在起点处设置“缩放”为 111.0,111.0%，如图 1–3–20 所示;在 6 秒处设置“缩放”为 0.0,0.0%，如图 1–3–21 所示。

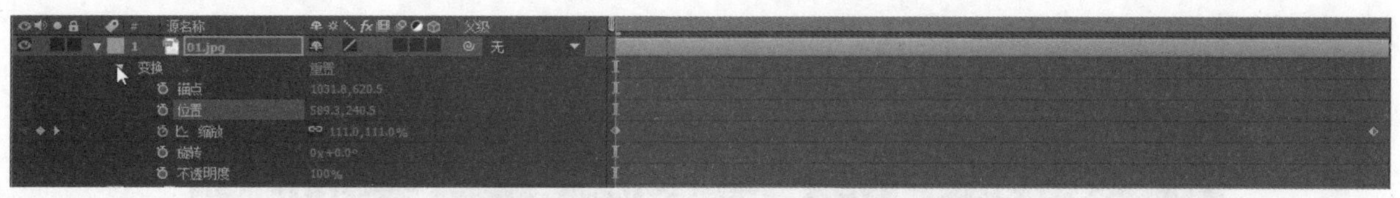

图 1–3–20　在起点处设置缩放值

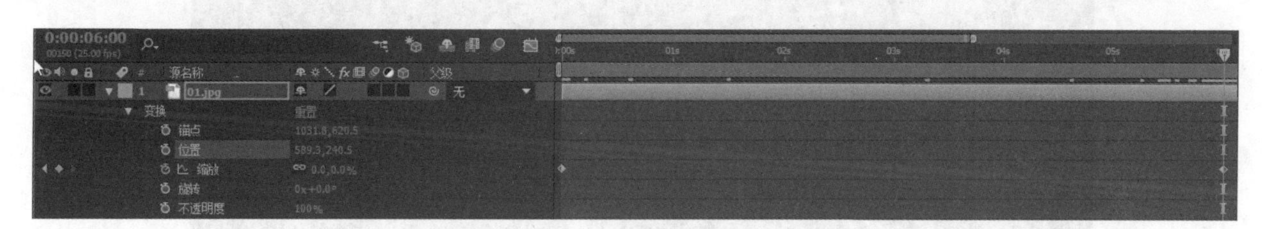

图 1–3–21　在 6 秒处设置缩放值

步骤 16：预览画面，已经可以看到项目效果，不过各图层之间的边界还是比较明显的。设置“指数比例”，如图 1–3–22 所示；设置“位置”“缩放”，如图 1–3–23 所示。

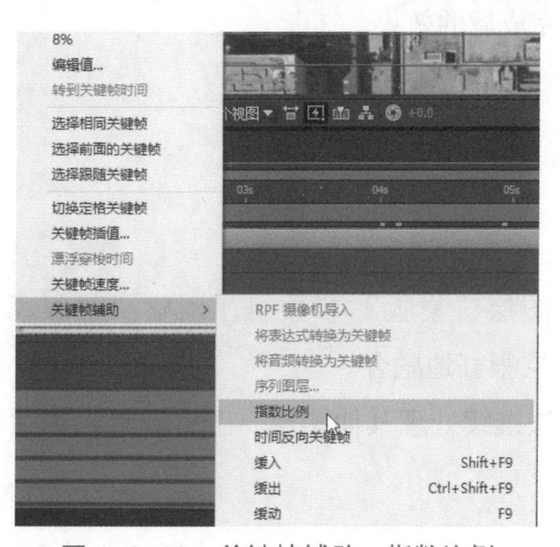

图 1–3–22　关键帧辅助—指数比例

图 1–3–23　设置“位置”“缩放”

步骤 17：在时间线面板中选中 02.jpg 图层，单击工具栏中的“矩形工具”右下角的下拉按钮，选择“椭圆工具”选项，如图 1–3–24 所示；将“时间指示器”移动到 1 秒 5 帧处，在“合成”监视窗中绘制一个蒙版，使其掩盖住 02.jpg 素材的四角，如图 1–3–25 所示。

图 1–3–24　选择“椭圆工具”选项

图 1–3–25　掩盖住 02.jpg 素材的四角

思考：请展示步骤 17 完成后的效果。

步骤 18：展开 02.jpg 图层“蒙版”参数组，调整“蒙版羽化”和“蒙版扩展”，使 02.jpg 图层的边缘和其下图层很好地融合。

步骤 19：使用同样方法继续处理其他图层，融合效果，本项目制作完成，如图 1–3–26 所示。

图 1-3-26 融合效果

课堂体验

简述制作完成后的收获。

拓展训练

请根据提供的素材，完成图 1-3-27 所示的“汽车运动”片头的设计任务。运用父子阶层，让车轮跟着车子走。

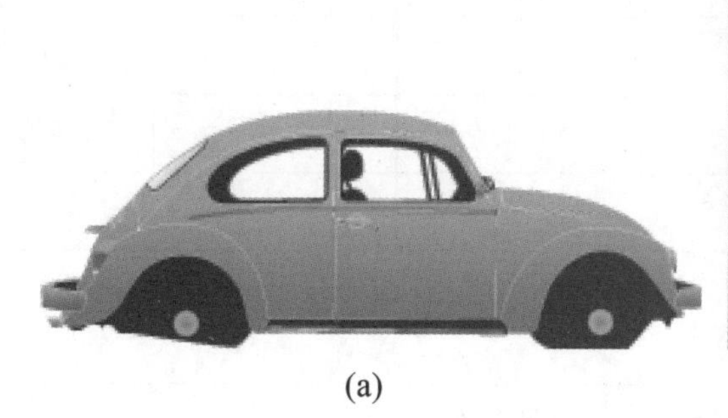

(a)

(b)

图 1-3-27 拓展任务素材及效果
（a）素材；（b）效果

参考步骤

步骤 1：导入素材。

步骤 2：调整图层顺序并复制“车轮”图层。

步骤 3：为“车轮”图层添加旋转特效。

步骤 4：绑定层级。

步骤 5：绑定图层。

步骤 6：创建位置运动。

1. 请写出学习过程中的收获和遇到的问题。

2. 请对自己的作品进行评价，并填写表 1–3–1。

表 1–3–1　项目任务过程考核评价表

<table>
<tr><td>班级</td><td></td><td>项目任务</td><td colspan="3"></td></tr>
<tr><td>姓名</td><td></td><td>教师</td><td colspan="3"></td></tr>
<tr><td>学期</td><td></td><td>评分日期</td><td colspan="3"></td></tr>
<tr><td colspan="3">评分内容（满分 100 分）</td><td>学生自评</td><td>组员互评</td><td>教师评价</td></tr>
<tr><td rowspan="4">专业技能（60 分）</td><td colspan="2">工作页完成进度（10 分）</td><td></td><td></td><td></td></tr>
<tr><td colspan="2">对理论知识的掌握程度（20 分）</td><td></td><td></td><td></td></tr>
<tr><td colspan="2">理论知识的应用能力（20 分）</td><td></td><td></td><td></td></tr>
<tr><td colspan="2">改进能力（10 分）</td><td></td><td></td><td></td></tr>
<tr><td rowspan="4">综合素养（40 分）</td><td colspan="2">按时打卡（10 分）</td><td></td><td></td><td></td></tr>
<tr><td colspan="2">信息获取的途径（10 分）</td><td></td><td></td><td></td></tr>
<tr><td colspan="2">按时完成学习及工作任务（10 分）</td><td></td><td></td><td></td></tr>
<tr><td colspan="2">团队合作精神（10 分）</td><td></td><td></td><td></td></tr>
<tr><td colspan="3">总分</td><td></td><td></td><td></td></tr>
<tr><td colspan="3">综合得分
（学生自评 10%；组员互评 10%；教师评价 80%）</td><td colspan="3"></td></tr>
<tr><td colspan="3">学生签名:</td><td colspan="3">教师签名:</td></tr>
</table>

项目 2

文字特效

任务 1

打字文字动画

任务描述

请根据图 2–1–1（a）所示的素材，使用多张静态的图像来制作动态视频，最终完成效果如图 2–1–1（b）所示。

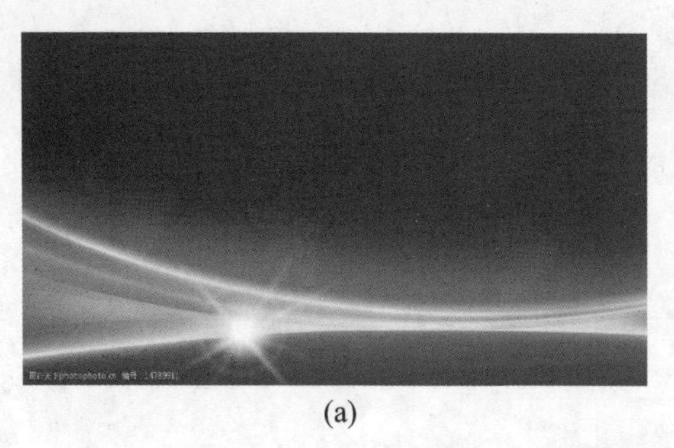

(a)

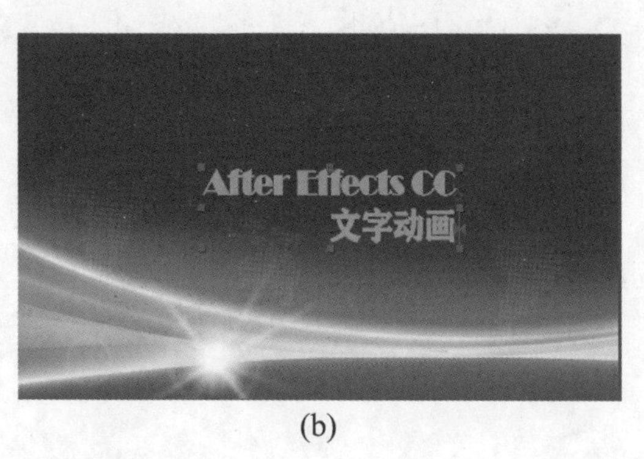

(b)

图 2–1–1　任务素材及效果
（a）素材；（b）效果

学习目标

1. 熟悉文字动画参数的使用方法。
2. 了解文字动画与基本属性的区别。
3. 掌握调整文字动画技巧。
4. 掌握文字属性的调整方法。

学习指导

在 After Effects CC 中，文字面板可以设置文字颜色、字体类型、文字大小、间距、行距、描边等特效。执行菜单栏 Windows → Character 命令，则可以打开或隐藏面板。

字体：设置文字的字体，按键盘上的〈↑〉或〈↓〉键可以快捷地切换字体。

字体样式：设置字体的样式。

吸管工具：通过此工具可以吸取电脑屏幕上的颜色作为当前填色的色彩。

纯黑 / 纯白颜色：单击相应的色块，可以快速地将字体或勾边颜色设置为纯黑或纯白。

不填充颜色：单击图标，如果出现红色斜线，则不填充颜色。

颜色切换：快速切换填充颜色和描边颜色。

字体颜色：设置字体的填充颜色。

勾边颜色：设置文字的勾边颜色。

文字大小：设置文字的大小。

文字行距：设置上下文本之间的行间距。

字符间距：增大或缩小当前字符之间的距离。

文字间距：设置当前选择文本之间的距离。

勾边粗细：设置文字勾边的粗细。

描边方式：设置文字描边的方式，共有 Fill Over Stroke（在文字边缘外进行描边）、Stroke OverFill（在文字边缘内进行描边）、All Fills Over Strokes（在所有文字形成的边缘外进行描边）和 All Strokes Over Fills（在所有文字形成的边缘内进行描边）4 个选项。

文字高度：设置文字的高度缩放比例。

文字宽度：设置文字的宽度缩放比例。

文字基线：设置文字的基线。

比例间距：设置中文或日文字符之间的比例间距。

文本粗体：设置文本为粗体。

文本斜体：设置文本为斜体。

强制大写：强制将所有的文本变成大写。

强制大写但区分大小写：无论输入的文本是否有大小写区别，都强制将所有的文本转化成大写，但是对小写字符采取较小的尺寸进行显示。

文字上下标：设置文字的上下标，适合制作一些数学单位。

打字文字动画

一、自主学习

1. 简述文字动画与基本属性的区别。

2. 如何设置文字的基本属性？

二、实践探索

步骤 1：启动 After Effects CC 软件，按组合键〈Ctrl+I〉，导入素材文件“背景图 .jpg”，如图 2–1–2 所示。

图 2–1–2　导入素材文件“背景图 .jpg”

思考：简述打开“导入文件”对话框的步骤。

步骤 2：保存文件，将文件命名为“打字文字动画”，如图 2–1–3 所示。

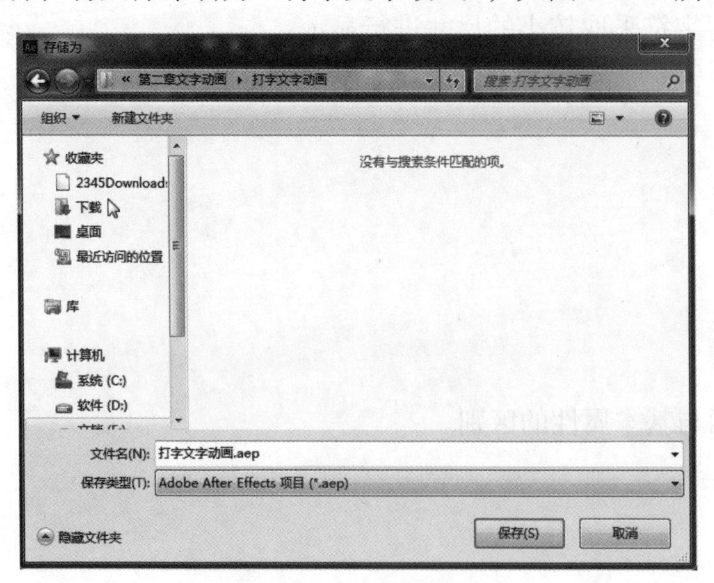

图 2–1–3　保存文件

思考：简述打开“存储为”对话框的步骤。

步骤 3：按组合键〈Ctrl+N〉新建合成，在“合成组名称”文本框输入“打字文字动画”，“持续时间”为 15 秒，如图 2-1-4 所示。

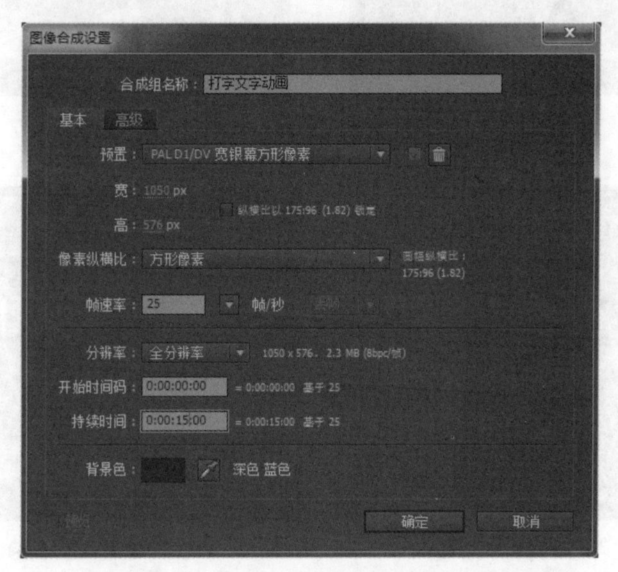

图 2-1-4 “图像合成设置”对话框

思考：简述“持续时间”参数的设置方法。

步骤 4：选中打字动画背景素材（背景图 .jpg），打开“缩放”参数组，调整参数，如图 2-1-5 所示，使图片充满画面。

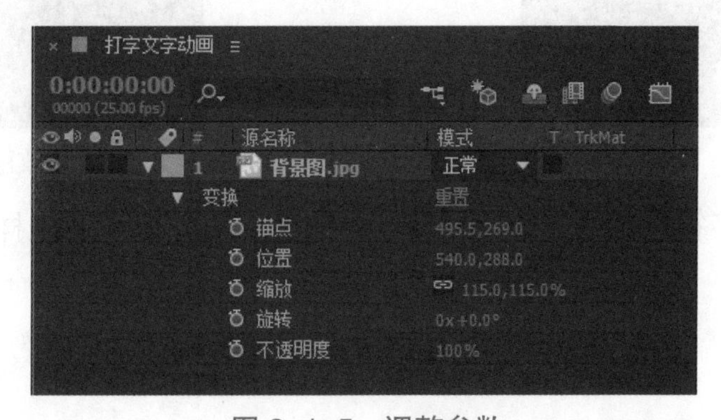

图 2-1-5 调整参数

步骤 5：输入文字“After Effects CC 文字动画”（见图 2–1–6），按〈Enter〉键分开文字（见图 2–1–7）；使用“段落”面板中的“右对齐”功能，对齐文字，如图 2–1–8 所示；对齐效果如图 2–1–9 所示。

图 2–1–6　输入文字

图 2–1–7　分开文字

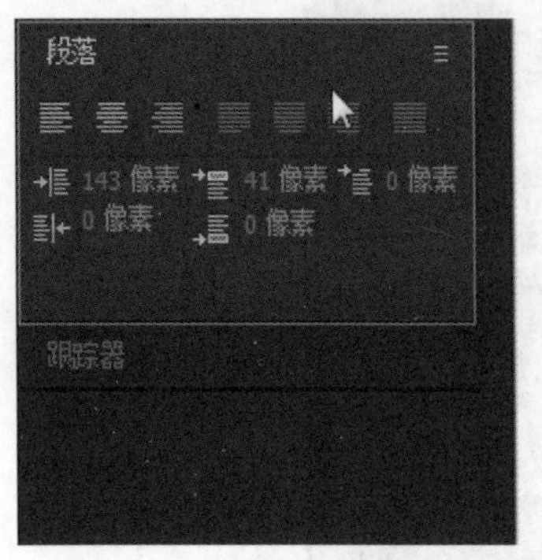

图 2–1–8　使用“右对齐”功能

图 2–1–9　对齐效果

步骤 6：单击“字符”面板中的“填充颜色”选项，更改颜色为“橙黄色”，如图 2–1–10 和图 2–1–11 所示。

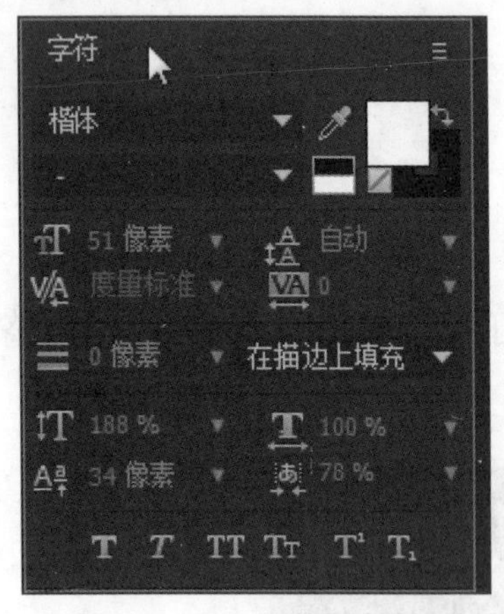

图 2–1–10　“字符”面板

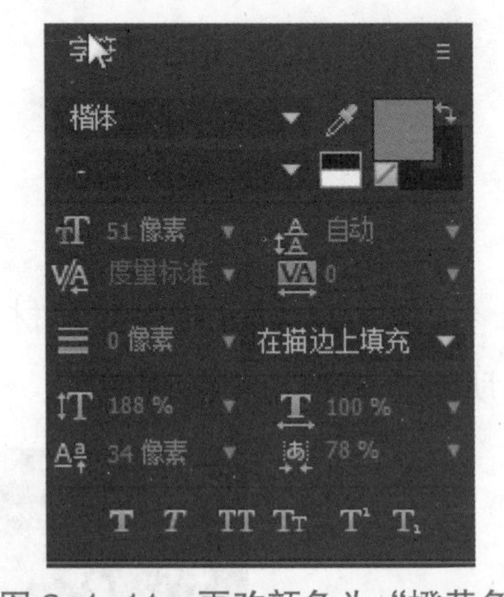

图 2–1–11　更改颜色为“橙黄色”

步骤 7：单击“字符”面板中的“字体”图标，调整文字字体样式、大小、粗细，如图 2–1–12 所示。

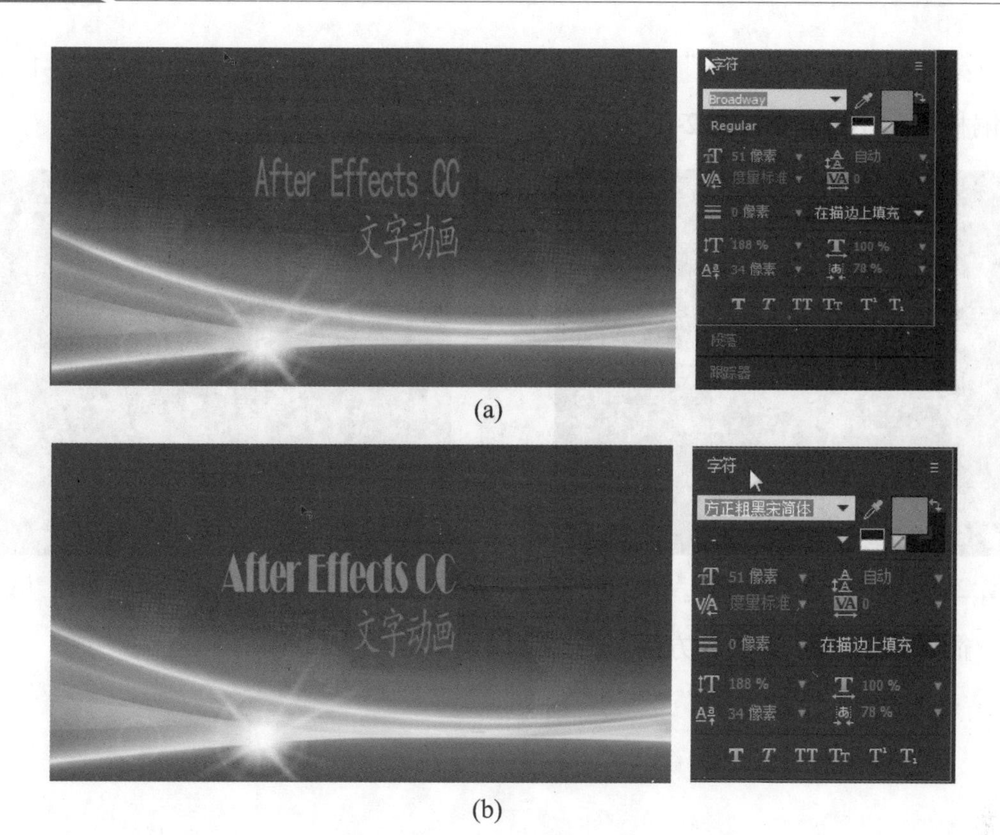

图 2-1-12　调整文字

（a）调整英文文字；（b）调整中文文字

步骤 8：在时间线面板中，展开文字参数中的“动画”选项，如图 2-1-13 所示；调整“不透明度”的参数为 0%，如图 2-1-14 所示。

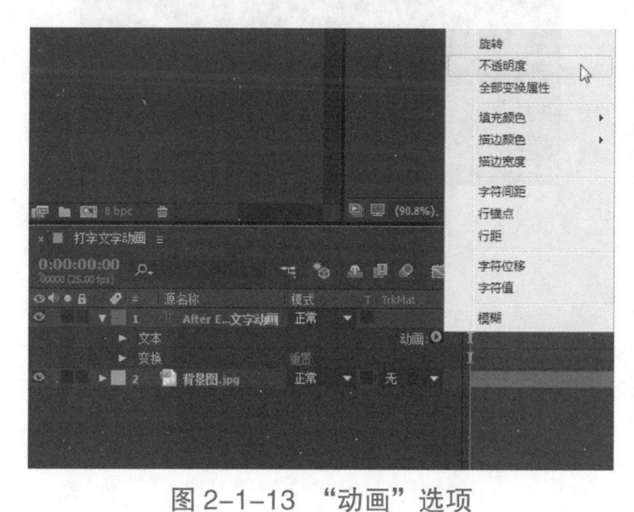

图 2-1-13　“动画”选项

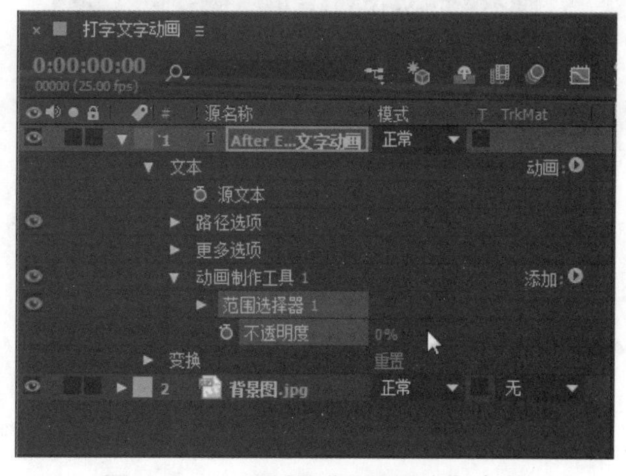

图 2-1-14　设置“不透明度”参数

思考：请展示本步骤完成后的文字效果。

步骤 9：调整“范围选择器”参数，在 0 秒处设置“偏移”为 0%（见图 2–1–15），3 秒处设置“偏移”为 100%（见图 2–1–16）。

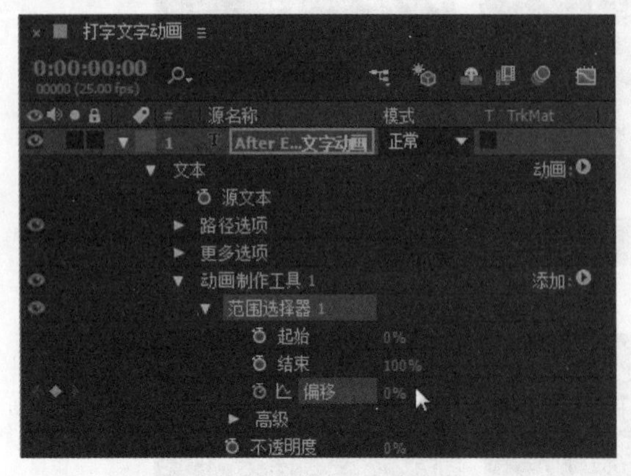

图 2–1–15　设置“偏移”为 0%

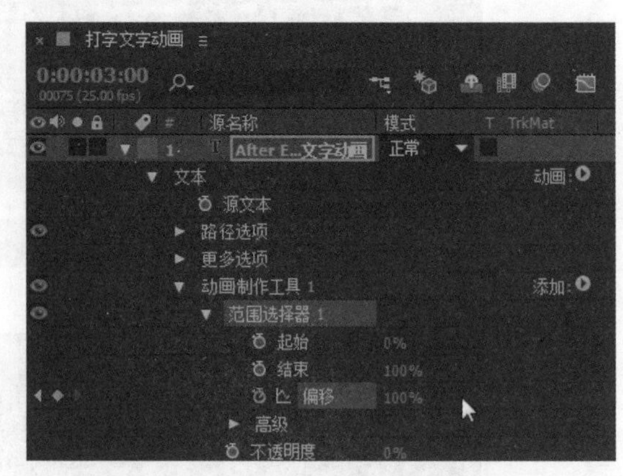

图 2–1–16　设置“偏移”为 100%

思考：简述设置偏移参数的方法。

步骤 10：渲染输出作品，完成制作，如图 2–1–17 和图 2–1– 18 所示。

图 2–1–17　渲染输出作品

图 2–1–18　完成制作

课堂体验

简述制作完成后的收获。

拓展训练

请根据提供的素材，完成图 2–1–19 所示的“百越历险记”的路径动画。通过为素材添加路径，设置关键帧实现运动效果，然后应用自动定向命令调整运动的角度控制，完成打字文字动画特效的设计任务。

(a)

(b)

图 2-1-19　拓展任务素材及效果
（a）素材；（b）效果

参考步骤

导入背景，单击“文字”工具输入“百越历险记”，单击“百越历险记”添加效果后完成。

学习总结

1. 请写出学习过程中的收获和遇到的问题。

2. 请对自己的作品进行评价，并填写表 2-1-1。

表 2-1-1　项目任务过程考核评价表

班级		项目任务		
姓名		教师		
学期		评分日期		
评分内容（满分 100 分）		学生自评	组员互评	教师评价
专业技能（60 分）	工作页完成进度（10 分）			
	对理论知识的掌握程度（20 分）			
	理论知识的应用能力（20 分）			
	改进能力（10 分）			
综合素养（40 分）	按时打卡（10 分）			
	信息获取的途径（10 分）			
	按时完成学习及工作任务（10 分）			
	团队合作精神（10 分）			
总分				
综合得分（学生自评 10%；组员互评 10%；教师评价 80%）				
学生签名:		教师签名:		

任务 2

缩放文字动画

任务描述

请根据图 2-2-1（a）所示的素材，继续强化文字属性的调整方法，使文字的运动画面更丰富，画面的效果更富于动感，最终完成效果如图 2-2-1（b）所示。

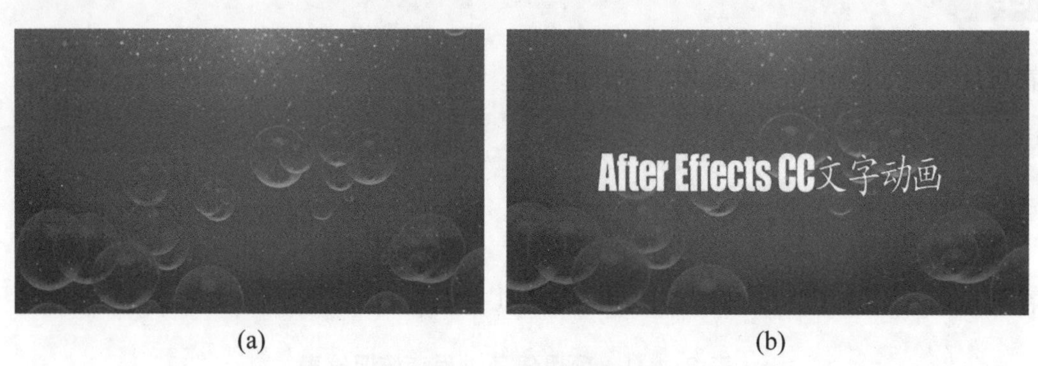

(a) (b)

图 2-2-1 任务素材及效果

（a）素材；（b）效果

学习目标

1. 熟悉文字动画参数的使用方法。
2. 了解文字动画与基本属性的区别。
3. 掌握调整文字动画技巧。
4. 掌握给文字描边的方法。

学习指导

一、动画属性参数介绍

启用逐字 3D 化：开启三维文字功能，打开此选项后，文字将转变为三维文字，具有材质、灯光、阴影的属性。

锚点：用于控制文字的中心点。

位置：控制文字的位置，可以制作文字位置的动画特效。

缩放：控制文字的缩放，可以制作文字缩放的动画特效。

倾斜：控制文字的倾斜度，并且“倾斜度轴向”可以控制倾斜的轴向。

旋转：控制文字的旋转，可以制作文字旋转的动画特效。

不透明度：控制文字的不透明度，可以制作文字透明度的动画特效。

全部变换属性：将以上所有属性添加到“动画控制器”中。

填充颜色：用于制作文字颜色变化的动画特效。

描边颜色：用于制作文字描边颜色变化的动画特效。

描边宽度：用于制作文字描边宽度变化的动画特效。

字符间距：用于制作文字间距变化的动画特效。

行距：用于制作多行文字间距变化的动画特效。

行锚点：用于制作文字的对齐动画。

字符位移：对文字进行偏移动画，按照 Unicode 文字编码形式将设置的字符偏移值所代表的字符进行统一，从而替换原来的文字。

模糊：制作模糊特效，分别可以制作水平和垂直两个方向的模糊。

动画选择器：在默认的情况下，动画制作工具组都包含一个“范围控制器”，可以继续在该组下面添加其他选择器，或者在一个选择器中添加多个动画属性；如果在一个动画制作工具组中添加了多个选择器，则需要对各个选择器进行调节来控制相互的作用。

范围选择器：可以方便地制作文字，并按照特定的顺序设置位置、缩放、不透明度等特效。

摆动控制器：用于随机控制文本在范围内变化产生的动画特效。

表达式选择器：可以很方便地使用动态方法设定动画属性从而影响文本的范围，可以在同个组中多次使用表达式选择器。

二、动画属性的添加方法

选择文字图层，单击文字图层属性“动画”后的小三角按钮，任意添加一个属性（偏移属性除外），文字属性中会自动添加“动画制作工具”，“动画制作工具”组中包含“范围选择器”和所添加的属性，此时也可以在该“动画制作工具”左边“选项”中继续添加“选择器”或“属性”，所添加的属性都保持在该“动画制作工具”的控制范围。

文字图层可以保持有多个“动画制作工具”组，可以在添加第一个组后，再选择“动画”后的小三角任意添加一个“属性”（注意：此时在选择第一个“动画制作工具”组的情况下，不能成功创建新的“动画制作工具”组，必须单击空白处取消选择第一个“动画制作工具”组，才可以创建一个“动画制作工具”组）。

除了以上方法，也可以选择已经创建好的“动画制作工具”，按组合键〈Ctrl+D〉进行复制；同理，“动画制作工具”下面的“选择器”和“属性”都可以以此方法复制，也可以在“动画制作工具”右边的“选项”中添加“选择器”（范围选择器、表达式选择器、摆动选择器）。

缩放文字动画

实训过程

一、自主学习

1. 简述文字动画参数的使用方法。

2. 如何对文字进行描边设置？

二、实践探索

步骤 1：启动 After Effects CC 软件，按组合键〈Ctrl+I〉。

思考：按组合键〈Ctrl+I〉会怎么样？

步骤 2：保存项目，将项目命名为“缩放文字动画”。

思考：简述保存项目的步骤。

步骤 3：在项目中导入素材文件“背景 .jpg”，如图 2-2-2 所示。

步骤 4：按组合键〈Ctrl+N〉，新建合成，合成组名称为“缩放文字动画”，“持续时间”为 15 秒，如图 2-2-3 所示。

图 2-2-2　导入素材文件“背景 .jpg”

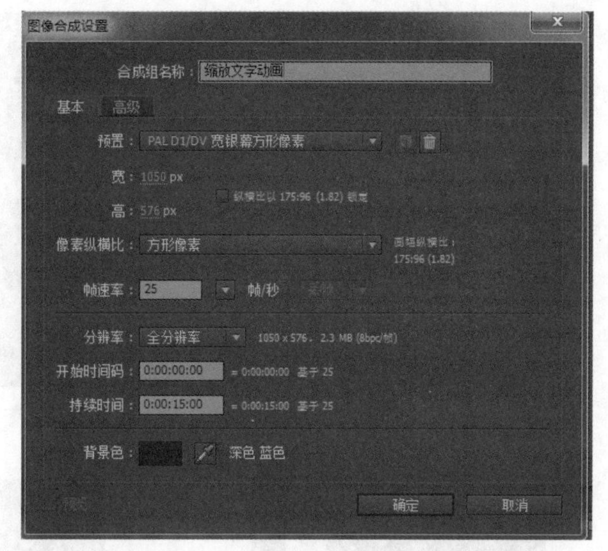

图 2-2-3　“图像合成设置”对话框

思考：简述新建合成的步骤。

步骤 5：选中打字动画背景素材（背景图 .jpg），如图 2-2-4 所示；打开“缩放”参数组，调整参数，如图 2-2-5 所示，使图片充满画面。

图 2-2-4　选中打字动画背景素材（背景图 .jpg）

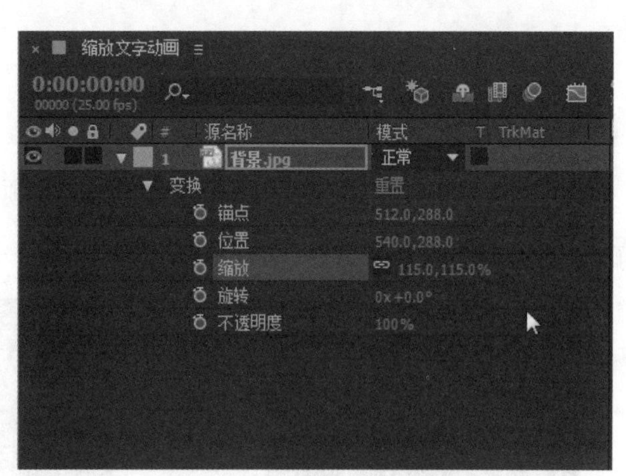

图 2-2-5　调整参数

思考：简述“缩放”参数组的设置方法。

步骤 6：输入文字“After Effects CC 文字动画”，如图 2-2-6 所示；调整字体，如图 2-2-7 所示；单击“字符”面板中的“填充颜色”选项将颜色改成白色，如图 2-2-8 所示；效果如图 2-2-9 所示。

图 2-2-6　输入文字“After　Effects　CC 文字动画”

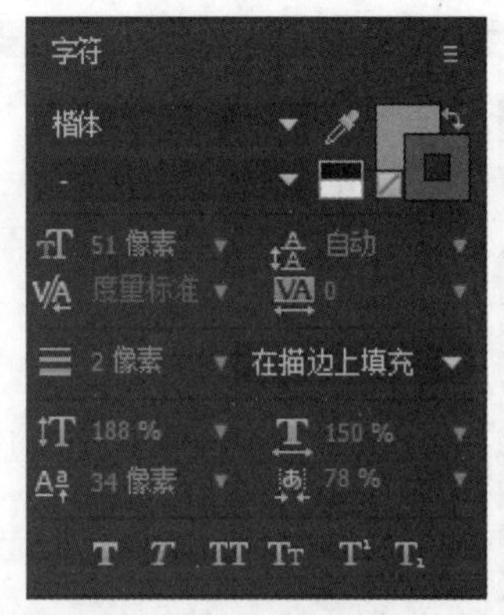

图 2-2-7　调整字体

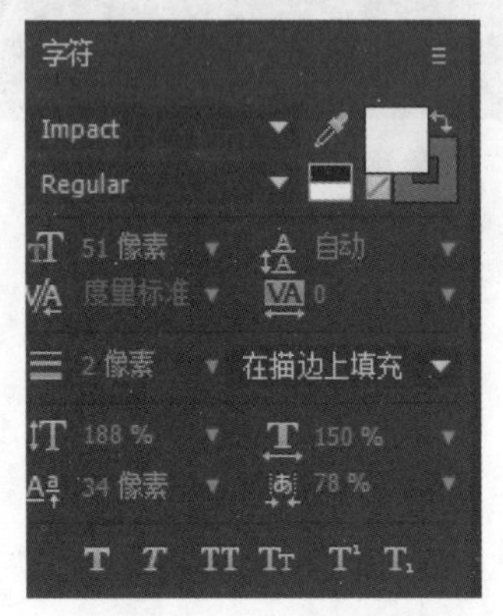

图 2-2-8　调整颜色

图 2-2-9　效果

思考：简述填充颜色的方法。

步骤 7：单击“字符”面板中的“描边颜色”选项，将文本框颜色设置为“黑色”；设置描边宽度为“2 像素”，如图 2-2-10 和图 2-2-11 所示。

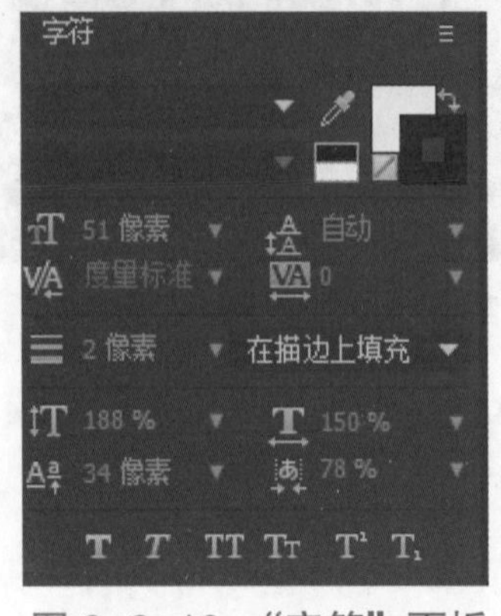

图 2-2-10　“字符”面板

图 2-2-11　效果图

思考：简述“字符”面板中各选项的作用。

步骤 8：在时间线面板中，单击文字层的小三角展开参数，单击“动画”小三角按钮，选择“透明度”参数，如图 2–2–12 所示；展开参数组，0 秒处“透明度”设置为 0%，如图 2–2–13 所示。

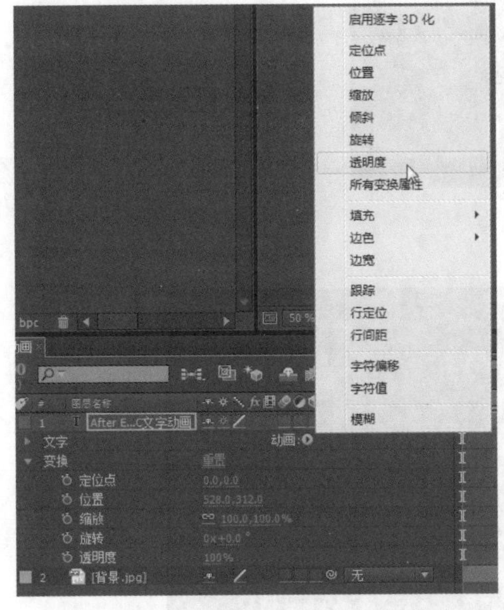

图 2–2–12　选择“透明度”参数

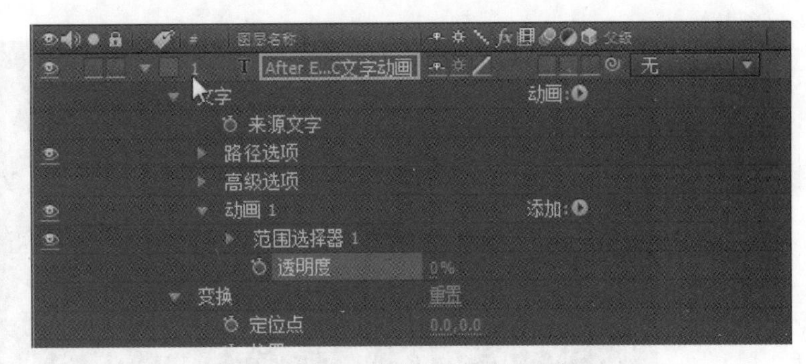

图 2–2–13　“透明度”设置为 0%

思考：设置透明度的目的是什么？

步骤 9：单击“动画 1”右侧“添加”小三角按钮，选择“特性”→“缩放”选项，如图 2–2–14 所示；设置“缩放”为 1000.0，1000.0%，如图 2–2–15 所示。

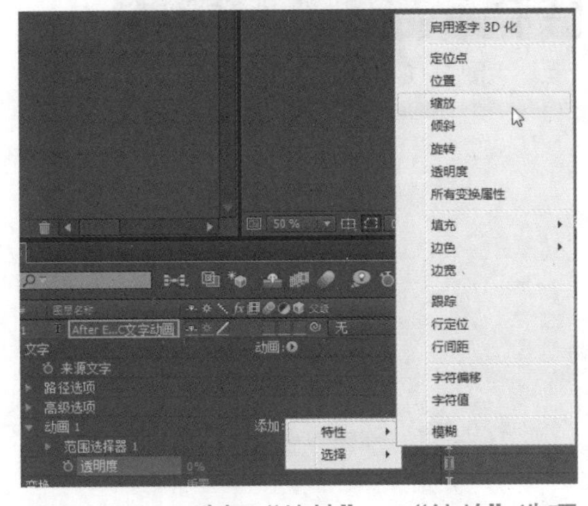

图 2–2–14　选择“特性”→“缩放”选项

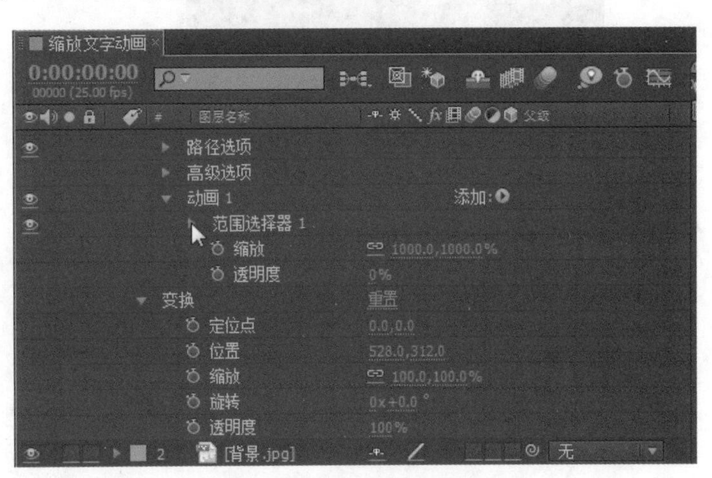

图 2–2–15　设置缩放值

步骤 10：单击“范围选择器 1”展开参数组，单击“偏移”前的码表，调整参数，0 秒处设置为 0%，如图 2-2-16 所示；3 秒处设置为 100%，如图 2-2-17 所示。

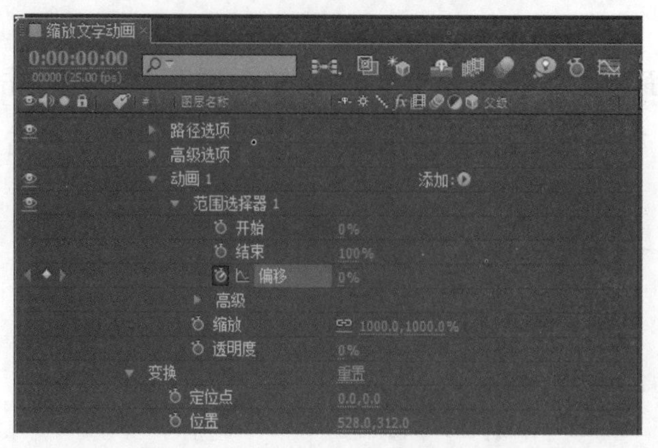

图 2-2-16　0 秒处设置为 0%

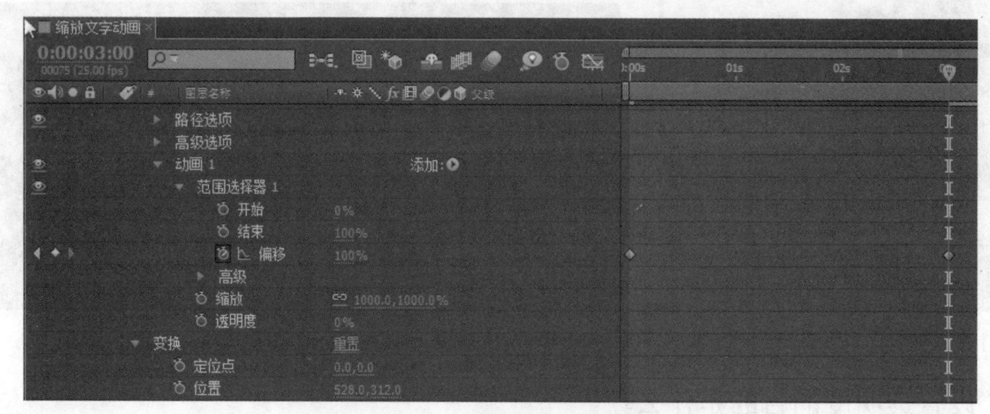

图 2-2-17　3 秒处设置为 100%

步骤 11：渲染输出作品，完成制作，如图 2-2-18 和图 2-2-19 所示。

图 2-2-18　渲染输出

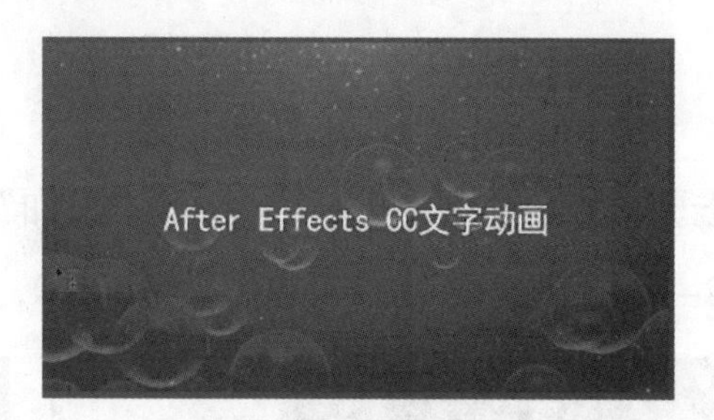

图 2-2-19　完成制作

课堂体验

简述制作完成后的收获。

拓展训练

请根据图 2–2–20 所示的卡斯特动漫出品的动画《铜鼓奇缘》提供的素材背景，以“铜鼓魂”为主题，完成缩放文字动画特效的设计任务。

图 2–2–20　拓展任务素材

学习总结

1. 请写出学习过程中的收获和遇到的问题。

2. 请对自己的作品进行评价，并填写表 2–2–1。

表 2–2–1　项目任务过程考核评价表

<table>
<tr><td>班级</td><td></td><td>项目任务</td><td colspan="3"></td></tr>
<tr><td>姓名</td><td></td><td>教师</td><td colspan="3"></td></tr>
<tr><td>学期</td><td></td><td>评分日期</td><td colspan="3"></td></tr>
<tr><td colspan="3">评分内容（满分 100 分）</td><td>学生自评</td><td>组员互评</td><td>教师评价</td></tr>
<tr><td rowspan="4">专业技能（60 分）</td><td colspan="2">工作页完成进度（10 分）</td><td></td><td></td><td></td></tr>
<tr><td colspan="2">对理论知识的掌握程度（20 分）</td><td></td><td></td><td></td></tr>
<tr><td colspan="2">理论知识的应用能力（20 分）</td><td></td><td></td><td></td></tr>
<tr><td colspan="2">改进能力（10 分）</td><td></td><td></td><td></td></tr>
<tr><td rowspan="4">综合素养（40 分）</td><td colspan="2">按时打卡（10 分）</td><td></td><td></td><td></td></tr>
<tr><td colspan="2">信息获取的途径（10 分）</td><td></td><td></td><td></td></tr>
<tr><td colspan="2">按时完成学习及工作任务（10 分）</td><td></td><td></td><td></td></tr>
<tr><td colspan="2">团队合作精神（10 分）</td><td></td><td></td><td></td></tr>
<tr><td colspan="3">总分</td><td></td><td></td><td></td></tr>
<tr><td colspan="3">综合得分
（学生自评 10%；组员互评 10%；教师评价 80%）</td><td colspan="3"></td></tr>
<tr><td colspan="3">学生签名：</td><td colspan="3">教师签名：</td></tr>
</table>

任务 3

旋转文字动画

任务描述

请根据图 2–3–1（a）所示的素材，继续通过文字动画参数的设置，应用 3 种动画参数，在参数添加顺序上，与前两个任务有所区别，最后添加“不透明度”参数，最终完成效果如图 2–3–1（b）所示。

(a)　(b)

图 2–3–1　任务素材及效果
（a）素材；（b）效果

学习目标

1. 熟悉文字动画参数的使用方法。
2. 掌握文字动画与基本属性的区别。
3. 熟练运用调整文字动画技巧。
4. 掌握文字属性的调整方法。
5. 掌握应用多种动画参数的方法。

一、文字动画的类型

After Effects CC 软件在文字处理方面功能非常强大，专门设计有文字动画控制器，可以实现无限变化，为影片增添绚丽的效果。根据实际工作内容，我们可以将文字动画分为以下 5 种类型。

（1）文字图层属性动画：文字图层具有普通图层的属性，其属性动画制作方法跟普通图层做法一致。

（2）源文本动画：可以对每个文字产生差异化影响的动画，可以形成千变万化的动画。

（3）路径动画：可以制作以沿着某一曲线为路径的动画。

（4）利用文字“动画”属性制作动画：可以为文字添加透明、颜色、模糊等动画特效。

（5）文字预制动画：预制动画库中有大量的预制动画，可以被调用，也可以在其基础上修改，满足实际的需要。

二、源文本动画

文字源文本可以制作文字的颜色、文字内容、文字字体、描边等属性的动画，主要是通过字符和段落面板上的参数来进行控制，但是源文本不能制作连续渐变的动画，只能做突变的效果。

三、路径动画

顾名思义，路径动画就是让文字沿着某个路径进行动画演变。路径动画有两种不同的做法：一是利用蒙版曲线和文字属性制作路径动画，即是在文字图层上创建蒙版曲线，将其作为文字运动的路径，进行动画制作；二是使用“路径文本”制作动画，即是指使用旧版本（过时）中的路径文本特效工具制作路径动画。

路径选项属性详解如下。

路径：用于指定曲线作为路径。

反转路径：控制是否反转路径。

垂直于路径：控制是否让文字垂直于路径。

强制对齐：将第 1 个文字和路径的起点强制对齐，或与设置的“首对齐”对齐，同时让最后 1 个文字和路径的结尾点对齐，或与设置的“末对齐”对齐。

首边距：设置第 1 个文字相对于路径起点处的位置，单位为像素。

末边距：设置最后 1 个文字相对于路径结尾处的位置，单位为像素。

四、用文字“动画”属性制作动画

在文字图层中的“动画”参数组中可以对单独的字符设置位移、形状和大小等属性动画，但是在默认情况下，这些动画都是基于每个字符自身的锚点来进行的。在文字图层的“锚点”参数组中可以对文字动画的锚点进行设置，其中包括“字符”“基于单词”“基于行”“基于全部文本”。

旋转文字动画

一、自主学习

1. 简述文字动画参数添加顺序上的区别。

2. 如何运用调整文字动画技巧？

二、实践探索

步骤 1：启动 After Effects CC 软件。

思考：简述启动 After Effects CC 软件的步骤。

步骤 2：保存项目，将项目命名为“旋转文字动画”。

思考：简述保存项目的过程。

步骤 3：在项目中导入素材文件“背景 .jpg”，如图 2-3-2 所示。

步骤 4：按组合键〈Ctrl+N〉新建合成，命名为“旋转文字动画”，“持续时间”为 15 秒，如图 2-3-3 所示。

图 2-3-2　导入素材文件

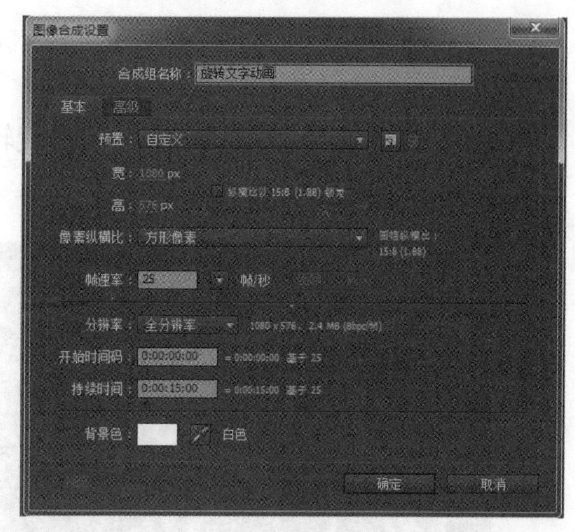

图 2-3-3　“图像合成设置”对话框

步骤 5：选中“背景 .jpg”素材文件，打开“缩放”参数组，调整参数（按住〈Ctrl〉键并单击可交替显示样式），使图片充满画面，如图 2-3-4~ 图 2-3-6 所示。

图 2-3-4　选中“背景 .jpg”素材文件

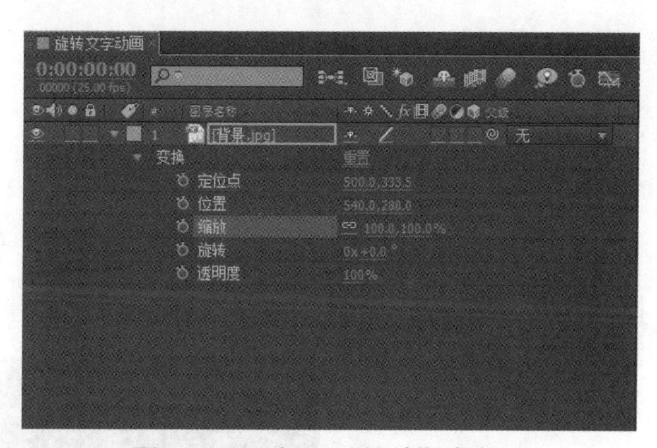

图 2-3-5　打开“缩放”参数组

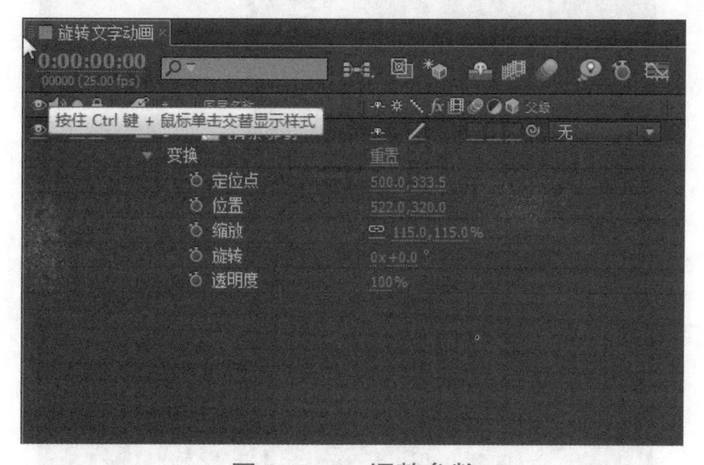

图 2-3-6　调整参数

思考：简述使图片充满画面的方法。

步骤 6：输入文字“After Effects CC 旋转动画”，单击“字符”面板，给文字调整字体样式，如图 2-3-7 和图 2-3-8 所示。

图 2-3-7　输入文字

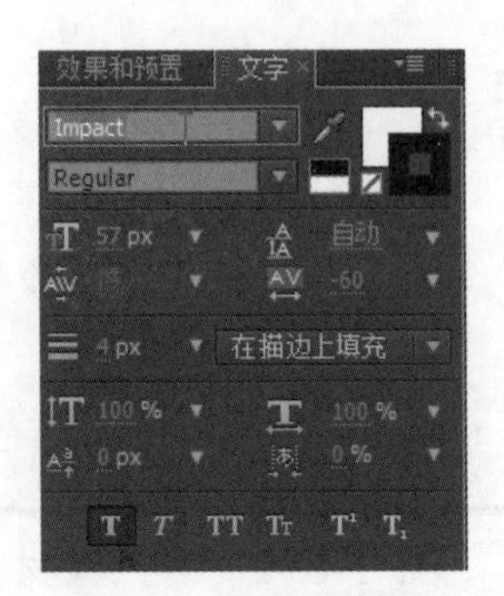

图 2-3-8　调整字体样式

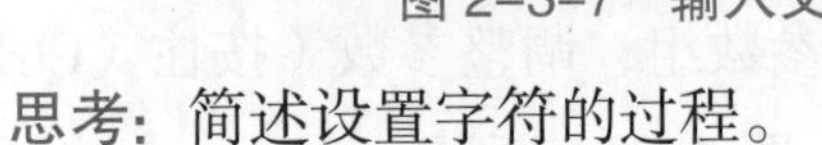

思考：简述设置字符的过程。

步骤 7：在时间线面板中，单击“文字”图层右侧“动画”小三角按钮，展开参数，选择“缩放”参数，如图 2-3-9 所示。

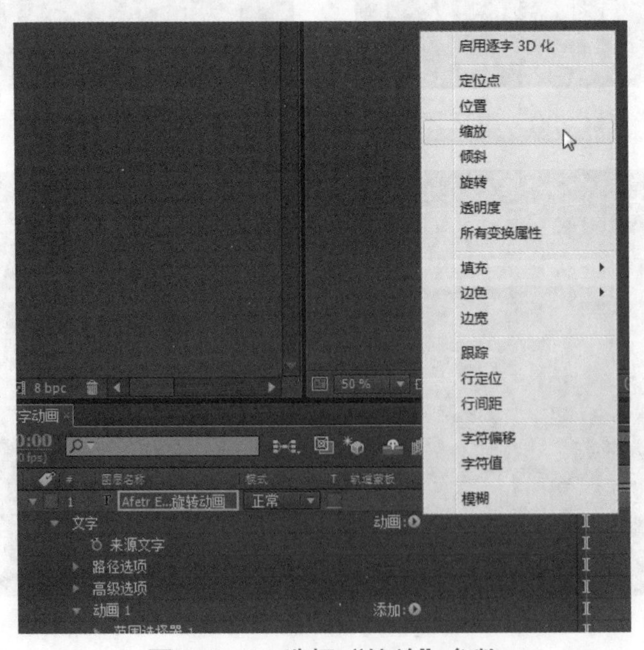

图 2-3-9　选择“缩放”参数

步骤 8：将“动画 1”参数组中“缩放”调整为 500.0，500.0%，如图 2–3–10 所示；单击“范围选择器 1”展开参数组，单击“偏移”前的码表，调整参数，0 秒处设置为 0%，如图 2–3–11 所示；3 秒处设置为 100%，如图 2–3–12 所示。

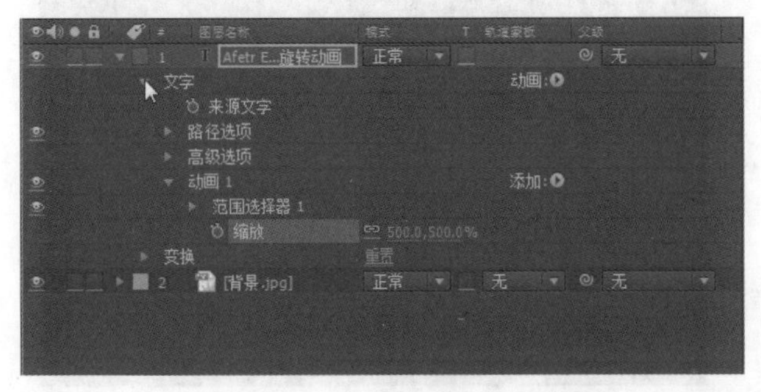

图 2–3–10　调整“缩放”参数

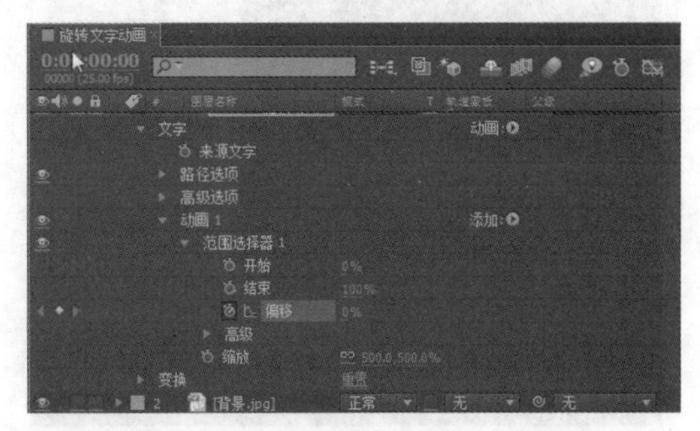

图 2–3–11　调整 0 秒处参数

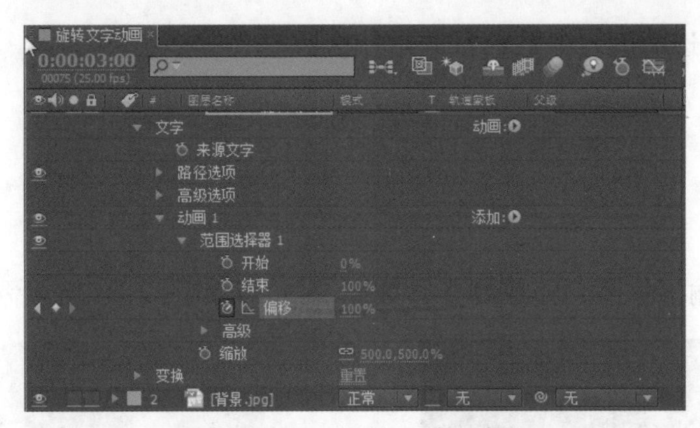

图 2–3–12　调整 3 秒处参数

步骤 9：单击“动画”按钮后的小三角，执行“特性”→“旋转”命令，调整“旋转”参数为 2 圈，如图 2–3–13 和图 2–3–14 所示。

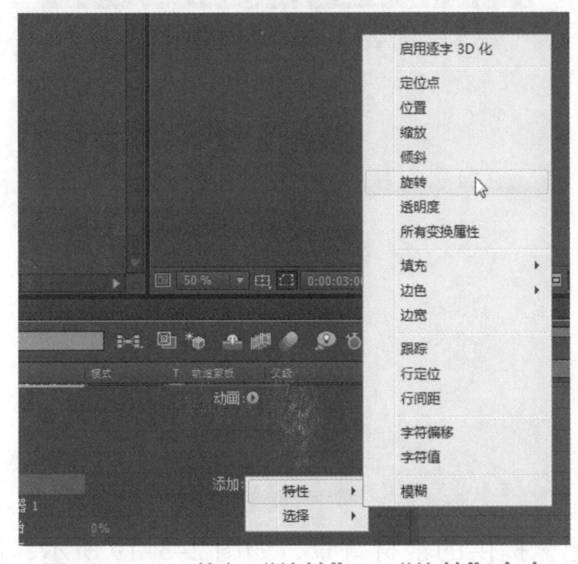

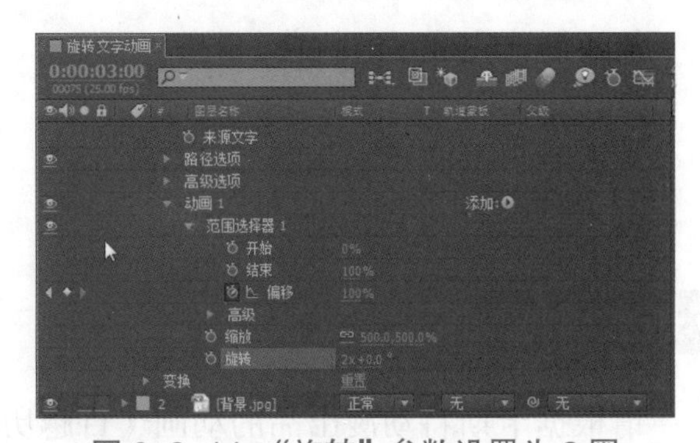

图 2–3–13　执行“特性”→“旋转”命令　　图 2–3–14　“旋转”参数设置为 2 圈

步骤 10：单击“动画”按钮后的小三角，执行“特性”→“不透明度”命令，调整“不透明度”参数为 0%，如图 2–3–15 和图 2–3–16 所示。

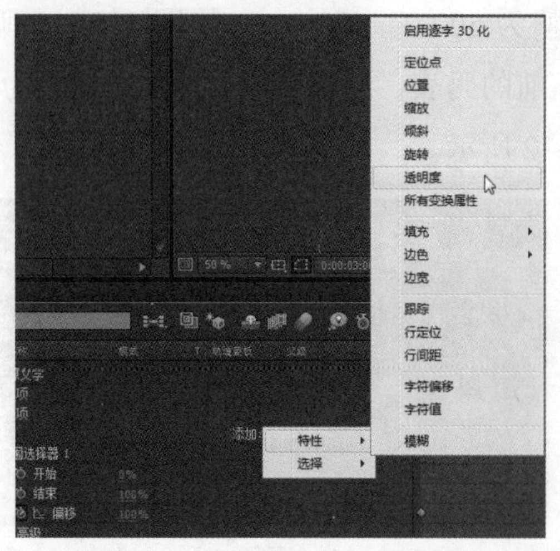

图 2-3-15　执行“特性”→“不透明度”命令

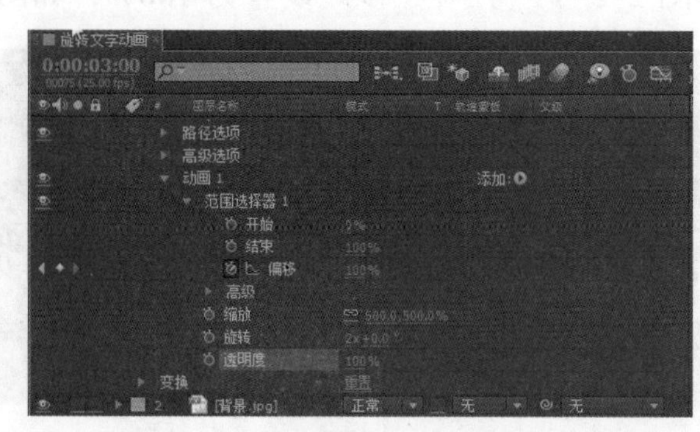

图 2-3-16　调整“不透明度”参数

思考：调整“不透明度”参数的目的是什么？

步骤 11：渲染输出作品，完成制作，如图 2-3-17 和图 2-3-18 所示。

图 2-3-17　渲染输出作品

图 2-3-18　完成制作

课堂体验

简述制作完成后的收获。

拓展训练

请根据卡斯特动漫出品的动画《百越历险记》提供的素材背景，如图 2-3-19 所示，以“盘古开天”为主题，完成旋转文字动画特效的设计任务。

图 2-3-19　拓展任务素材

学习总结

1. 请写出学习过程中的收获和遇到的问题。

2. 请对自己的作品进行评价，并填写表 2-3-1。

表 2-3-1　项目任务过程考核评价表

班级		项目任务			
姓名		教师			
学期		评分日期			
评分内容（满分 100 分）			学生自评	组员互评	教师评价
专业技能（60 分）	工作页完成进度（10 分）				
	对理论知识的掌握程度（20 分）				
	理论知识的应用能力（20 分）				
	改进能力（10 分）				
综合素养（40 分）	按时打卡（10 分）				
	信息获取的途径（10 分）				
	按时完成学习及工作任务（10 分）				
	团队合作精神（10 分）				
总分					
综合得分（学生自评 10%；组员互评 10%；教师评价 80%）					
学生签名：			教师签名：		

任务 4

文字过光效果

任务描述

请利用“碎片”特效将文字炸裂，用光斑运动来配合文字炸裂的动画，实现光斑驱动文字散开的画面效果。最终完成效果如图 2-4-1 所示。

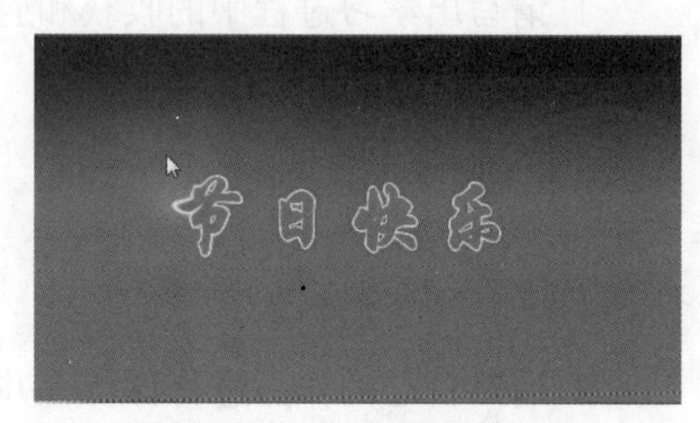

图 2-4-1　任务素材及效果

学习目标

1. 了解制作文字过光的基本思路及相应技巧。
2. 熟悉“梯形渐变”特效的功能。
3. 掌握“碎片”“辉光”特效的功能。
4. 会运用“镜头光晕”特效制作运动光斑。
5. 掌握设置关键帧动画的技巧。

学习指导

一、关键帧的概念与作用

关键帧是一个影视动画中的重要概念，是影视画面或动画画面的关键点、关键画面。影视动画中每一个动态画面都是由若干连续的静止画面构成，而每一个静止画面称为“帧”，所以能表现影视动画关键状态的画面就称为“关键帧”。具体落实到影视动画类制作软件中，制作者对不同时间、不同地点的目标属性进行修改后，计算机会记录该时间地点的关键信息，该点也就成为关键帧。不同状态、不同属性的关键帧之间的过渡变化，就构成了关键帧动画的画面。在 After Effects CC 中，关键帧标记在时间线面板上会显示出以下这几种常见形式，如图 2-4-2 所示。

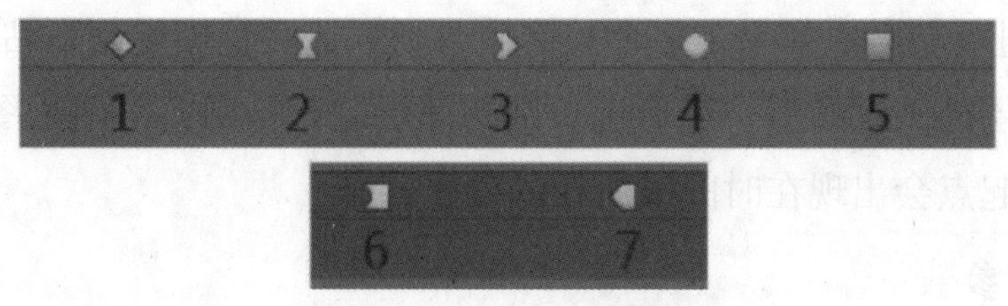

图 2-4-2 关键帧标记

图标 1：默认的菱形关键帧。

图标 2：缓入 / 缓出关键帧，能够使动画运动变得平滑，按〈F9〉键即可实现。

图标 3：箭头形状关键帧，与上个关键帧类似，只是实现动画的一段平滑，包括入点平滑关键帧（组合键〈Shift+F9〉）和出点平滑关键帧（组合键〈Ctrl+Shift+F9〉）。

图标 4：圆形关键帧，也属于平滑类关键帧，使动画曲线变得平滑可控，实现方法是按住〈Ctrl〉键并单击关键帧。

图标 5：正方形关键帧，这种关键帧比较特殊，是硬性变化的关键帧，在文字变换动画中常用，可以在一个文字图层中改变多个文字源以实现不用多个图层就能做出不一样的文字变换的效果，在文字图层的“来源文字”选项上打上关键帧就是此关键帧。

图标 6：曲线关键帧转换成停止关键帧后的状态。

图标 7：普通线性关键帧转换为停止关键帧时的状态，让期间的动画停下来。

二、关键帧的编辑

1. 选择关键帧

在编辑关键帧时，首先要选定要修改的关键帧，然后再对其属性进行修改。通常选择关键帧有以下 3 种方式。

（1）在时间线面板上单击关键帧，当关键帧变为黄色时即为选中状态。若要多选几个关键帧则可以配合〈Shift〉键进行单击加选或取消加选。

（2）在时间线面板框选所需关键帧，可以一次性大范围地选择多个关键帧。

（3）单击该属性的名称就可以一次性选中该属性的所有关键帧。

2. 移动关键帧

（1）在时间线面板上选中要移动的关键帧，移动鼠标将关键帧移动到新的位置。

（2）先将时间线放置于新目标位置，选中关键帧配合〈Shift〉键拖动，到时间线附近时关键帧会自动吸附在时间线位置上。

（3）选中要移动的关键帧，按住〈Alt〉键，按键盘左右键即可向左或向右精确移动关键帧。

3. 复制关键帧

（1）选择关键帧，按组合键〈Ctrl+C〉复制，移动鼠标把时间指针移动到目标位置，按组合键〈Ctrl+V〉进行粘贴。如果是多个关键帧，则框选后直接复制、粘贴。

（2）复制完一层的关键帧后，还可选中别的图层进行粘贴，但两个图层要具有一致的属性。粘贴的关键帧起点会出现在时间线所在的位置。

4. 修改关键帧参数

（1）双击关键帧，在弹出的面板中修改其参数。

（2）对于一个属性中的多个关键帧可以统一修改，框选关键帧，统一修改参数即可。

5. 删除关键帧

（1）选择一个或多个关键帧直接按〈Delete〉键删除。

（2）如果要删除该属性的所有关键帧，则直接关闭“码表”即可。

文字过光效果

实训过程

一、自主学习

1. 简述“梯形渐变”特效的功能。

2. 如何运用“镜头光晕”特效制作运动光斑？

二、实践探索

步骤 1：创建项目“文字过光”，新建合成命名为“背景”，设置“持续时间”为 10 秒，如图 2-4-3 所示。

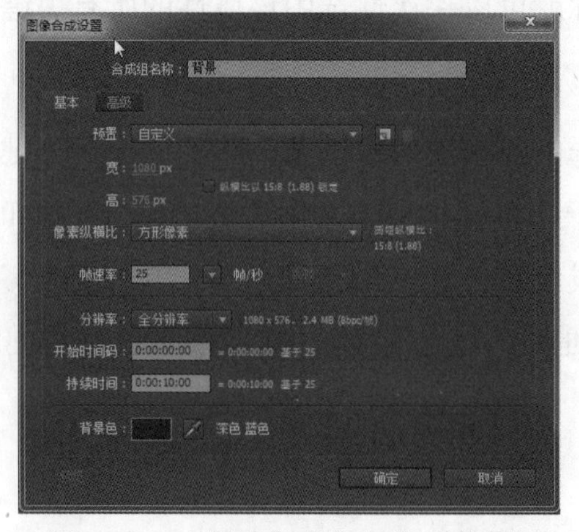

图 2-4-3 新建合成命名为“背景”

思考：简述创建合成“背景”的步骤。

步骤 2：执行菜单栏“图层”→“新建”→“纯色”命令，打开“固态层设置”对话框，将纯色层命名为“背景层”，如图 2-4-4 所示。

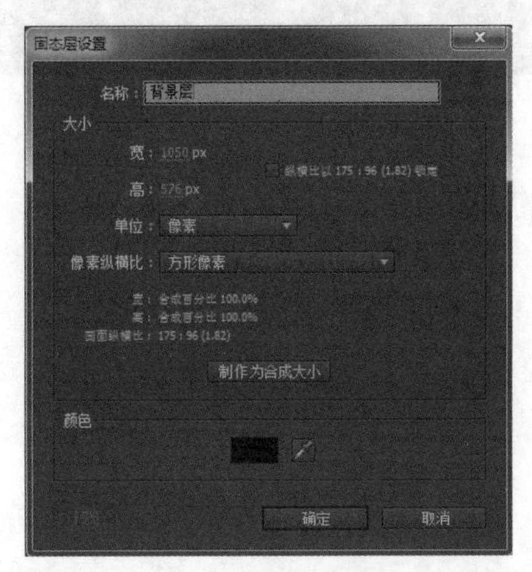

图 2-4-4 “固态层设置”对话框

步骤 3：选中“背景层”选项，执行“效果”→“生成”→“渐变”命令，添加渐变特效，如图 2-4-5 和图 2-4-6 所示。

图 2-4-5 执行“效果”→“生成”→“渐变”命令

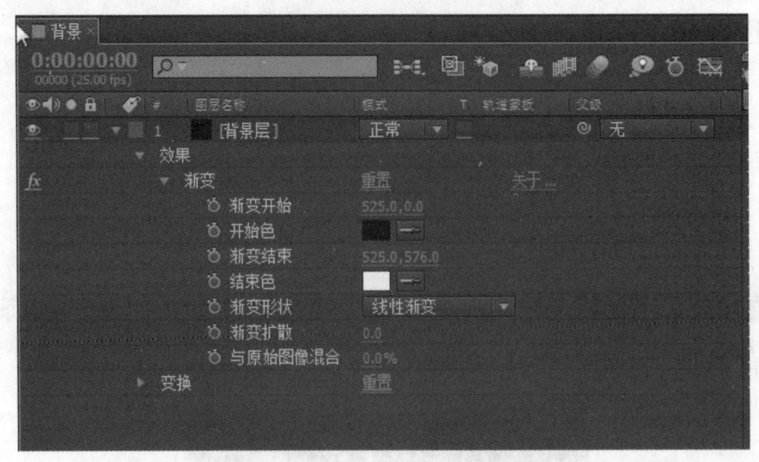

图 2-4-6　添加渐变效果

思考：简述添加渐变特效的方法。

步骤 4：打开“效果控件”窗口，设置“渐变开始”参数为 350.0，-170.0，如图 2-4-7 所示；设置“开始色”为 R:2，G:10，B:5，如图 2-4-8 所示。

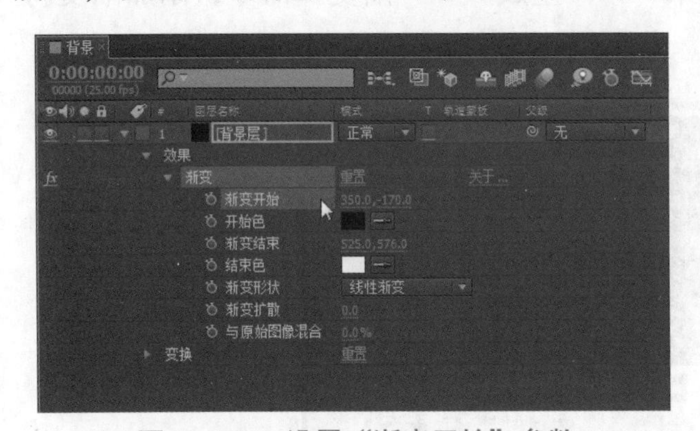

图 2-4-7　设置“渐变开始”参数

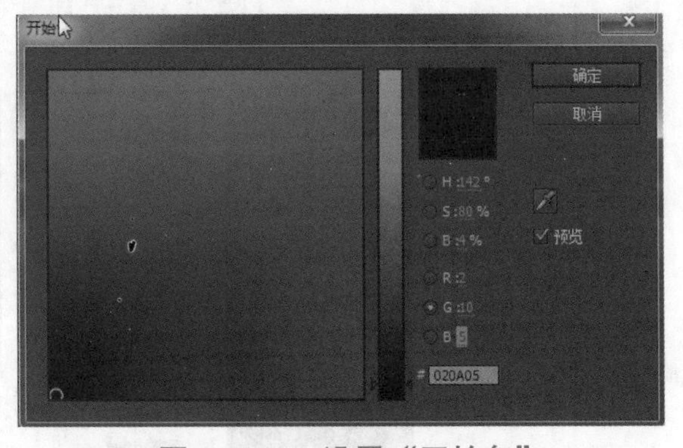

图 2-4-8　设置“开始色”

思考：请展示设置渐变开始后的效果。

步骤 5：设置“渐变结束”参数为 350.0，265.0，如图 2-4-9 所示；设置“结束色”为 R:255，G:44，B:81，如图 2-4-10 所示。

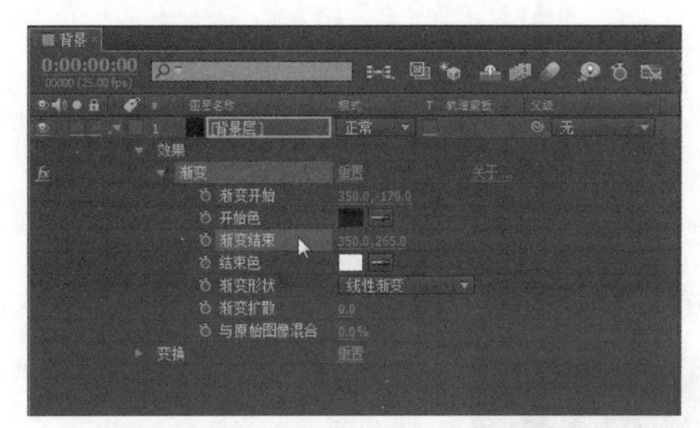

图 2-4-9　设置“渐变结束”参数

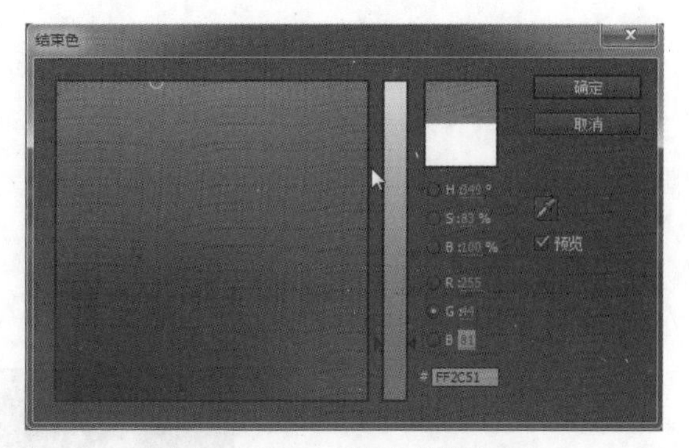

图 2-4-10　设置“结束色”

思考：请展示设置渐变结束后的效果。

步骤 6：创建新合成命名为“文字”，设置“持续时间”为 10 秒，如图 2-4-11 所示。

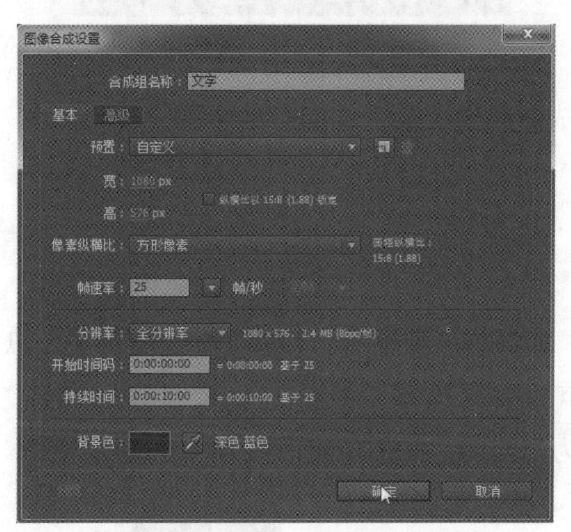

图 2-4-11　创建新合成

步骤 7：执行菜单栏“图层”→“新建”→“文字”命令，输入“节日快乐”，如图 2-4-12 所示；字体设置为“华文行楷”，颜色为玫红色，描边为黄色，字号为 100，文字的边设置为“3 像素”，填充方式为“在描边上填充”，如图 2-4-13 所示；效果如图 2-4-14 所示。

图 2-4-12　输入文字

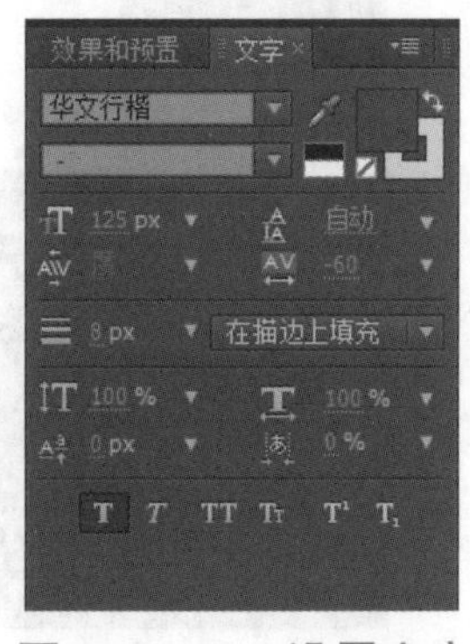

图 2-4-13　设置文字

图 2-4-14　效果

思考：简述文字设置的方法。

步骤 8：创建新合成命名为“渐变参考”，设置“持续时间”为 10 秒，如图 2-4-15 所示。

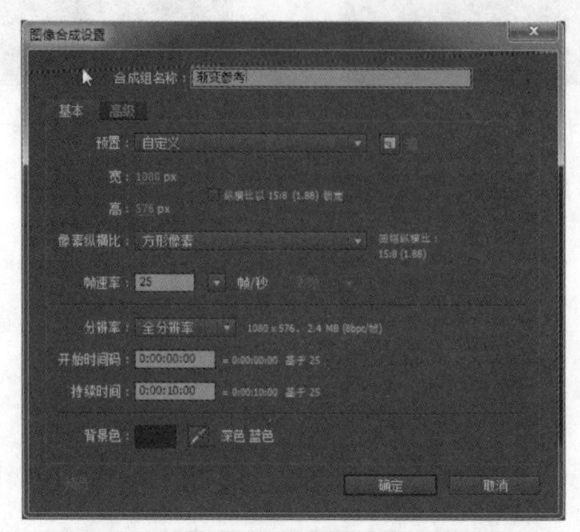

图 2-4-15　创建“渐变参考”

思考：简述创建新合成命名为“渐变参考”的步骤。

步骤 9：新建纯色层，命名为“渐变层”，如图 2-4-16 所示；执行菜单栏“效果”→“生成”→“渐变”命令，添加渐变特效，如图 2-4-17 所示；设置“渐变开始”参数为 0.0，300.0，“渐变结束”参数为 1049.0，300.0，如图 2-4-18 所示。

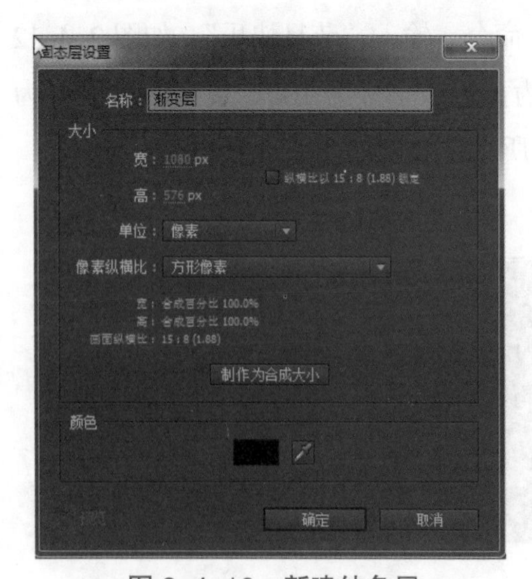

图 2-4-16　新建纯色层

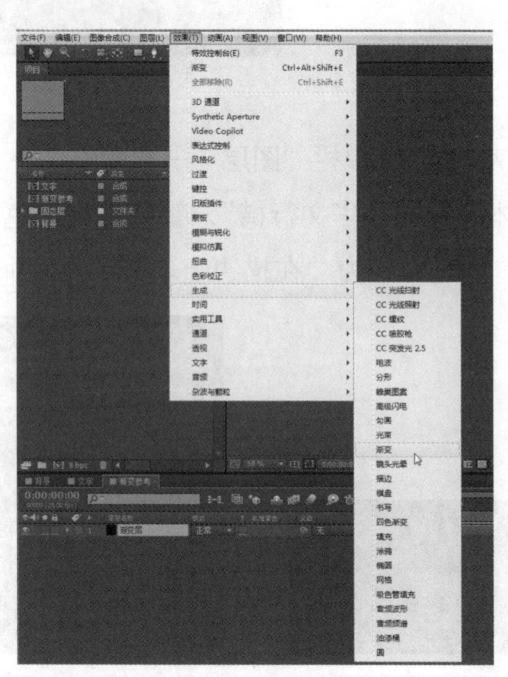

图 2-4-17　执行菜单栏“效果”→“生成”→“渐变”命令

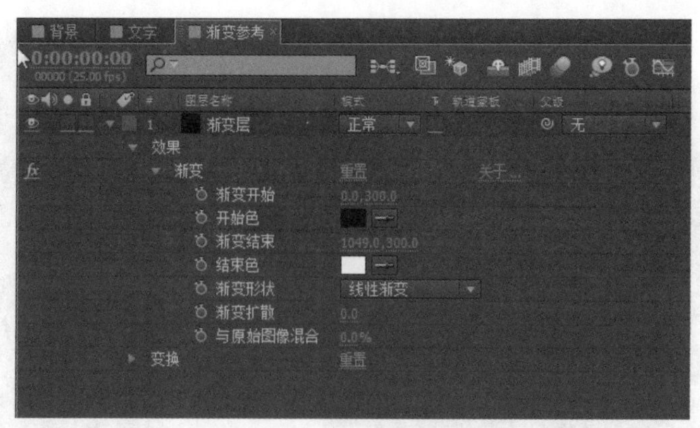

图 2-4-18　设置参数

步骤 10:单击时间线面板中的“背景”面板，切换到“背景”合成面板，将“文字”“渐变参考”两个合成分别拖放到“背景”合成时间线面板中，同时关闭“渐变参考”的显示开关，如图 2-4-19 所示。

步骤 11：选中“文字”图层，执行菜单栏“效果”→“模拟仿真”→“碎片”命令，添加一个爆炸特效，如图 2-4-20 所示；将视图设置为“渲染”，渲染设置为“全部”，展开“外状”参数组，将图案设置为“星形和三角形”，如图 2-4-21 和图 2-4-22 所示。展开“渐变”参数组，将“倾斜图层”设置为“2. 渐变参考”，选中“反转倾斜”复选按钮，如图 2-4-23 所示。

图 2-4-19　“背景”合成面板

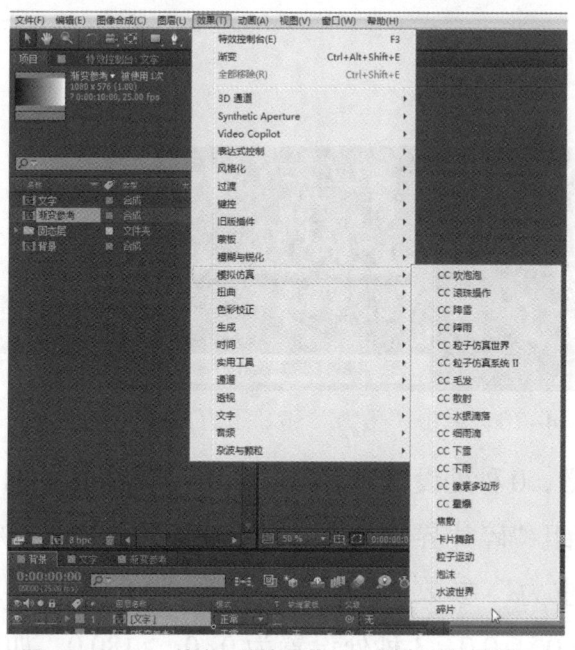

图 2-4-20　执行“效果”→“模拟仿真”→“碎片”命令

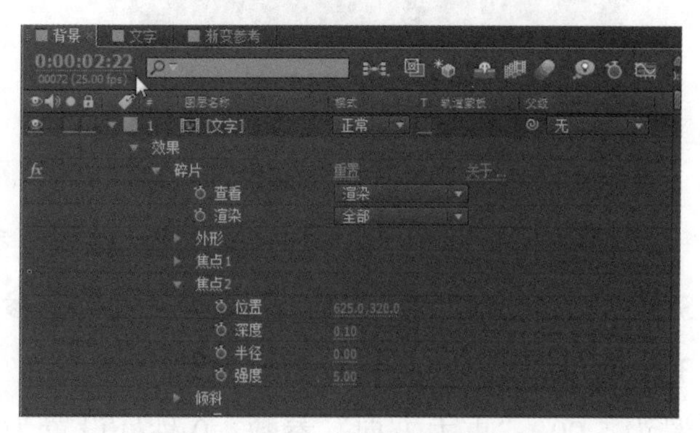

图 2-4-21　设置视图和渲染

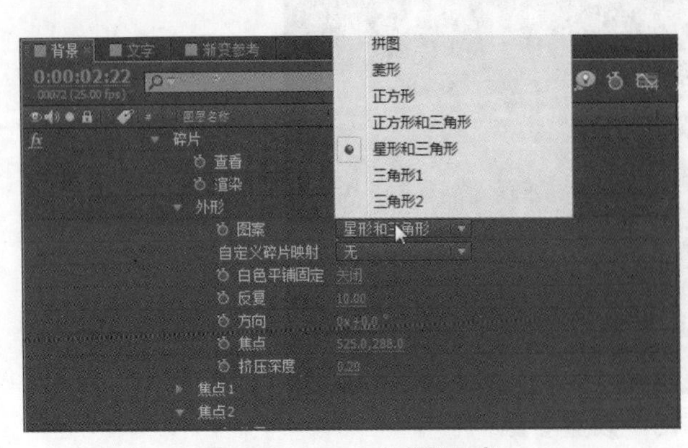

图 2-4-22　设置图案

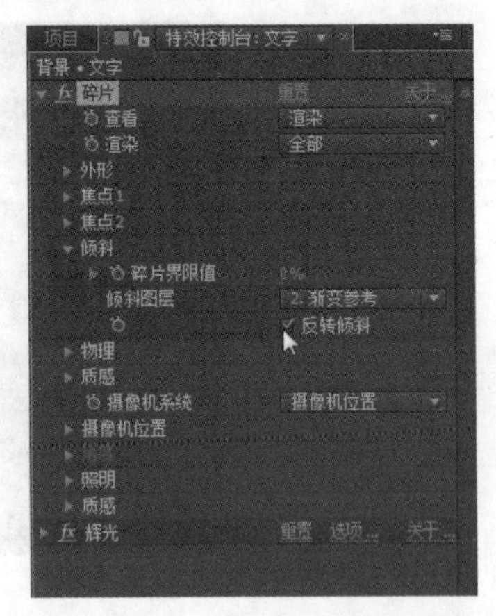

图 2-4-23　设置“倾斜图层”

思考：请展示添加爆炸特效后的文字效果。

步骤 12：将“时间指示器”置于起点位置，展开“焦点 1”参数组，“倾斜图层”各参数设置如图 2-4-24 所示；展开“倾斜”参数组，单击“碎片界限值”前的码表，如图 2-4-25 所示；展开“物理”参数组，单击“重力”和“重力方向”前的码表，如图 2-4-26 所示。

图 2-4-24　“渐变图层”各参数设置

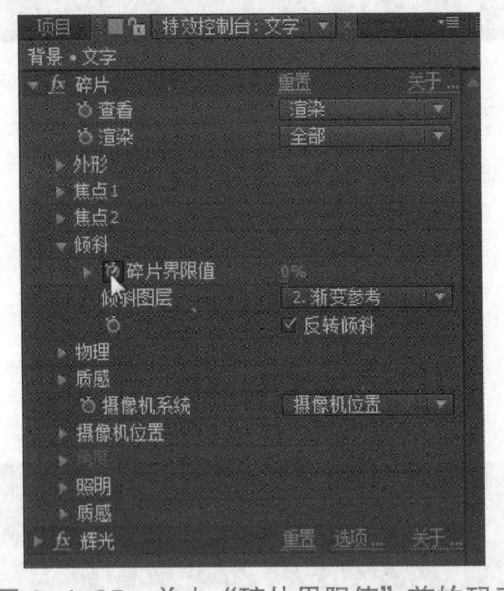

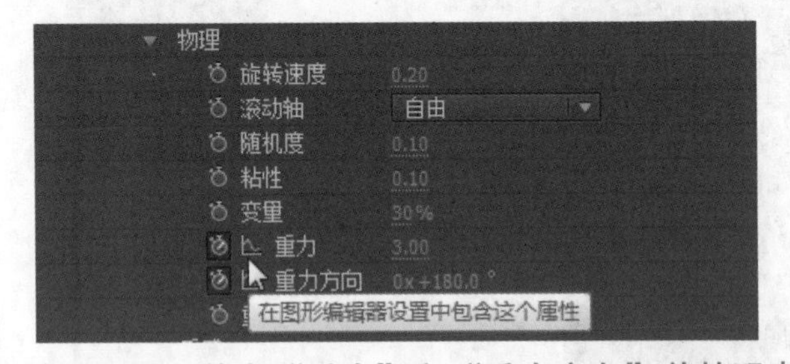

图 2-4-25　单击“碎片界限值”前的码表　　图 2-4-26　单击“重力”和“重力方向”前的码表

步骤 13：设置“焦点 1”参数组“位置”参数，0 秒处设置为 100.0，270.0（见图 2-4-24），3 秒处设置为 625.0，320.0；设置“倾斜”参数组“碎片界限值”参数，0 秒处设置为 0%，3 秒处设置为 100%；设置“物理”参数组“重力”参数，0 秒处设置为 0.00，3 秒处设置为 5.00，“重力方向”参数，0 秒处设置为 2x.0，+0.0，3 秒处设置为 0x.0，+180.0，如图 2-4-27~ 图 2-4-31 所示。效果如图 2-4-32 所示。

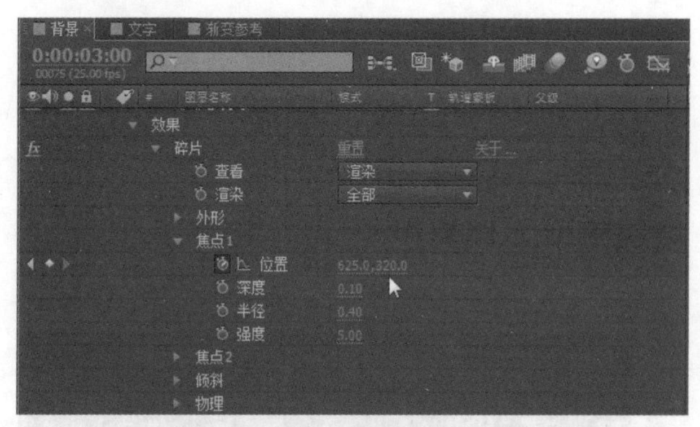

图 2-4-27　3 秒处“位置”参数设置

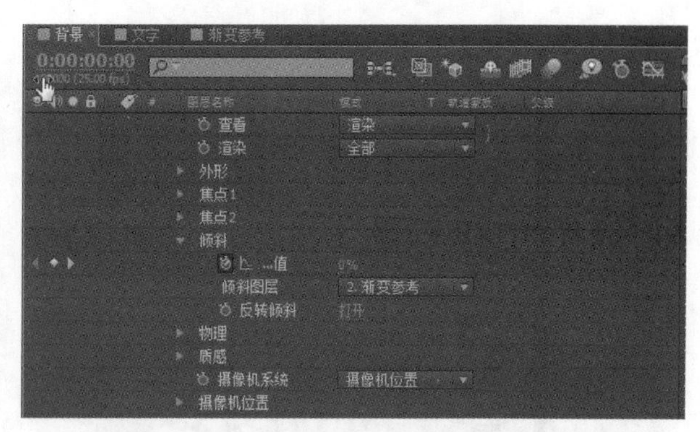

图 2-4-28　0 秒处“倾斜”参数组设置

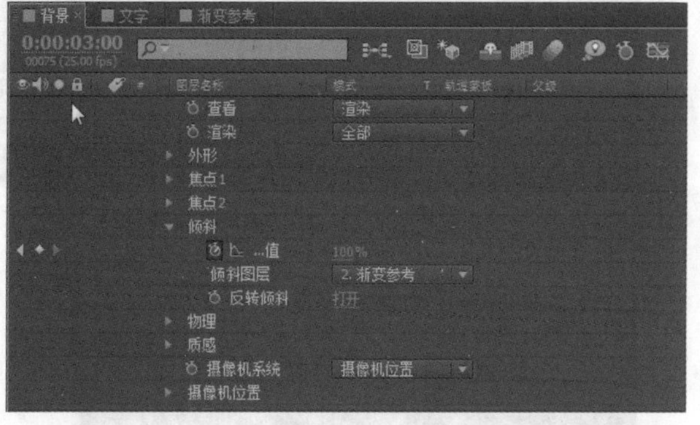

图 2-4-29　3 秒处“倾斜”参数组设置

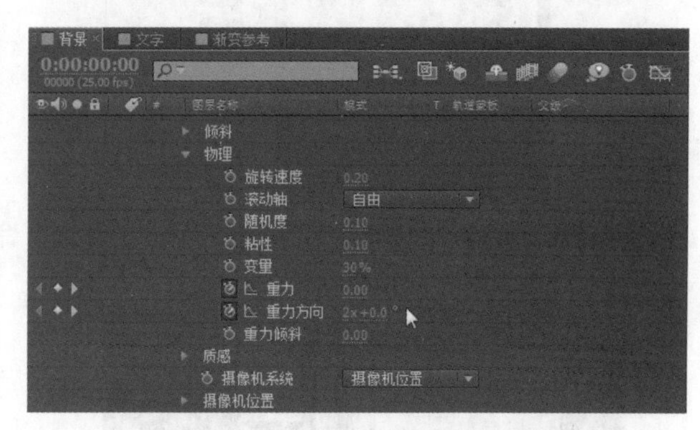

图 2-4-30　0 秒处“物理”参数设置

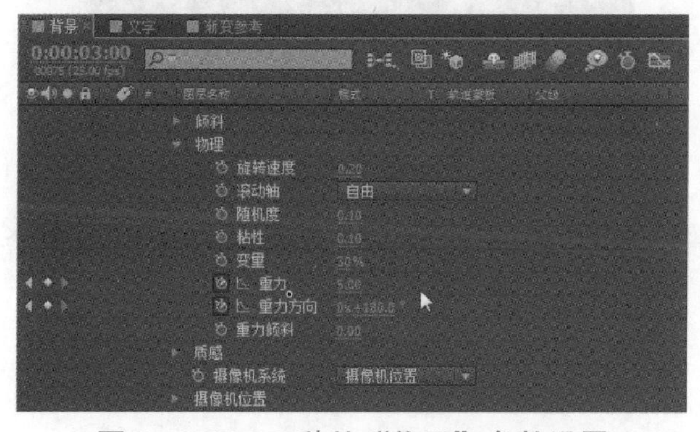

图 2-4-31　3 秒处“物理”参数设置

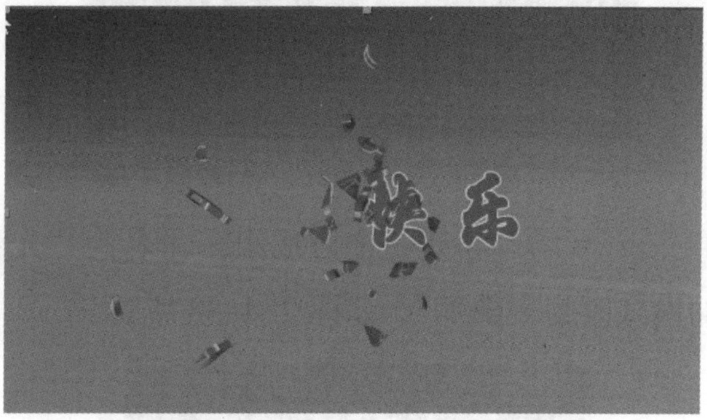

图 2-4-32　效果

思考：简述“焦点 1”参数组的设置方法。

步骤 14：为增强爆炸效果，选中“文字”图层选项，执行“效果”→“风格化”→“辉光”命令，添加辉光特效，如图 2-4-33 所示；单击“效果控件”窗口，将“辉光基于”设置为“Alpha 通道”，如图 2-4-34 所示；将“颜色 A”面板参数设置为 R:255，G:227，B:65，如图 2-4-35 所示；“颜色 B”面板参数设置为 R:158，G:2，B:85，如图 2-4-36 所示。

图 2-4-33　执行“效果”→“风格化”→“辉光”命令

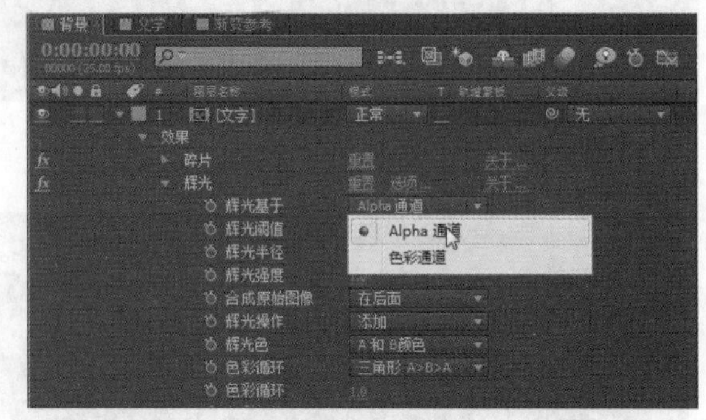

图 2-4-34　选中“Alpha 通道”

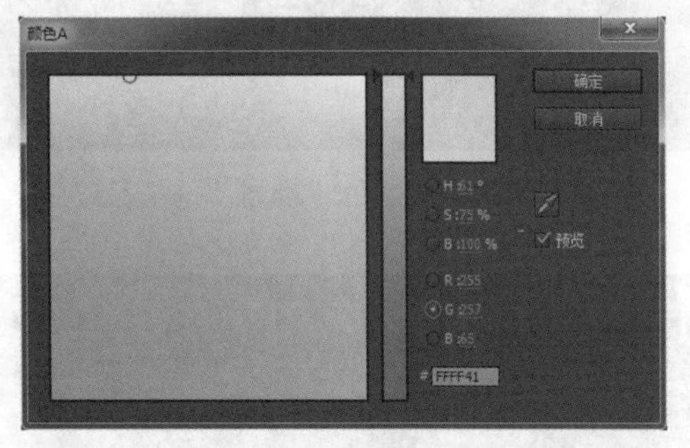

图 2-4-35　设置“颜色 A”面板参数

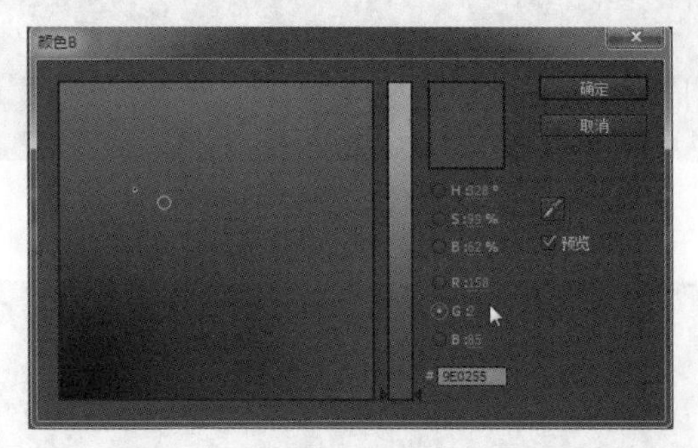

图 2-4-36　设置“颜色 B”面板参数

步骤 15：新建一个合成组，命名为“光晕”，如图 2-4-37 所示；在时间线面板中将叠加模式改为“叠加”，如图 2-4-38 所示。

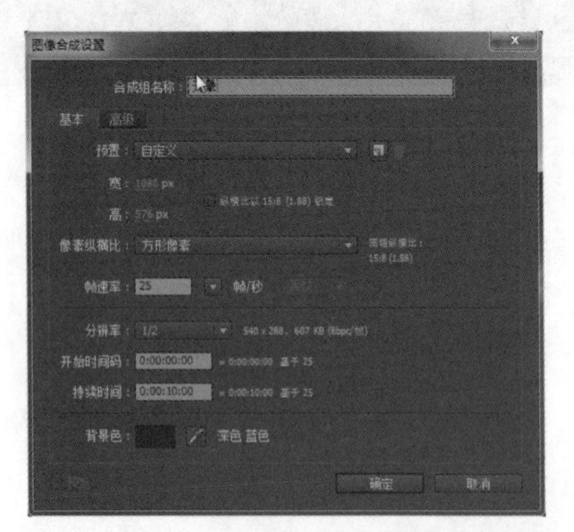

图 2-4-37　新建 “光晕”合成组

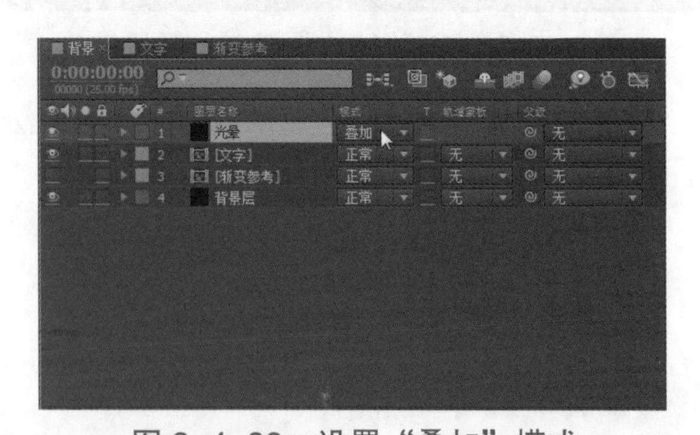

图 2-4-38　设置“叠加”模式

步骤 16：执行菜单栏“效果”→“生成”→“镜头光晕”命令，将“时间指示器”移到 2 秒 20 帧处位置，展开“镜头光晕”参数组，单击“光晕中心”前的码表，设置参数为 1060.0，263.0，如图 2-4-39 所示；0 秒 0 帧处位置参数为 288.0，263.0，如图 2-4-40 所示。

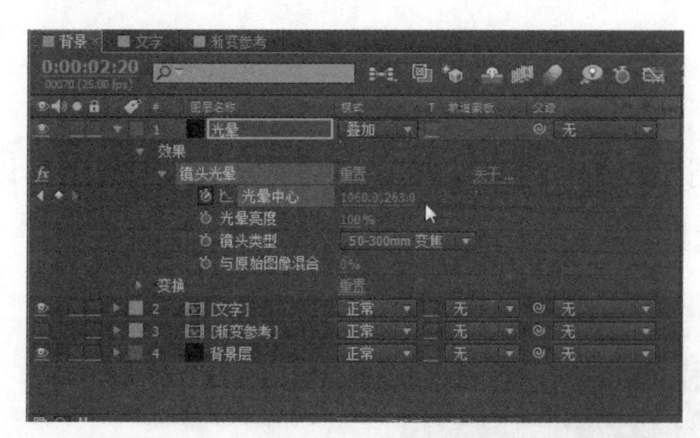

图 2-4-39　设置参数为 1060.0，263.0

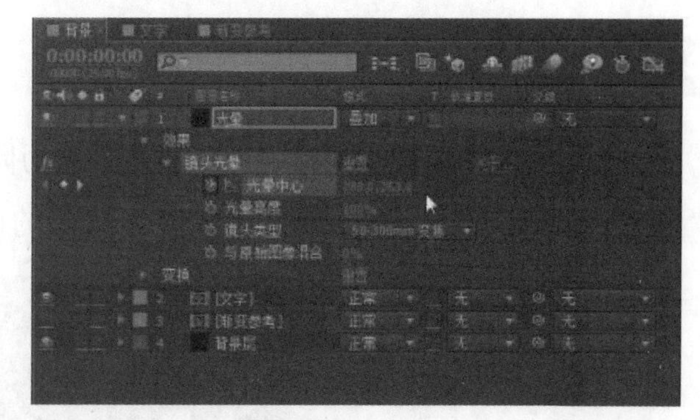

图 2-4-40　设置参数为 288.0，263.0

步骤 17：单击“渐变参考”显示开关，将叠加方式设置成“柔光”，如 2-4-41 所示。

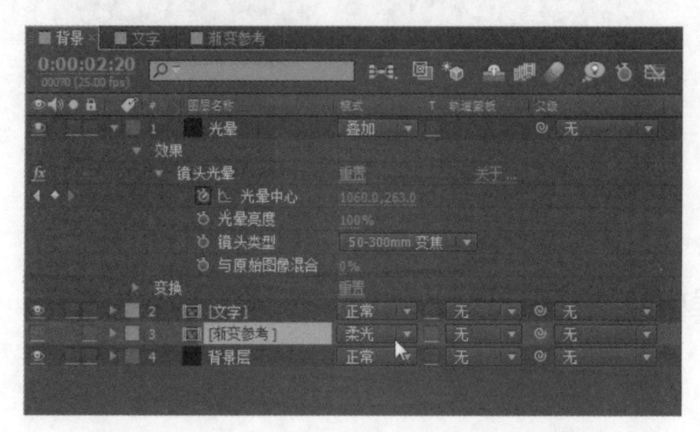

图 2-4-41　叠加方式设置成“柔光”

步骤 18：渲染输出作品，完成制作，如图 2-4-42 和图 2-4-43 所示。

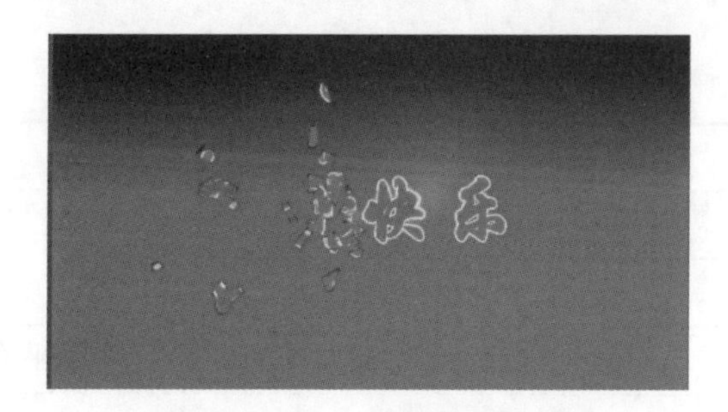

图 2-4-42　渲染输出作品

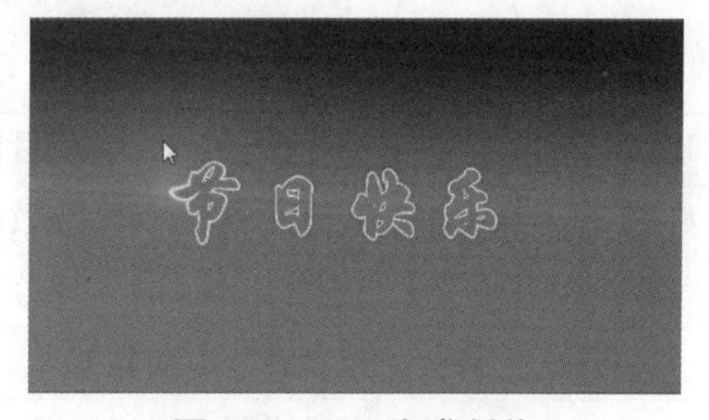

图 2-4-43　完成制作

思考：请展示最终完成后的效果。

课堂体验

简述制作完成后的收获。

拓展训练

请根据卡斯特动漫出品的动画《百越历险记》提供的素材背景，如图 2–4–44 所示，以“百越历险记”为主题，完成文字过光效果的设计任务。

图 2–4–44　拓展任务素材

学习总结

1. 请写出学习过程中的收获和遇到的问题。

2. 请对自己的作品进行评价，并填写表 2–4–1。

表 2–4–1　项目任务过程考核评价表

<table>
<tr><td>班级</td><td></td><td>项目任务</td><td colspan="3"></td></tr>
<tr><td>姓名</td><td></td><td>教师</td><td colspan="3"></td></tr>
<tr><td>学期</td><td></td><td>评分日期</td><td colspan="3"></td></tr>
<tr><td colspan="3">评分内容（满分 100 分）</td><td>学生自评</td><td>组员互评</td><td>教师评价</td></tr>
<tr><td rowspan="4">专业技能（60 分）</td><td colspan="2">工作页完成进度（10 分）</td><td></td><td></td><td></td></tr>
<tr><td colspan="2">对理论知识的掌握程度（20 分）</td><td></td><td></td><td></td></tr>
<tr><td colspan="2">理论知识的应用能力（20 分）</td><td></td><td></td><td></td></tr>
<tr><td colspan="2">改进能力（10 分）</td><td></td><td></td><td></td></tr>
<tr><td rowspan="4">综合素养（40 分）</td><td colspan="2">按时打卡（10 分）</td><td></td><td></td><td></td></tr>
<tr><td colspan="2">信息获取的途径（10 分）</td><td></td><td></td><td></td></tr>
<tr><td colspan="2">按时完成学习及工作任务（10 分）</td><td></td><td></td><td></td></tr>
<tr><td colspan="2">团队合作精神（10 分）</td><td></td><td></td><td></td></tr>
<tr><td colspan="3">总分</td><td></td><td></td><td></td></tr>
<tr><td colspan="3">综合得分
（学生自评 10%；组员互评 10%；教师评价 80%）</td><td colspan="3"></td></tr>
<tr><td colspan="3">学生签名:</td><td colspan="3">教师签名:</td></tr>
</table>

任务 5

手写字效果

任务描述

通过“生成”→“书写”的应用，实现手写书法的效果，最终完成效果如图 2–5–1 所示。

图 2–5–1 任务效果

学习目标

1. 掌握效果“生成”→“书写”的操作技巧。

2. 熟悉掌握“生成”→“书写”的相关参数。

3. 掌握“画笔位置”参数的设定方法。

4. 掌握“笔触大小”的使用方法。

学习指导

一、手写字效果的优点

1. 增加个人风格

每当你看到手写字体的时候，就会感觉它是为你量身定做的。收到一个写有你名字的信封或一个用更正式的字体写的信封，你会有不同的反应。

2. 吸引眼球

毫无疑问，手写字体从其他常用字体中脱颖而出，如 Arial、Times New Roman、Helvetica 等。它甚至可以让读者停下来，当他们看到一些使用手写字体的文本时，会去阅读页面上的内容。

3. 独一无二

就像每个人独特的笔迹一样，手写字体也各不相同。正因如此，每种字体可以向读者传达不同的信息和不同的情感。

4. 能增加可读性

当你使用手写字体时，它增加了可读性，把人们的注意力吸引到重要的笔记上。这样，读者就不会错过重要的信息。

5. 会唤起记忆

手写字体可能看起来像你儿时最好的朋友的笔迹，一看到它，你就能回忆起你们在一起的快乐时光。或者它对你来说可能看起来很浪漫，就像你十几岁时收到的第一张爱情卡片。

6. 能表达一种情感

这么多的手写字体，每一种都表达着不同的情感。只要看一眼，就会有一些东西浮现在读者的脑海中，即使他们还没有理解文章的内容。

7. 有辨识度

手写字体对标识很有效。世界上许多知名品牌都使用手写字体，它们比较有辨识度，这使其对品牌和营销产生了积极效果。

8. 对于短笔记很有效

虽然手写字体优点很多，但在设计中使用过多是不可取的。在长文本中使用它时，会导致不容易阅读，而且对读者的眼睛伤害很大。因此，最好在短笔记中使用它们。

9. 适合网页设计

很多网站喜欢使用手写字体，尤其是在标题中。它是有效的，读者和用户可以立即识别出你的网站；它也是迷人的、引人注目的，特别是当你使用了醒目的颜色时。

10. 给人一种正在发生事情的感觉

有一些海报和网站使用手写字体来展示一些东西，如某些商品或服务的折扣，以产生实时的效果。

二、生成

CC Glue Gun：胶水喷枪效果。

DCC Light Burst 2.5：光线缩放 2.5 效果。

CC Light Rays：光束效果。

CC Light Sweep：光线扫描效果。

CC Threads：线状效果。

单元格图案：此效果可根据单元格杂色生成单元格图案，使用它可创建静态或移动的背景纹理和图案，这些图案进而可用作有纹理的遮罩、过渡图或置换图的源图。

分形：分形效果可渲染曼德布罗特或朱莉亚集合，从而创建多彩的纹理；在首次应用此效果时，看到的图片是曼德布罗特集合的经典样本，此集合是使用黑色着色的区域，此集合外部的所有像素根据接近此集合的程度进行着色。

高级闪电：此效果可模拟放电；与闪电效果不同，高级闪电效果不能自行设置动画，如果为“传导率状态”或其他属性设置动画则可用闪电效果。

勾画：此效果可在对象周围生成航行灯和其他基于路径的脉冲动画；可以勾画任何对象的轮廓，使用光照或更长的脉冲围绕此对象，然后为其设置动画，以创建在对象周围追光的景象。

光束：此效果可模拟光束的移动，如激光光束；可以制作光束发射效果，也可以创建带有固定起始点或结束点的棍状光束效果；在启用运动模糊，并将快门角度设置为 360° 时，光束看起来最好。

镜头光晕：此效果可模拟将明亮的灯光照射到摄像机镜头所致的折射；通过单击图像缩览图的任一位置或拖动其十字线，即可指定光晕中心的位置。

描边：此效果可在一个或多个蒙版定义的路径周围创建描边或边界，还可以指定描边颜色、不透明度、间距以及笔刷特性；可指定描边是显示在图像上面还是透明的图像上，是否显示原始 Alpha 通道；要使用在 Illustrator 中创建的路径，可复制此路径，并将它粘贴至 After Effects CC 中的图层。

棋盘：此效果可创建矩形的棋盘图案，其中一半是透明的。

四色渐变：此效果可产生四色渐变结果；渐变效果由 4 个效果点定义，后者的位置和颜色均使用“位置和颜色”控件设置动画；渐变效果由混合在一起的 4 个纯色圆形组成，每个圆形均使用一个效果点作为中心。

梯度渐变：制作双色渐变效果，可以选择“线性”或“径向”两种渐变方式。

填充：此效果可使用指定颜色填充指定蒙版；如果要将描边和填充添加到闭合路径中，则应用描边和填充的顺序可确定描边的可见宽度；如果在应用描边之前应用填充，则会显示完整的描边笔刷大小；如果在应用填充之前应用描边，则填充会显示在描边上方，遮蔽路径内一半的描边。

涂写：在闭合蒙版或形状内添加仿“涂抹笔触”的静态或动态效果。

椭圆：此效果可绘制椭圆。

网格：使用网格效果可创建可自定义的网格，可以纯色渲染此网格，也可将其用作源图层 Alpha 通道的蒙版；此效果适合生成设计元素和遮罩，可在这些设计元素和遮罩中应用其他效果。

无线电波：此效果可从固定或动画特效控制点创建辐射波，可以使用此效果生成池塘波纹、声波或复杂的几何图案，使用反射控件可使这些形状朝图层侧面反弹；也可以使用无线电波效果创建实际波形置换图，后者适合与焦散效果一起使用。

吸管填充：此效果（以前是拾色器效果）可将采样颜色应用到源图层；此效果可用于从原始图层的采样点快速拾取纯色，或从一个图层拾取颜色值，并使用混合模式将此颜色应用到第二个图层。

写入：此效果可在图层上为描边设置动画；例如，可以模拟草书文本或签名的笔迹动作。

音频波形：将音频波形效果应用到视频图层，以显示包含音频（和可选视频）图层的音频波形；以多种不同方式显示音频波形，包括沿开放或闭合的蒙版路径。

音频频谱：将音频频谱效果应用到视频图层，以显示包含音频（和可选视频）图层的音频频谱；此效果可显示使用“起始频率”和“结束频率”定义的范围中各频率的音频音量大小；此效果可以多种不同方式显示音频频谱，包括沿蒙版路径。

油漆桶：此效果（以前是基本填充效果）用于纯色填充区域的非破坏性绘画效果，它与 Adobe Photoshop 的油漆桶工具很相似；油漆桶效果可用于为卡通型轮廓的绘图着色，或替换图像中的颜色区域。

圆形：此效果可创建自定义的实心磁盘或环形。

手写字效果

一、自主学习

1. 简述效果“生成”→“书写”的操作技巧。

2. 如何对“画笔位置”参数进行设定？

二、实践探索

步骤 1：创建项目“手写字”，新建合成命名为“手写字”，设置“持续时间”为 12 秒，如图 2–5–2 所示。

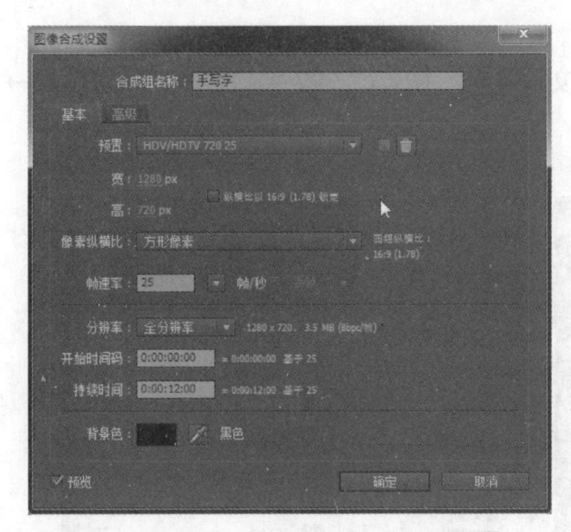

图 2–5–2　创建项目“手写字”

思考：简述创建“手写字”项目的步骤。

步骤 2：新建文字层，输入“山川”字样，如图 2–5–3 所示。

图 2–5–3　输入“山川”字样

步骤 3：在“字符”属性面板中，设置字体为“方正黄草简体”，字体大小为 150 px，字间距为 –60，颜色设置为 R:146，G:135，B:8，如图 2–5–4 和图 2–5–5 所示。

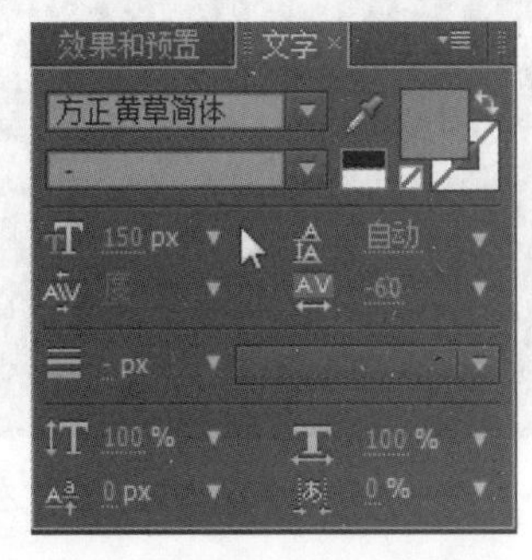

图 2–5–4　“字符”属性面板

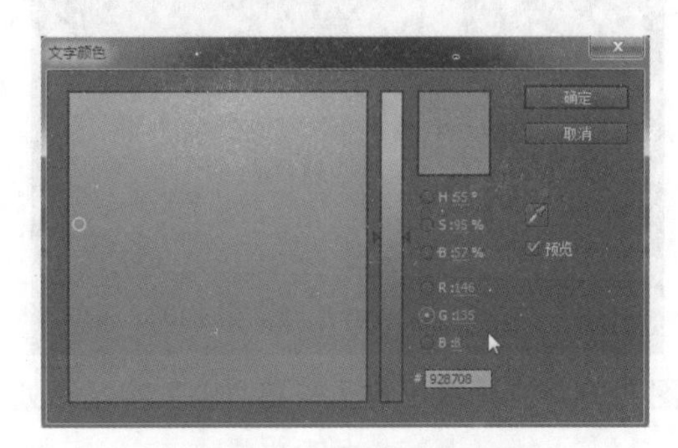

图 2–5–5　设置文字颜色

思考：简述“字符”属性面板的设置方法。

步骤 4：选中“山川”文字层，执行“效果”→“生成”→“书写”命令，如图 2-5-6 所示。

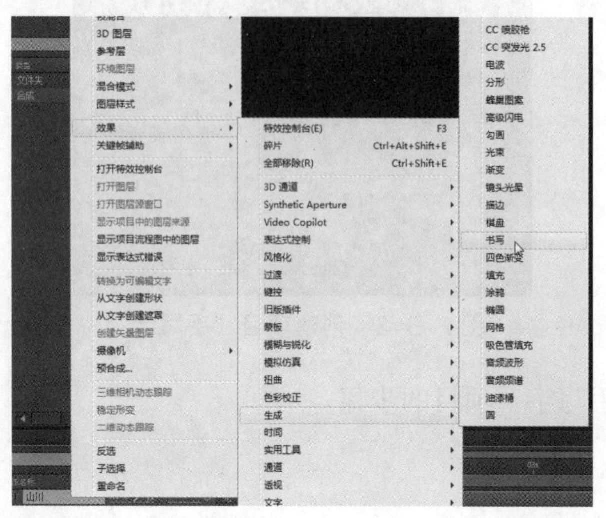

图 2-5-6　执行“效果”→“生成”→“书写”命令

思考：执行“效果”→“生成”→“书写”命令后会怎样？

步骤 5：单击“画笔位置”前的码表，设置关键帧，将画笔位置调整到“山”字笔画起始处上方一点的距离；单击“笔触大小”前的码表，设置关键帧起始画笔大小，完全覆盖画笔，设置“笔触大小”为 8.9，如图 2-5-7 和图 2-5-8 所示。

图 2-5-7　画笔位置调整到“山”字起始处上方一点的距离

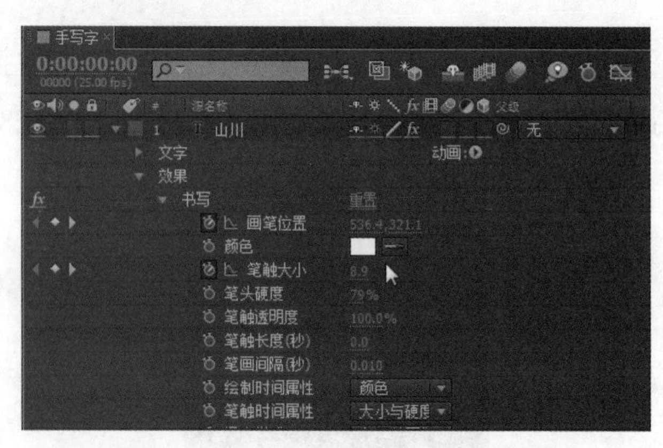

图 2-5-8　设置“笔触大小”参数

步骤 6：在第 7 帧处单击“画笔位置”，拖拽笔画到“山”字首笔画中部，“笔触大小”调整为 9.0，如图 2–5–9 所示。

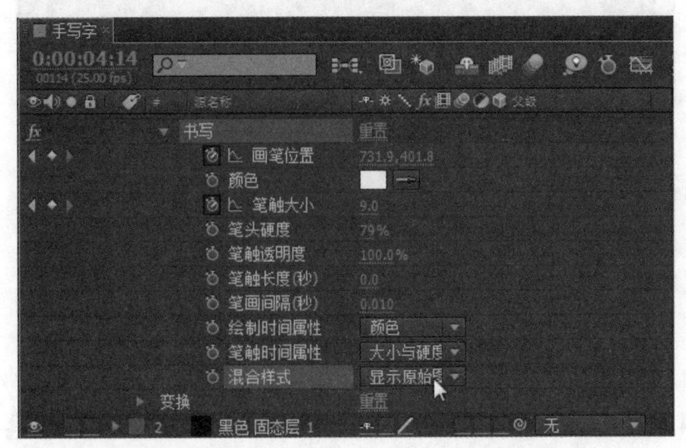

图 2–5–9　“笔触大小”调整为 9.0

思考：简述拖拽笔画的方法。

步骤 7：将“书写”参数组中的“笔触时间属性”设置成“大小与硬度”，“混合样式”设置为“显示原始图像”，如图 2–5–10 所示；按小键盘上的〈0〉键，可以预览效果。

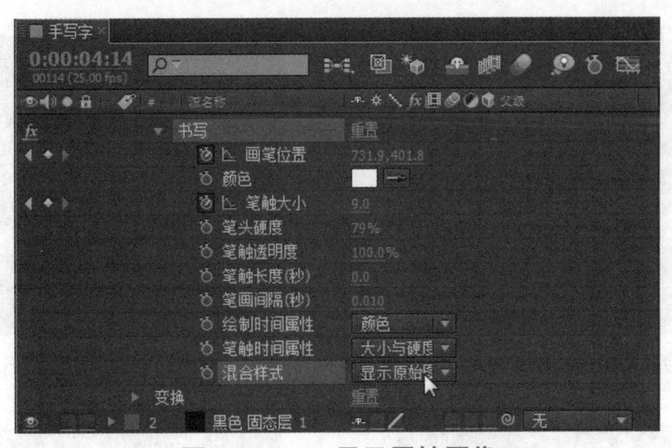

图 2–5–10　显示原始图像

思考：请展示预览效果。

步骤 8：将“混合样式”恢复为“在原始图像上”，继续添加关键帧，在第 16 帧处，选中“画笔位置”拖拽画笔位置点到笔画变粗处，并将“笔触大小”调整为 15.0，如图 2–5–11 所示。

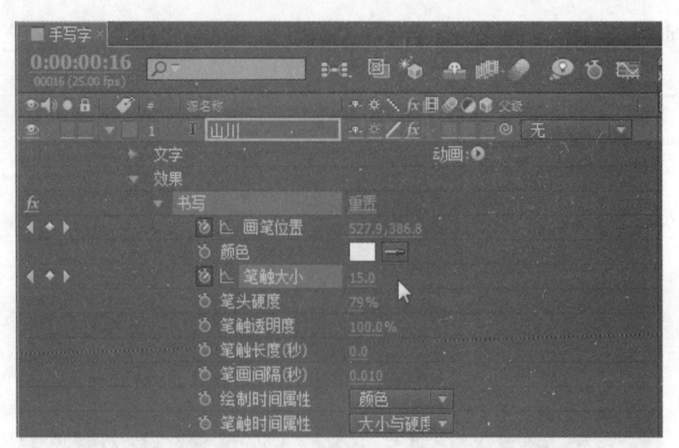

图 2–5–11　设置“笔触大小”

步骤 9：在第 24 帧、1 秒 8 帧等处调整“画笔位置”和“笔触大小”参数，如图 2–5–12~ 图 2–5–25 所示。设置完成后如图 2–5–26 所示。

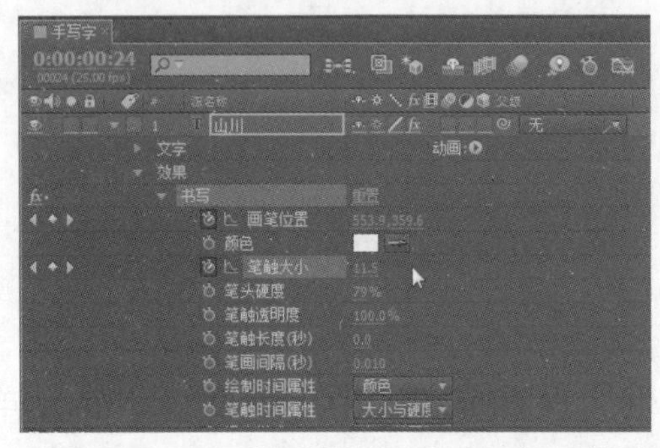

图 2–5–12　设置第 24 帧处“笔触大小”参数

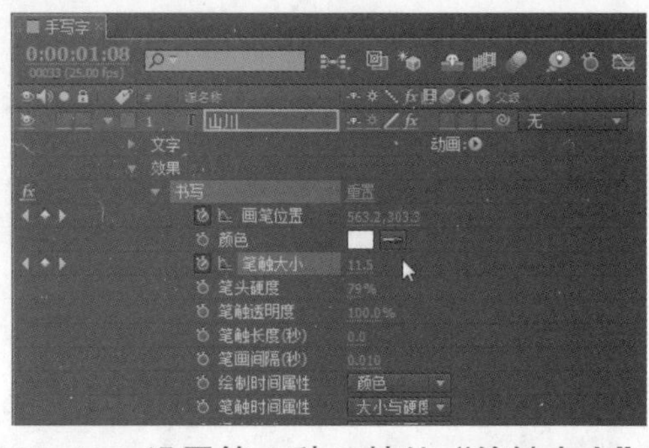

图 2–5–13　设置第 1 秒 8 帧处“笔触大小”参数

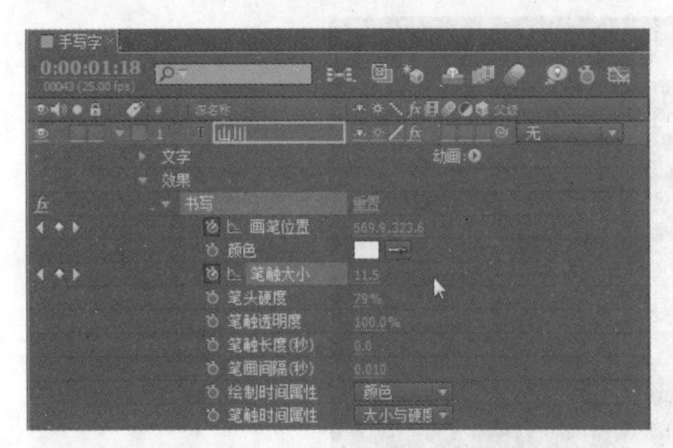

图 2–5–14　设置第 1 秒 18 帧处“笔触大小”参数

图 2–5–15　效果

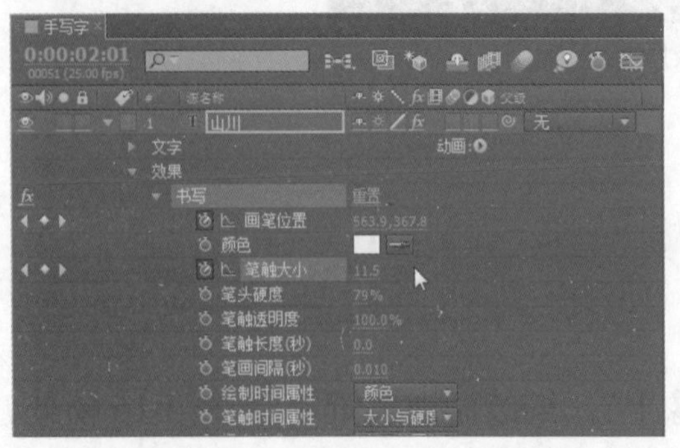

图 2–5–16　设置第 2 秒 1 帧处“笔触大小”参数

图 2–5–17　设置第 2 秒 9 帧处“笔触大小”参数

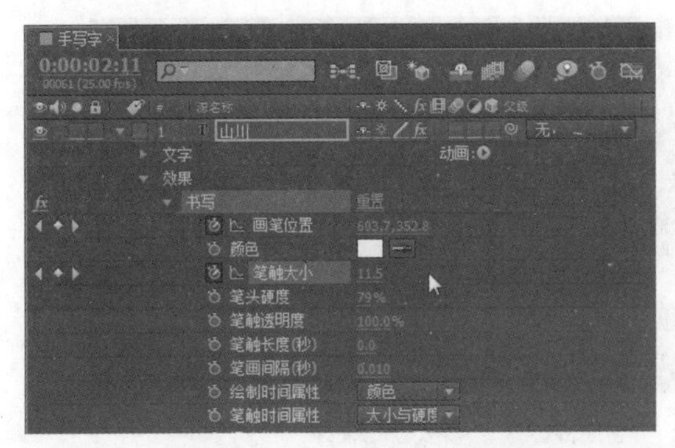

图 2-5-18　设置第 2 秒 11 帧处“笔触大小”参数

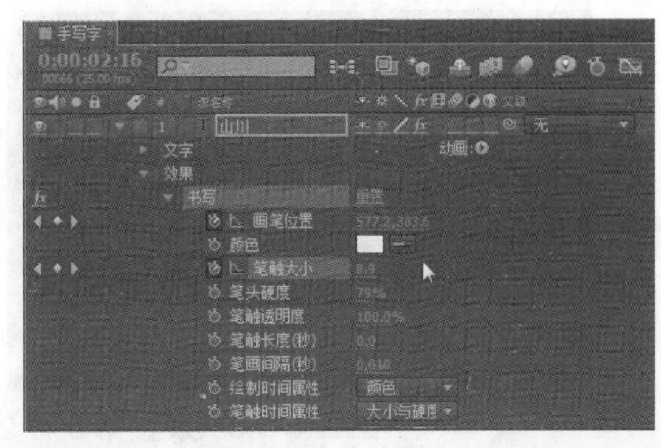

图 2-5-19　设置第 2 秒 16 帧处“笔触大小”参数

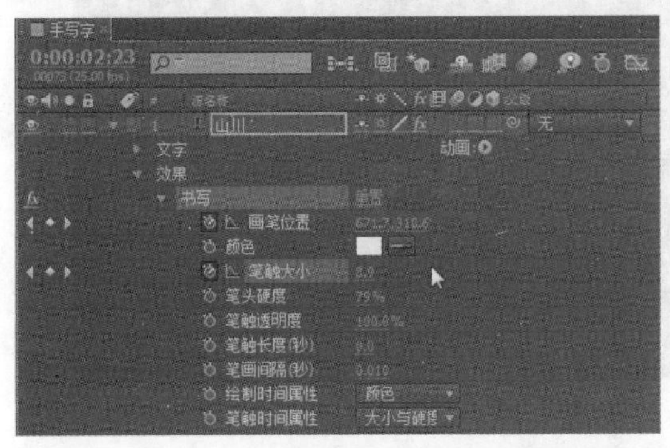

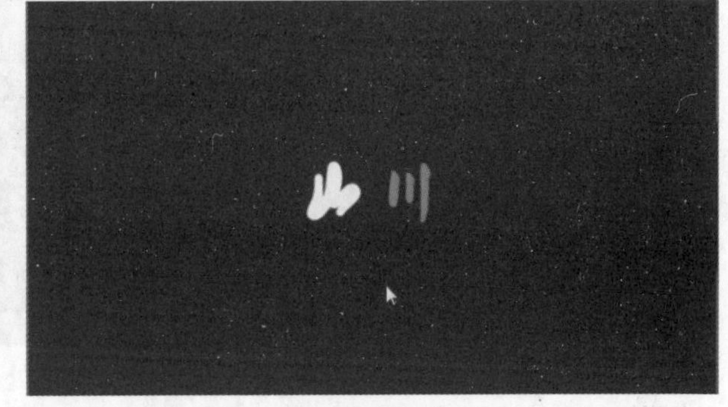

图 2-5-20　设置第 2 秒 23 帧处“笔触大小”参数及效果

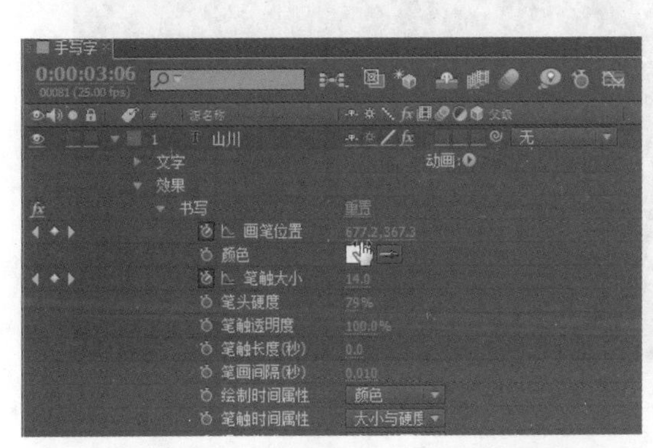

图 2-5-21　设置第 3 秒 6 帧处“笔触大小”参数及效果

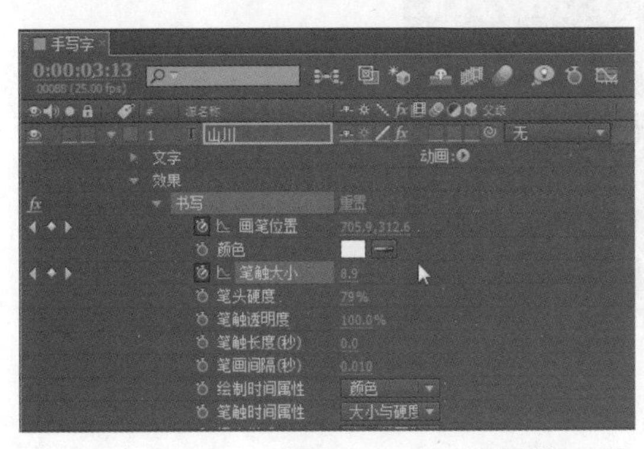

图 2-5-22　设置第 3 秒 13 帧处“笔触大小”参数及效果

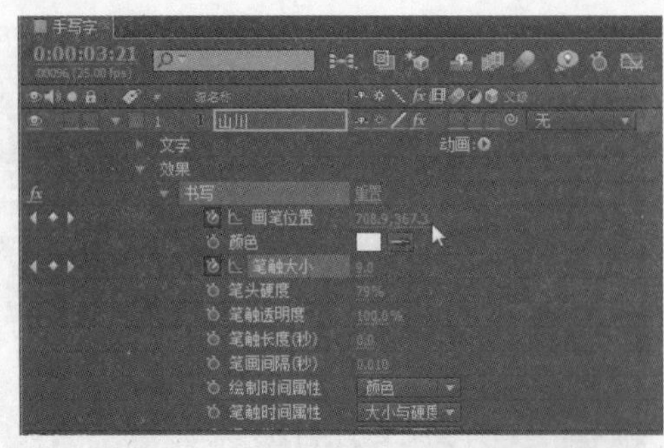

图 2–5–23　设置第 3 秒 21 帧处“笔触大小”参数及效果

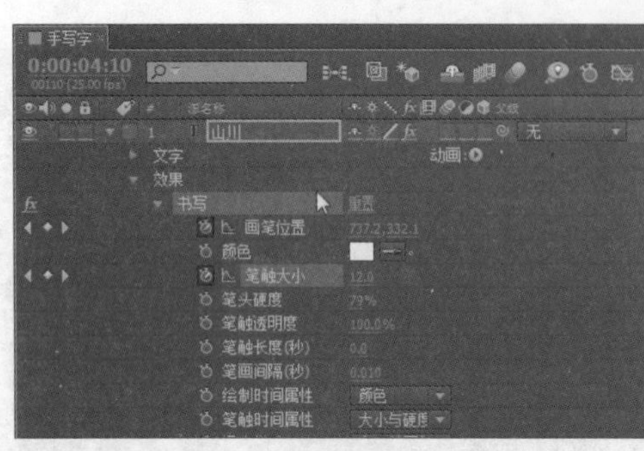

图 2–5–24　设置第 4 秒 10 帧处“笔触大小”参数及效果

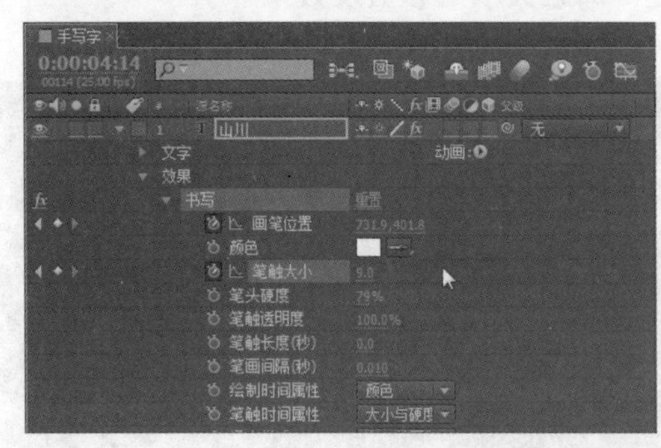

图 2–5–25　设置第 4 秒 14 帧处“笔触大小”参数及效果

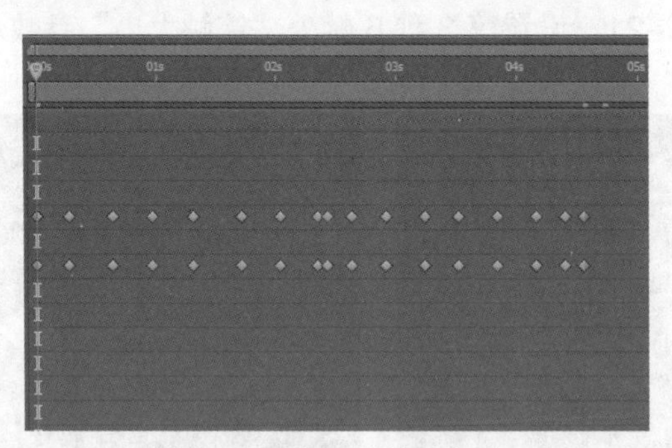

图 2–5–26　设置完成

思考：请展示设置完成后的笔触效果。

步骤 10：“混合样式”设置为“显示原始图像”，如图 2-5-27 所示。

步骤 11：渲染输出作品，完成制作，如图 2-5-28 所示。

图 2-5-27　设置“混合样式”

图 2-5-28　完成制作

思考：请展示完成后的效果。

课堂体验

简述制作完成后的收获。

拓展训练

请根据卡斯特动漫出品的动画《百越历险记》提供的素材背景，如图 2-5-29 所示，以“邕赤山”为主题，完成手写字效果的设计任务。

图 2-5-29　拓展任务素材

学习总结

1. 请写出学习过程中的收获和遇到的问题。

2. 请对自己的作品进行评价，并填写表 2–5–1。

表 2–5–1　项目任务过程考核评价表

<table>
<tr><td>班级</td><td></td><td>项目任务</td><td colspan="3"></td></tr>
<tr><td>姓名</td><td></td><td>教师</td><td colspan="3"></td></tr>
<tr><td>学期</td><td></td><td>评分日期</td><td colspan="3"></td></tr>
<tr><td colspan="3">评分内容（满分 100 分）</td><td>学生自评</td><td>组员互评</td><td>教师评价</td></tr>
<tr><td rowspan="4">专业技能（60 分）</td><td colspan="2">工作页完成进度（10 分）</td><td></td><td></td><td></td></tr>
<tr><td colspan="2">对理论知识的掌握程度（20 分）</td><td></td><td></td><td></td></tr>
<tr><td colspan="2">理论知识的应用能力（20 分）</td><td></td><td></td><td></td></tr>
<tr><td colspan="2">改进能力（10 分）</td><td></td><td></td><td></td></tr>
<tr><td rowspan="4">综合素养（40 分）</td><td colspan="2">按时打卡（10 分）</td><td></td><td></td><td></td></tr>
<tr><td colspan="2">信息获取的途径（10 分）</td><td></td><td></td><td></td></tr>
<tr><td colspan="2">按时完成学习及工作任务（10 分）</td><td></td><td></td><td></td></tr>
<tr><td colspan="2">团队合作精神（10 分）</td><td></td><td></td><td></td></tr>
<tr><td colspan="3">总分</td><td></td><td></td><td></td></tr>
<tr><td colspan="3">综合得分
（学生自评 10%；组员互评 10%；教师评价 80%）</td><td colspan="3"></td></tr>
<tr><td colspan="3">学生签名：</td><td colspan="3">教师签名：</td></tr>
</table>

项目 3

颜色校正

任务 1

水墨画效果的制作

任务描述

请根据图 3–1–1（a）所示的素材，使用“查找边缘”“色相 / 饱和度”和“曲线”特效，通过设定相应参数，配合叠加方式，完成效果制作，最终完成效果如图 3–1–1（b）所示。

(a) (b)

图 3–1–1 任务素材及效果

（a）素材；（b）效果

学习目标

1. 了解颜色校正的基本思路和技巧。
2. 熟悉“查找边缘”“色相 / 饱和度”“曲线”“快速模糊”特效的功能。
3. 熟悉“基本文字”特效的使用方法。
4. 掌握层和叠加的应用技巧。

学习指导

水墨画被视为中国的传统绘画，是国画的代表。基本的水墨画，仅有水与墨、黑色与白色，但进阶的水墨画也有工笔花鸟画，色彩缤纷。水墨画效果的制作是对画面进行调整，使画面具有水墨画风格。

一、颜色校正

利用当前菜单可以调整素材的色彩、对比等效果，并且 After Effects CC 还附带 CC（Cy core FX）的第三方效果。

CC Color NeutralizeR：颜色中和剂效果。

CC Color Offset：色彩偏移效果。

CC Kernel：内核效果。

CC ToneR：调色剂效果。

PS 任意映射：此效果可将 Photoshop 任意映射文件应用到图层，任意映射可调整图像的亮度水平，将指定的亮度范围重新映射到更暗或更亮的色调；在 Photoshop 的曲线窗口中，可以为整个图像或单独的通道创建任意映射文件。

保留颜色：除类似于“要保留的颜色”指定的颜色外，保留颜色效果会降低图层上所有颜色的饱和度。

更改为颜色：此效果可调整各种颜色的色相、亮度和饱和度。

广播颜色：此效果可改变像素颜色值，以保留用于广播电视的范围中的信号振幅；黑白效果可将彩色图像转换为灰度，以便控制如何转换单独的颜色。

灰度系数 / 基值 / 增益：此效果可为每个通道单独调整响应曲线；对于基值和增益，值 0.0 表示完全关闭，值 1.0 表示完全打开。

可选颜色：可选颜色校正是扫描仪和分色程序使用的一种技术，用于在图像中的每个主要颜色分量中更改印刷色的数量；可以有选择地修改任何主要颜色中的印刷色数量，而不会影响其他主要颜色；例如，可以使用可选颜色校正减少图像绿色分量中的青色，同时保留蓝色分量中的青色不变。

亮度和对比度：此效果可调整整个图层（不是单个通道）的亮度和对比度，默认值 0.0 表示没有做出任何更改；使用亮度和对比度效果是简单调整图像色调范围的最简单的方式，此方式可一次调整图像中的所有像素值（高光、阴影和中间调）。

曝光度：使用曝光度效果可对素材进行色调调整，一次可调整一个通道，也可调整所有通道；曝光度效果可模拟修改捕获图像的摄像机的曝光设置（以 F-Stop 为单位）的结果。

曲线：此效果可调整图像的色调范围和色调响应曲线，色阶效果也可调整色调响应，但曲线效果增强了控制力；使用色阶效果时，只能使用 3 个控件（高光、阴影和中间调）进行调整；使用曲线效果时，可以使用通过 256 点定义的曲线，将输入值任意映射到输出值。

三色调：此效果可改变图层的颜色信息，具体方法是将明亮的、黑暗的和中间调像素映射到选择的颜色；除了中间调控件，三色调效果与色调效果一样。

色调：此效果可对图层着色，具体方法是将每个像素的颜色值替换为“将黑色映射到”和“将白色映射到”指定的颜色之间的值，为明亮度值在黑白之间的像素分配中间值；“着色数量”指定效果的强度。

色调均化：此效果可改变图像的像素值，以产生更加一致的亮度或颜色分量分布；此效果的作用与 Adobe Photoshop 中的“色调均化”命令相似，由于不考虑 Alpha 值为 0（完全透明）的像素，因此会根据蒙版区域使蒙版图层色调均化。

色光：此效果是一种功能强大的通用效果，可用于在图像中转换颜色和为其设置动画；使用色光效果，可以为图像巧妙地着色，也可以彻底更改其调色板。

色阶：此效果可将输入颜色或 Alpha 通道色阶的范围重新映射到输出色阶的新范围，并由灰度系数值确定值的分布；此效果的作用与 Photoshop 的“色阶”调整很相似。

色阶（单独控件）：此效果的作用与色阶效果一样，但前者可以为每个通道调整单独的颜色值，以便将表达式添加到各个属性中，或独立于其他属性为一个属性设置动画。

色相 / 饱和度：此效果可调整图像单个颜色分量的色相、饱和度和亮度，此效果基于色轮；调整色相或颜色表示围绕色轮转动，调整饱和度或颜色的纯度表示跨色轮半径移动；使用“着色”控件可将颜色添加到转换为 RGB 图像的灰度图像，或将颜色添加到 RGB 图像。

通道混合器：此效果可通过混合当前的颜色通道来修改颜色通道；使用此效果可执行使用其他颜色调整工具无法轻易完成的创意颜色调整，即通过从每个颜色通道中选择贡献百分比来创建高品质的灰度图像，创建高品质的棕褐色调或其他色调的图像，以及互换或复制通道。

颜色链接：此效果可使用一个图层的平均像素值来为另一个图层着色，此效果可用于快速找到与背景图层颜色匹配的颜色。

颜色平衡（HIS）：此效果可更改图像阴影、中间调和高光中的红色、绿色和蓝色数量；此效果仅提供在 After Effects CC 早期版本中创建的使用颜色平衡效果的项目的兼容性。

颜色稳定器：此效果可对单个参考帧的颜色值采样，也可对一点、两点或三点基准帧的颜色值采样；此效果随后可调整其他帧的颜色，以使那些点的颜色值在图层持续时间内保持不变；此效果可用于移除素材中的闪烁，以及均衡素材的曝光和因改变照明情况引起的色移。

阴影 / 高光：此效果可使图像的阴影主体变亮，并减少图像的高光；此效果不能使整个图像变暗或变亮，它可根据周围的像素单独调整阴影和高光，还可以调整图像的整体对比度；默认设置适用于修复有逆光问题的图像。

照片滤镜：此效果可模拟在摄像机镜头前面加彩色滤镜，以便调整通过镜头传输的光的颜色平衡和色温，使胶片曝光技术；可以选择颜色预设将色相调整应用到图像，也可以使用拾色器或吸管指定自定义颜色。

自动对比度：此效果可调整整体对比度和颜色混合效果，每种效果都可将图像中最亮和最暗的像素映射为白色和黑色，然后重新分配中间的像素；因此，高光看起来更亮，阴影看起来更暗。

自动色阶：此效果可将图像各颜色通道中最亮和最暗的值映射为白色和黑色，然后重新分配中间的值；因此，高光看起来更亮，阴影看起来更暗，因为自动色阶效果可单独调整各颜色通道，所以可移除或引入色板。

自动颜色：在分析图像的阴影、中间调和高光后，自动颜色效果可调整图像的对比度和颜色。

自然饱和度：此效果可调整饱和度，以便在颜色接近最大饱和度时能最大限度地减少修剪；与原始图像中已经饱和的颜色相比，原始图像中未饱和的颜色受“自然饱和度”调整的影响更大。

二、模糊和锐化

CC Cross BluR：交叉模糊效果。

CC Radial BluR：径向模糊效果。

CC Radial Fast BluR：径向快速模糊效果。

CC Vector BluR：矢量模糊效果。

定向模糊：此效果可为图层提供运动幻觉。

钝化蒙版：此效果可增强定义边缘的颜色之间的对比度。

方框模糊：方框模糊与快速模糊和高斯模糊相似，但方框模糊具有“迭代”属性这一新增优势，此属性可以控制模糊质量。

复合模糊：此效果可根据控件图层（也称为模糊图层或模糊图）的明亮度值使效果图层中的像素变模糊，默认情况下，模糊图层中明亮的值相当于增强效果图层的模糊度，而黑暗的值相当于减弱模糊度；对明亮的值选择“反转模糊”相当于减弱模糊度。

高斯模糊：此效果可使图像变模糊，柔化图像并消除杂色；图层的品质设置不会影响高斯模糊效果。

减少交错闪烁：此效果可减少高纵向频率，以使图像更适合用于交错媒体（如 NTSC 视频）；例如，在广播时带有细横线的图像会闪烁；减少交错闪烁效果应用垂直定向模糊来柔化水平边缘，从而减少闪烁。

径向模糊：此效果可围绕某点创建模糊效果，从而模拟推拉或旋转摄像机的效果。

快速模糊：在将图层品质设置为“最佳”时，快速模糊效果很接近高斯模糊效果。

锐化：此效果可增强其中发生颜色变化的对比度，图层的品质设置不会影响锐化效果。

摄像机镜头模糊：此效果是镜头模糊效果的替代效果，此效果具有更大的模糊半径（500），并且比镜头模糊效果的速度更快；与上一代产品一样，摄像机镜头模糊效果也不禁用“同时渲染多个帧”多重处理。

双向模糊：此效果可选择性地使图像变模糊，从而保留边缘和其他细节；与低对比度区域相比，高对比度区域变模糊的程度要低一些，在高对比度区域中，像素值差别很大；双向模糊效果和智能模糊效果之间的主要差异是双向模糊效果仍然会使边缘和细节略微变模糊；在使用同样设置的情况下，与智能模糊效果实现的效果相比，双向模糊效果实现的效果更柔软、更梦幻。

通道模糊：此效果可分别使图层的红色、绿色、蓝色或 Alpha 通道变模糊。

智能模糊：此效果可使图像变模糊的同时保留图像内的线条和边缘；例如，可以使用智能模糊效果使阴影区域平滑地变模糊，同时保留文本和矢量图形的明晰轮廓。

水墨画效果录屏

一、自主学习

1. 简述对画面进行色彩调整和校正的常用特效。

2. 如何运用曲线进行调色?

二、实践探索

步骤 1：新建一个名称为“水墨画效果”的项目；在项目中，创建一个合成，设置“持续时间”为 10 秒，名称命名为“水墨画”，如图 3-1-2 所示。

步骤 2：双击“项目”面板中的空白区域，打开“导入文件”对话框，将“第三章 / 项目一 / 素材”文件夹中的素材导入“项目”面板中，将“水墨画”素材（见图 3-1-3）添加到时间线面板中。

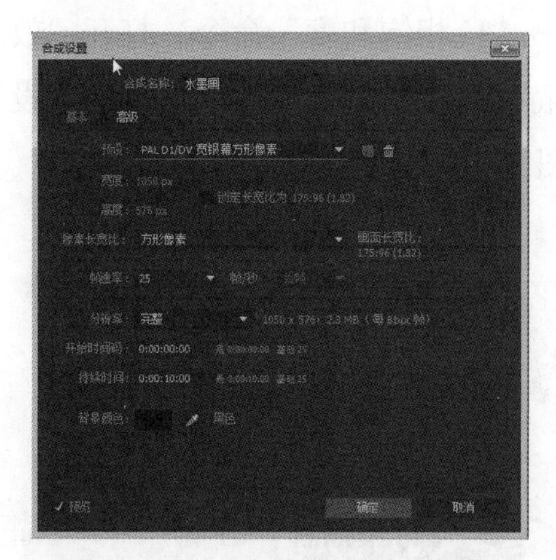

图 3-1-2　“合成设置”对话框

图 3-1-3　“水墨画”素材

思考：请展示导入素材后的效果。

步骤 3：选中“水墨画”图层，在英文输入法状态下按〈S〉键，打开“缩放”参数栏，设置“缩放”参数为 175.0，140.0%，如图 3-1-4 所示。

图 3-1-4　设置“缩放”参数

步骤 4：选中“水墨画”图层，执行菜单栏中的“效果”→“风格化”→“查找边缘”命令，打开“效果控件”窗口，特效参数保持默认状态，如图 3-1-5 所示。

图 3-1-5　“效果控件”窗口

思考：简述打开“效果控件”窗口的步骤。

步骤 5：执行菜单栏中的“效果”→“颜色修正”→“色相饱和度”命令，打开“效果控件”窗口，给“水墨画”图层应用“色相 / 饱和度”特效；在“效果控件”窗口中，设置“主饱和度”参数值为 -100，如图 3-1-6 所示；效果如图 3-1-7 所示。

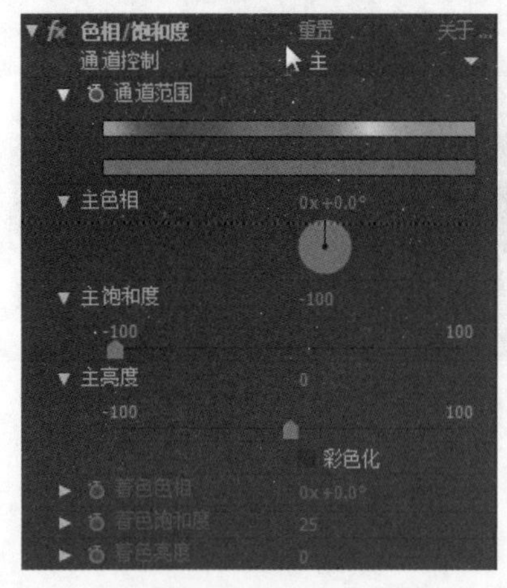

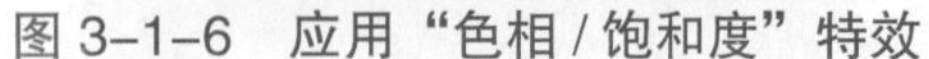

图 3-1-6　应用“色相 / 饱和度”特效

图 3-1-7　效果

思考：设置“色相 / 饱和度”参数时有哪些注意事项？

步骤 6：选中“水墨画”图层，执行菜单栏中的“效果”→“颜色修正”→“曲线”命令，打开“效果控件”窗口，为其添加“曲线”特效；在“效果控件”窗口中，设置曲线形状参数；添加“曲线”特效的目的是去除混乱的杂点，加深图片的边缘线，让亮的地方更亮，暗的地方更暗，如图 3-1-8 所示。

思考：简述添加“曲线”特效的方法。

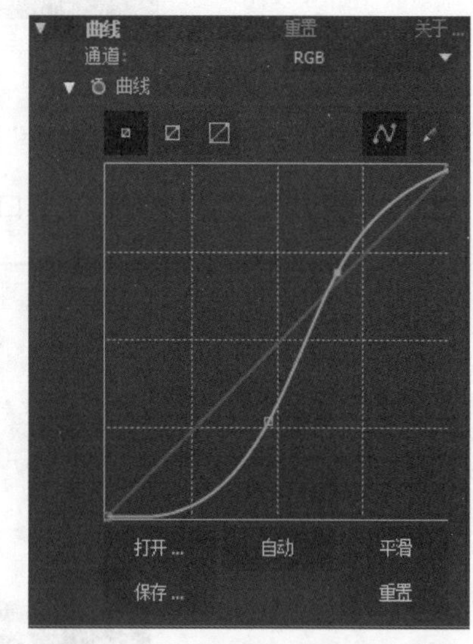

图 3-1-8　添加“曲线”特效

步骤 7：选中“水墨画”图层，按组合键〈Ctrl+D〉，将其复制一层；单击时间线面板下方的“切换开关 / 模式”开关，将上层的叠加模式设置为“相乘”，如图 3-1-9 所示。

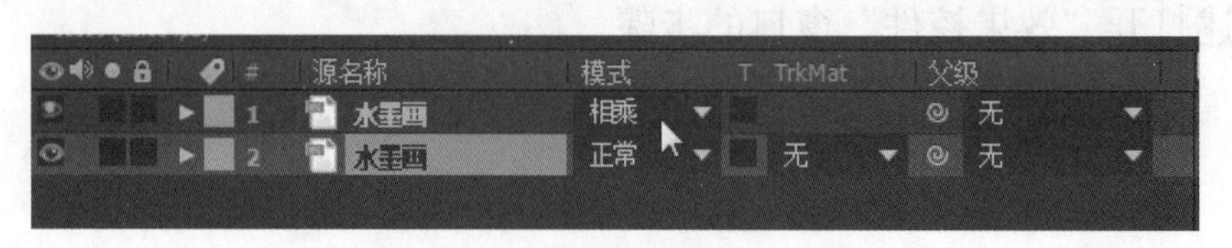

图 3-1-9　设置“相乘”模式

步骤 8：选中上层的“水墨画”图层并重命名“水墨画 2”，如图 3–1–10 所示；执行菜单栏中的“效果”→“模糊和锐化”→“快速模糊”命令；打开“效果控件”窗口，设置“模糊度”参数为 40.0，如图 3–1–11 所示；效果如图 3–1–12 所示。

图 3–1–10 选中“水墨画 2”

图 3–1–11 设置“模糊度”参数为 40.0

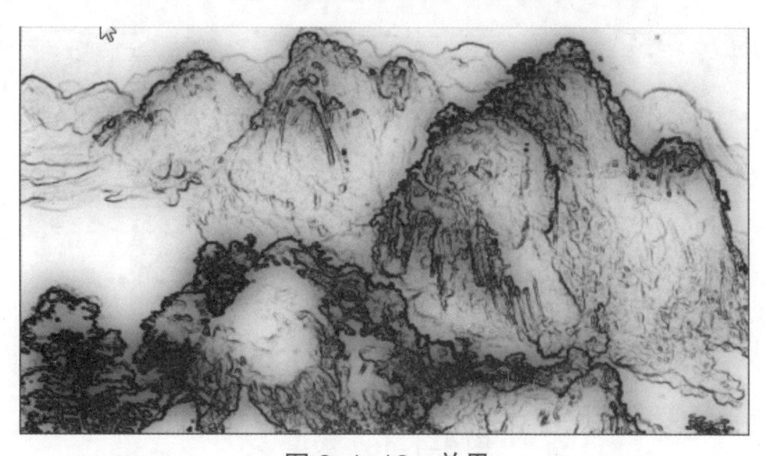

图 3–1–12 效果

步骤 9：新创建一个合成，将其命名为“水墨画 2”，参数和“水墨画”合成一样；将“宣纸 .jpg”文件添加到合成“水墨画 2”中，如图 3–1–13 所示。

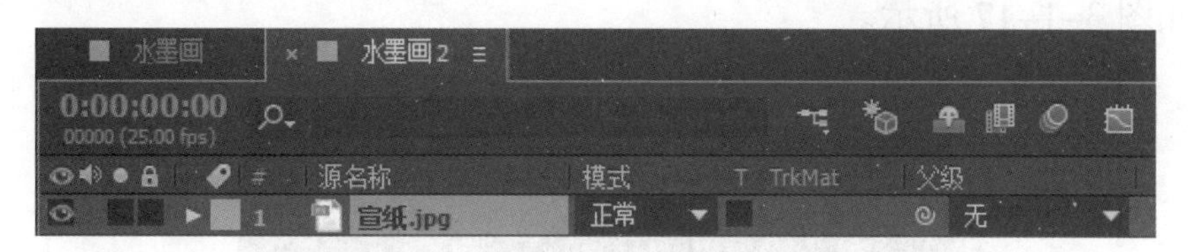

图 3–1–13 添加“宣纸 .jpg”文件

思考：请展示添加“宣纸 .jpg”文件后的效果。

步骤 10：选中“宣纸 .jpg”图层，打开变换，打开“缩放”参数栏，设置“缩放”参数为 105.0，105.0%，如图 3–1–14 所示。

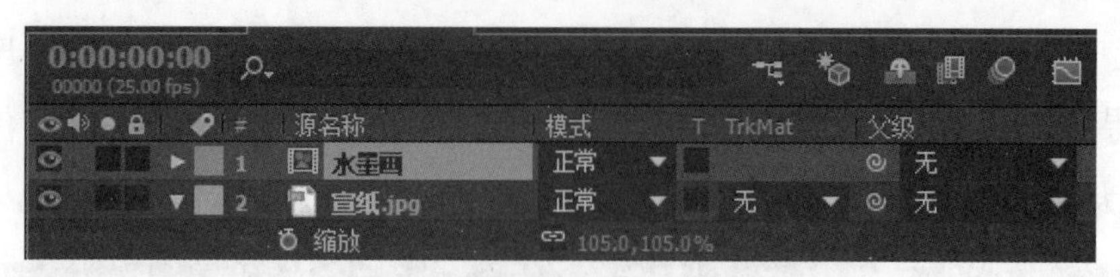

图 3–1–14　设置“缩放”参数

步骤 11：将合成“水墨画”也添加到合成“水墨画 2”中，位置在“宣纸 .jpg”图层之上，叠加模式设置为“相乘”，如图 3–1–15 所示；效果如图 3–1–16 所示。

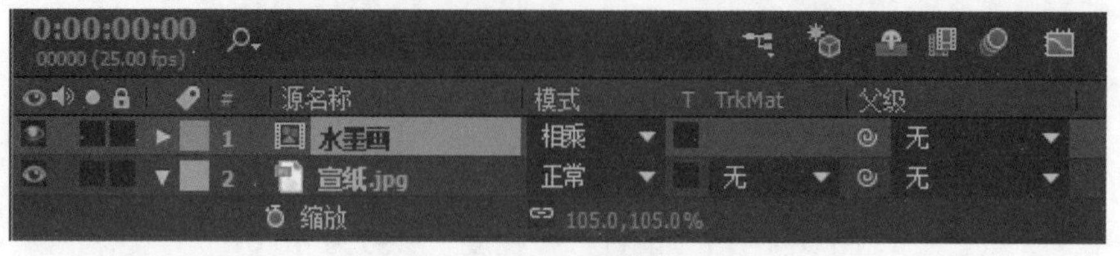

图 3–1–15　设置叠加模式

图 3–1–16　效果

步骤 12：执行菜单栏中的“图层”→“新建”→“纯色”命令，新建一个纯色图层，将其命名为“文字”，匹配合成大小，设置“颜色”为黑色；将“文字”图层放在“宣纸 .jpg”图层的上面，如图 3–1–17 所示。

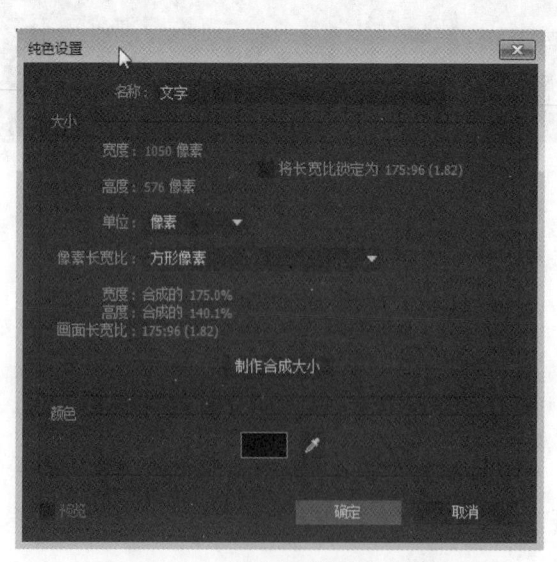

图 3–1–17　“纯色设置”对话框

思考：简述“纯色设置”对话框中各选项的作用。

步骤 13：选中“文字”图层，执行菜单栏中的“效果”→“过时”→“基本文字”命令，在弹出的“基本文字”对话框中的文本框中输入“水墨画效果”，设置文字“方向”为“水平”，“字体”为 SimSun，如图 3–1–18 所示。

步骤 14：打开“效果控件”窗口，设置文字的“位置”“大小”“填充颜色”，调整对应参数，如图 3–1–19 所示。

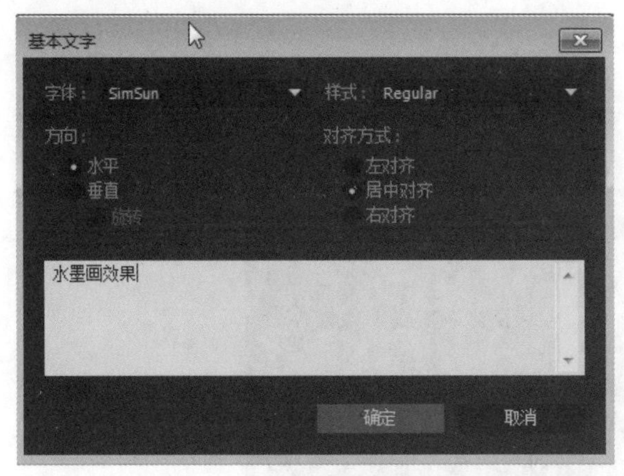

图 3–1–18 “基本文字”对话框

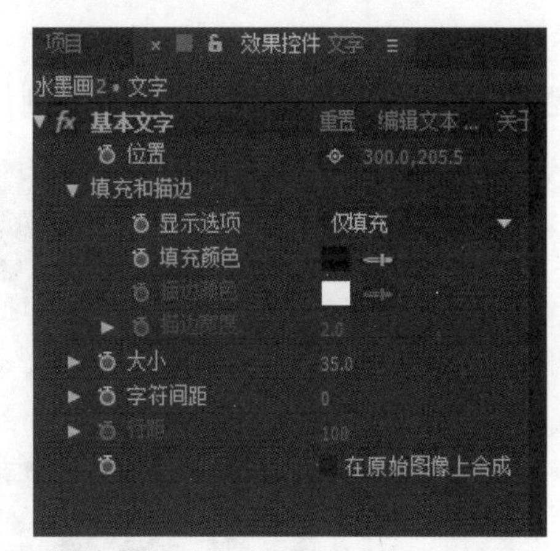

图 3–1–19 “效果控件”窗口

思考：简述“效果控件”窗口中各参数的设置方法。

步骤 15：选中“文字”图层，执行菜单栏中的“效果”→“模糊和锐化”→“快速模糊”命令，打开“效果控件”窗口，设置“模糊度”参数为 40.0，如图 3–1–20 所示。

图 3–1–20 设置“模糊度”参数

步骤 16：选中“文字”图层，按组合键〈Ctrl+D〉，将其复制一层，打开上层“文字”图层“效果控件”窗口，按〈Delete〉键删除该层中的“快速模糊”特效，并将该层的叠加模式设置为“相乘”，如图 3-1-21 所示。

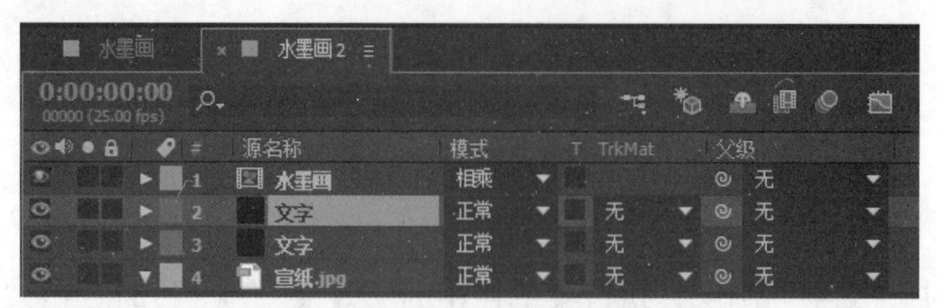

图 3-1-21　设置叠加模式

思考：叠加模式设置为“相乘”的目的是什么？

步骤 17：渲染输出作品，完成制作，如图 3-1-22 所示。

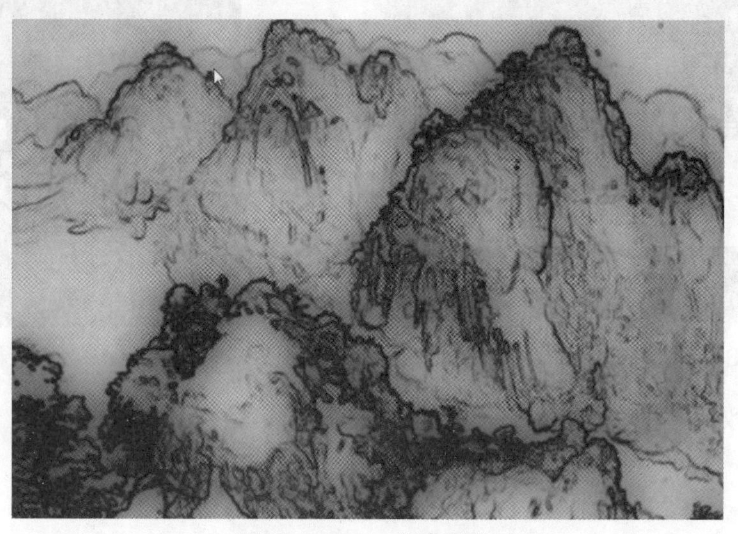

图 3-1-22　完成制作

课堂体验

简述制作完成后的收获。

拓展训练

请根据图 3-1-23（a）所示的素材，完成图 3-1-23（b）所示的“水墨画 2”的水墨画效果。通过颜色特效对图片的调整，创造出不同风格的水墨画效果。

(a)

(b)

图 3-1-23 拓展任务素材及效果
（a）素材；（b）效果

参考步骤

步骤 1：新建合成文件，命名为“水墨”，导入素材。

步骤 2：添加“色相 / 饱和度”特效，去掉素材颜色。

步骤 3：复制图层，新图层重命名为“反相”，添加“浅色调”特效。

步骤 4：为“反相”图层设置模式样式为“颜色减淡”，并添加“高斯模糊”特效。

步骤 5：新建合成文件，命名为“水墨画”。

步骤 6：将素材图“水墨画”拖入时间线面板中。

步骤 7：利用“色相 / 饱和度”特效对图层进行去色处理。

步骤 8：高斯模糊。

步骤 9：将“水墨 .jpg”文件报入时间线面板中，为其添加“叠加”特效。

步骤 10：新建合成文件，命名为“浓墨”。

步骤 11：将文件“水墨画 .jpg”和素材图“宣纸 .jpg”拖入时间线面板上。

步骤 12：修改“宣纸”图层的叠加模式为“正片叠底”。

1. 请写出学习过程中的收获和遇到的问题。

2. 请对自己的作品进行评价，并填写表 3-1-1。

表 3-1-1　项目任务过程考核评价表

<table>
<tr><td>班级</td><td></td><td>项目任务</td><td colspan="3"></td></tr>
<tr><td>姓名</td><td></td><td>教师</td><td colspan="3"></td></tr>
<tr><td>学期</td><td></td><td>评分日期</td><td colspan="3"></td></tr>
<tr><td colspan="3">评分内容（满分 100 分）</td><td>学生自评</td><td>组员互评</td><td>教师评价</td></tr>
<tr><td rowspan="4">专业技能
（60 分）</td><td colspan="2">工作页完成进度（10 分）</td><td></td><td></td><td></td></tr>
<tr><td colspan="2">对理论知识的掌握程度（20 分）</td><td></td><td></td><td></td></tr>
<tr><td colspan="2">理论知识的应用能力（20 分）</td><td></td><td></td><td></td></tr>
<tr><td colspan="2">改进能力（10 分）</td><td></td><td></td><td></td></tr>
<tr><td rowspan="4">综合素养
（40 分）</td><td colspan="2">按时打卡（10 分）</td><td></td><td></td><td></td></tr>
<tr><td colspan="2">信息获取的途径（10 分）</td><td></td><td></td><td></td></tr>
<tr><td colspan="2">按时完成学习及工作任务（10 分）</td><td></td><td></td><td></td></tr>
<tr><td colspan="2">团队合作精神（10 分）</td><td></td><td></td><td></td></tr>
<tr><td colspan="3">总分</td><td></td><td></td><td></td></tr>
<tr><td colspan="3">综合得分
（学生自评 10%；组员互评 10%；教师评价 80%）</td><td colspan="3"></td></tr>
<tr><td colspan="3">学生签名:</td><td colspan="3">教师签名:</td></tr>
</table>

任务 2

唯美 MV 效果的制作

任务描述

请根据图 3–2–1（a）所示的素材，使用“ 色相 / 饱和度”特效调整不同通道的色相饱和度、亮度；使用“曲线”特效调整画面的亮度和层次，配合固态层的叠加方式，最终完成效果如图 3–2–1（b）所示。

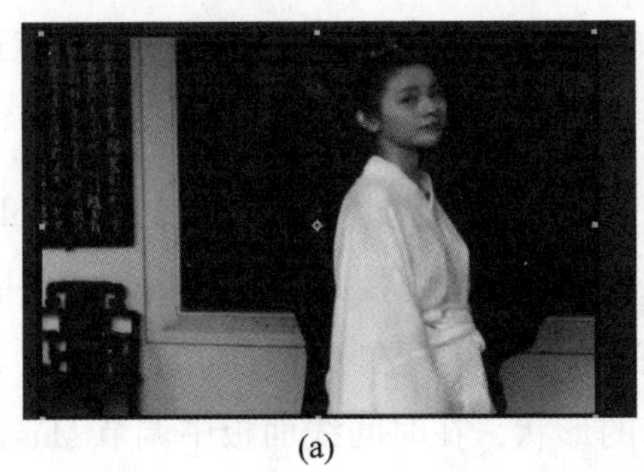
(a)

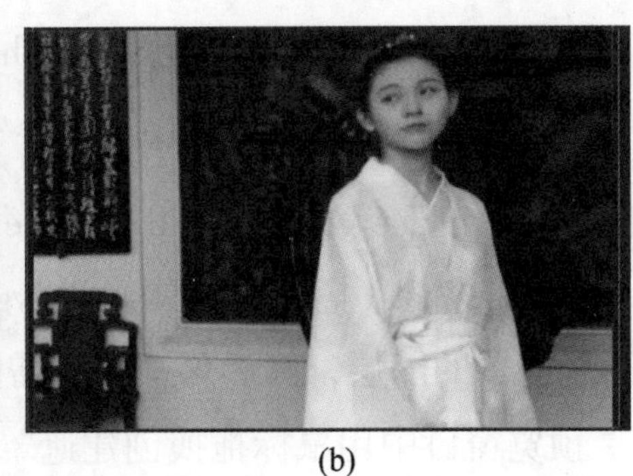
(b)

图 3–2–1　任务素材及效果
（a）素材；（b）效果

学习目标

1. 掌握修饰画面的基本思路和技巧。
2. 熟悉“色相 / 饱和度”“曲线”“颜色平衡”特效的功能。
3. 掌握 Mask 的绘制技巧。

学习指导

一、Mask（遮罩）

利用当前菜单可以对素材进行键控（抠像）处理，可依据素材色彩、亮度、通道等信息进行抠像选取，以方便素材的合成。

（1）Mocha shape：图形效果。

（2）调整柔和遮罩和实边遮罩：调整带遮罩的素材格式中的遮罩边缘。

（3）简单阻塞工具：一些效果以小增量缩小或扩展遮罩边缘，以便创建更整洁的遮罩；“最终输出”视图用于显示应用此效果的图像，“遮罩”视图用于为包含黑色区域（表示透明度）和白色区域（表示不透明度）的图像提供黑白视图；“阻塞遮罩”用于设置阻塞的数量；负值用于扩展遮罩，正值用于阻塞遮罩。

（4）遮罩阻塞工具：此效果可实现重复一连串阻塞和扩展遮罩的操作，以在不透明区域填充不需要的缺口（透明区域）。

二、创建遮罩

遮罩的作用是控制图像的透明区域。通常在创建 Mask 后，其范围内的区域是图像的可见区域，而范围外的区域是图像的不可见区域。创建遮罩的方法有以下 3 种。

1. 通过菜单命令创建规则形状的遮罩

在时间线面板中选择素材并单击，在子菜单中为图像添加 Mask 命令。执行 Mask → New Mask 命令，可以创建一个和图层大小一致的矩形遮罩。使用选择工具选择遮罩，执行菜单栏 Layer → Mask → Mask Shape 命令，通过 Mask Shape 对话框可以对遮罩的位置、形状进行定义。

2. 使用工具面板创建规则形状的遮罩

工具面板中的遮罩工具列表包括 Rectangle Tool（矩形工具）、Rounded Rectangle Tool（圆角矩形工具）、Ellipse Tool（椭圆形工具）、Polygon Tool（多边形工具）和 Star Tool（星形工具）。

选择要绘制遮罩的图层，然后再选择所需的遮罩工具，在 Composition（合成）预览窗或 Layer（图层）预览窗口中用鼠标拖拽创建遮罩的形状，在时间线面板中调节 Mask 的属性控制参数。

3. 使用“钢笔工具”创建任意图形的遮罩

使用“钢笔工具”可以直接绘制贝塞尔曲线的遮罩，在同一图层创建多个遮罩时，可以按组合键〈Ctrl+Shift+A〉结束当前绘制，然后再用“钢笔工具”继续绘制新的遮罩。使用“钢笔工具”创建遮罩时必须使遮罩成为一个闭合的形状，在要完成贝塞尔曲线的绘制时，在光标靠近第一个节点时，“钢笔工具”图标会变成一个带句点的钢笔形状，单击即可完成封闭图形的创建。

唯美 MV

一、自主学习

1. 简述常用的调色特效。

2. 如何使用"钢笔工具"制作蒙版？

二、实践探索

步骤 1：将"素材"文件夹中的文件导入"项目"面板中，创建一个新合成，"宽度"设置为 720 px，"高度"设置为 480 px，将其命名为"唯美 mv"，设置"持续时间"为 3 秒，如图 3-2-2 所示。

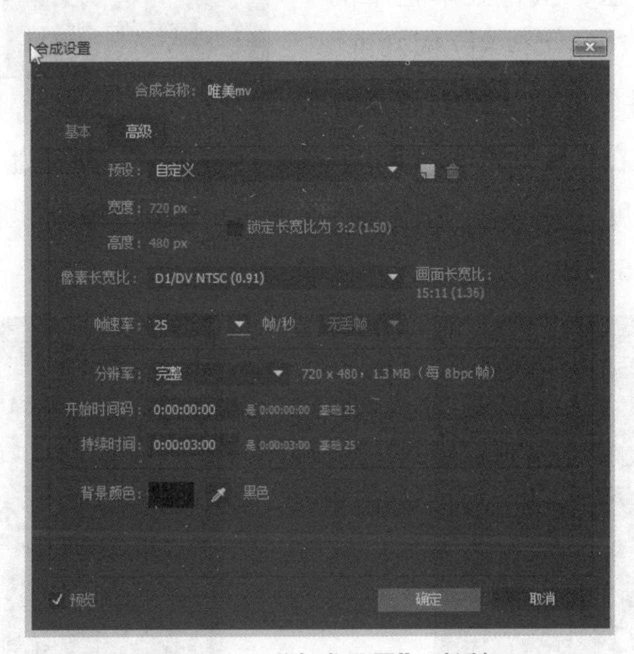

图 3-2-2　"合成设置"对话框

思考：导入素材时应注意什么？

步骤 2：将"素材"文件添加到时间线面板中；用鼠标拖动素材，调整素材在时间线面板中的位置为初始位置，如图 3-2-3 所示。

图 3-2-3　将"素材"添加到时间线面板中

思考：简述素材添加到时间线面板中的方法。

步骤 3：此时“合成”监视窗左、右两边有黑边，选中时间线面板中的素材，此时“合成”监视窗画面中出现几个控制点；鼠标拖动画面角上的控制点，使画面充满屏幕，如图 3–2–4 所示。

图 3–2–4　画面充满屏幕

步骤 4：选中素材层，执行菜单栏中的“效果”→“颜色校正”→“色相 / 饱和度”命令，打开“效果控件”窗口，给素材添加“色相 / 饱和度”特效，在“效果控件”窗口，将“通道控制”设置为“红色”，进入“红色”通道，设置“红色饱和度”为 –45，如图 3–2–5 所示；进入“绿色”通道，设置“绿色饱和度”为 –38，如图 3–2–6 所示。

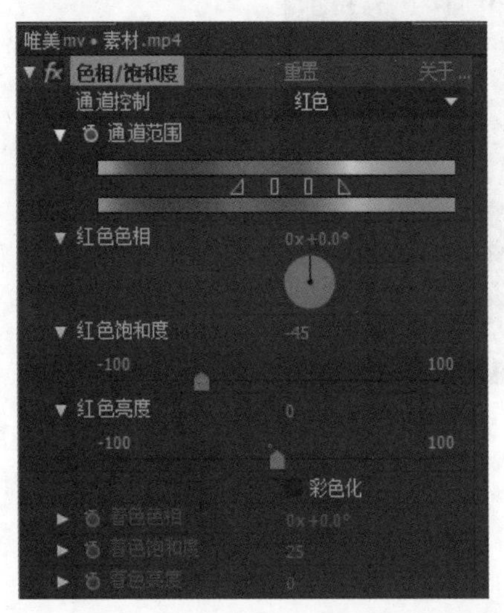

图 3–2–5　添加“色相 / 饱和度”特效

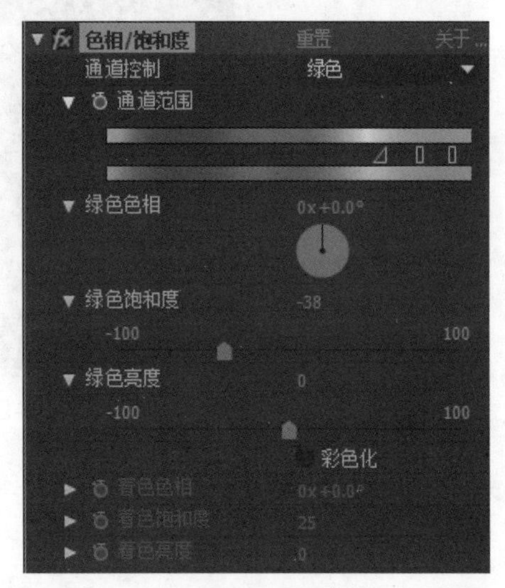

图 3–2–6　设置“绿色饱和度”参数

思考：添加“色相 / 饱和度”特效的目的是什么？

步骤 5：进入“黄色”通道，设置“黄色饱和度”为 –30；进入“青色”通道，设置“青色饱和度”为 –15；进入“蓝色”通道，设置“蓝色饱和度”为 75，如图 3–2–7~ 图 3–2–9 所示。

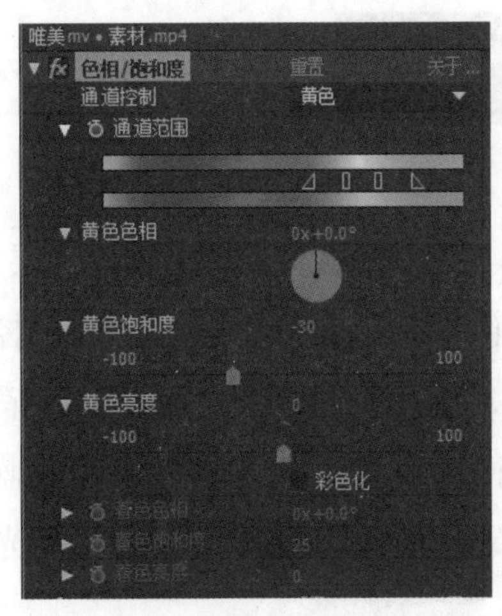

图 3-2-7　设置“黄色饱和度”参数

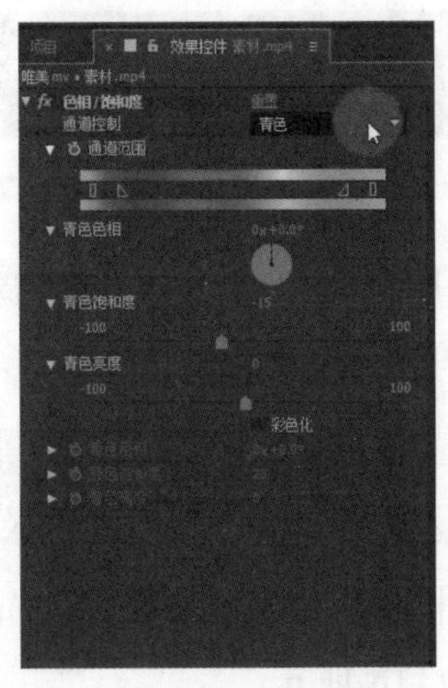

图 3-2-8　设置“青色饱和度”参数

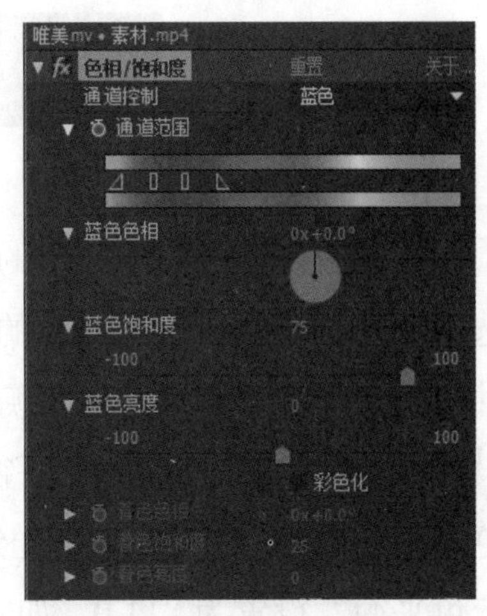

图 3-2-9　设置“蓝色饱和度”参数

步骤 6：执行菜单栏中的“效果”→“颜色修正”→“曲线”命令，调整亮度曲线，改善画面亮度，如图 3-2-10 所示；画面效果如图 3-2-11 所示。

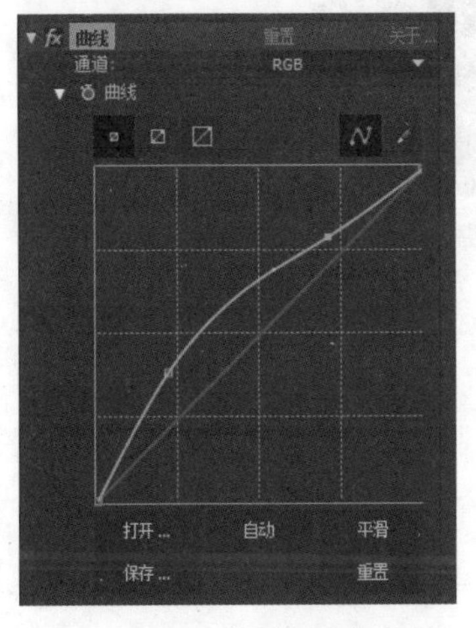

图 3-2-10　调整亮度曲线

图 3-2-11　画面效果

思考：请展示设置完成后的效果。

步骤 7：执行菜单栏中的“图层”→“新建”→“纯色”命令，创建一个“纯色”图层，设置“颜色”为墨绿色，选中新建的“纯色”图层，将叠加模式设置为“叠加”，如图 3-2-12 所示。

步骤 8：在英文输入法下按〈T〉键，打开“不透明度”参数栏，将“不透明度”参数设置为 30%，如图 3-2-13 所示。

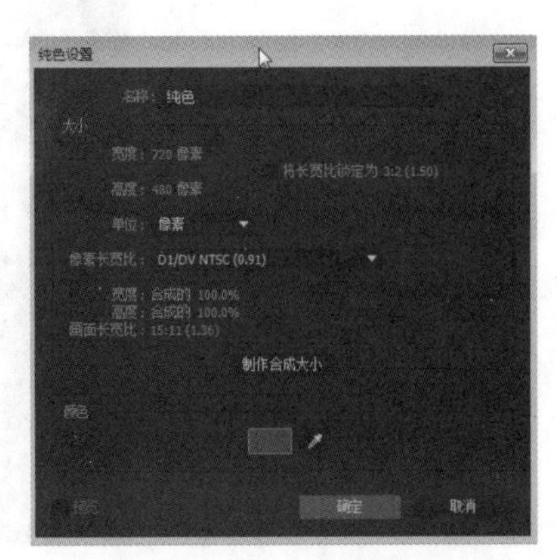

图 3-2-12　创建图层

图 3-2-13　设置“不透明度”参数

步骤 9：执行菜单栏中的“图层”→“新建”→“调整图层”命令，创建一个调节层，选中调节层，执行菜单栏中的“效果”→“颜色校正”→“颜色平衡”命令，打开“效果控件”窗口，将“阴影红色平衡”设置为 20.0，“阴影绿色平衡”设置为 6.0，“阴影蓝色平衡”设置为 14.0，“中间调红色平衡”设置为 28.0，“中间调绿色平衡”设置为 -18.0，“中间调蓝色平衡”设置为 15.0，“高光红色平衡”设置为 -50.0，“高光绿色平衡”设置为 5.0，“高光蓝色平衡”设置为 -11.0，如图 3-2-14 所示。

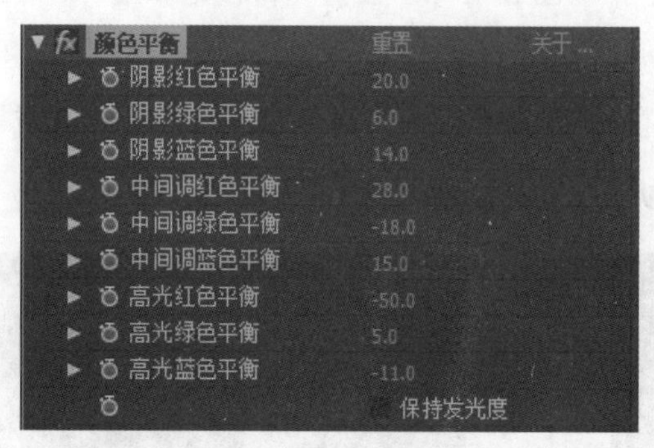

图 3-2-14　设置“颜色平衡”参数

思考：简述“调整图层”的方法。

步骤 10：选中“调节层 1”图层，执行菜单栏“效果”→“颜色校正”→“曲线”命令，打开“效果控件”窗口；调节曲线，改善画面层次，如图 3-2-15 所示。

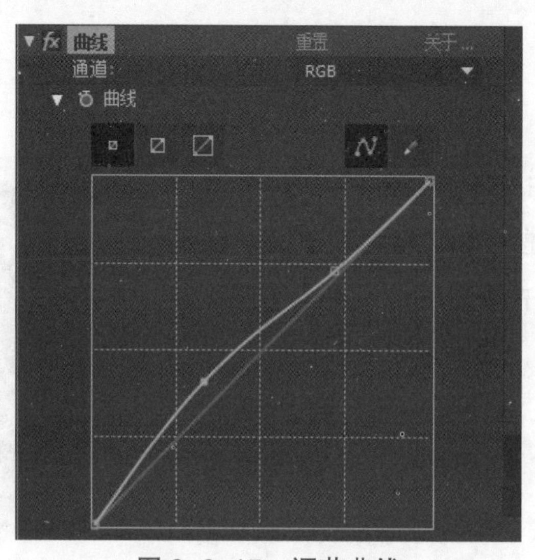

图 3-2-15　调节曲线

步骤 11：使用组合键〈Ctrl+Y〉，创建一个“纯色 1”图层，设置“颜色”为黑色，如图 3-2-16 所示；使用“椭圆工具”为该纯色图层绘制椭圆形蒙版，如图 3-2-17 所示。

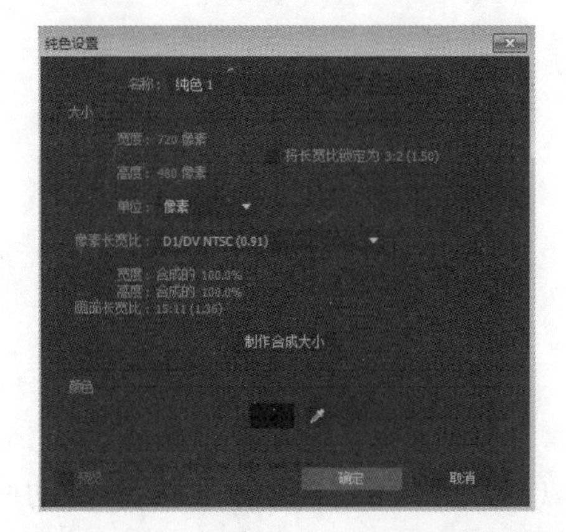

图 3-2-16 创建一个“纯色 1”图层

图 3-2-17 绘制椭圆形蒙版

步骤 12：展开“蒙版”参数栏，勾选“反转”复选框，设置“蒙版羽化”为 185.0，185.0 像素，如图 3-2-18 所示；设置“黑色”图层的叠加模式为“变亮”，如图 3-2-19 所示。

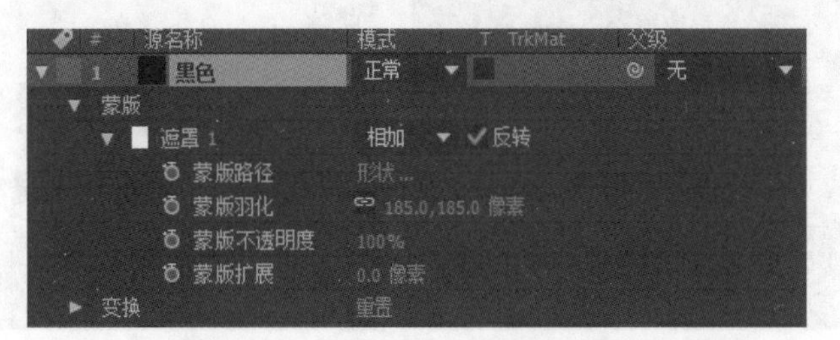

图 3-2-18 设置“蒙版”参数栏

图 3-2-19 设置黑色图层的叠加模式为“变亮”

步骤 13：渲染输出作品，完成制作，如图 3-2-20 所示。

图 3-2-20 完成制作

思考：请展示制作完成后的效果。

课堂体验

简述制作完成后的收获。

拓展训练

请根据图 3-2-21（a）所示的素材，完成图 3-2-21（b）所示的“花海”的路径动画。使用“色阶”命令调整图像的亮度，还可以使用“保留颜色”命令制作黑白效果。

(a) (b)

图 3-2-21　拓展任务素材及效果

（a）素材；（b）效果

参考步骤

步骤 1：利用“色阶”命令提高画面的高度。

步骤 2：在使用“保留颜色”命令时，可将脱色量设为 100%，将要保留的颜色设为图像中没有的颜色；为“容差”设置关键帧，容差值依次为 0% 和 100%，从而使画面由黑白色逐渐变成彩色。

学习总结

1. 请写出学习过程中的收获和遇到的问题。

2. 请对自己的作品进行评价，并填写表 3-2-1。

表 3-2-1　项目任务过程考核评价表

<table>
<tr><td>班级</td><td></td><td>项目任务</td><td colspan="3"></td></tr>
<tr><td>姓名</td><td></td><td>教师</td><td colspan="3"></td></tr>
<tr><td>学期</td><td></td><td>评分日期</td><td colspan="3"></td></tr>
<tr><td colspan="3">评分内容（满分 100 分）</td><td>学生自评</td><td>组员互评</td><td>教师评价</td></tr>
<tr><td rowspan="4">专业技能
（60 分）</td><td colspan="2">工作页完成进度（10 分）</td><td></td><td></td><td></td></tr>
<tr><td colspan="2">对理论知识的掌握程度（20 分）</td><td></td><td></td><td></td></tr>
<tr><td colspan="2">理论知识的应用能力（20 分）</td><td></td><td></td><td></td></tr>
<tr><td colspan="2">改进能力（10 分）</td><td></td><td></td><td></td></tr>
<tr><td rowspan="4">综合素养
（40 分）</td><td colspan="2">按时打卡（10 分）</td><td></td><td></td><td></td></tr>
<tr><td colspan="2">信息获取的途径（10 分）</td><td></td><td></td><td></td></tr>
<tr><td colspan="2">按时完成学习及工作任务（10 分）</td><td></td><td></td><td></td></tr>
<tr><td colspan="2">团队合作精神（10 分）</td><td></td><td></td><td></td></tr>
<tr><td colspan="3">总分</td><td></td><td></td><td></td></tr>
<tr><td colspan="3">综合得分
（学生自评 10%；组员互评 10%；教师评价 80%）</td><td colspan="3"></td></tr>
<tr><td colspan="3">学生签名:</td><td colspan="3">教师签名:</td></tr>
</table>

任务 3

季节更换

任务描述

请根据图 3-3-1（a）所示的素材，使用调色功能，增强画面的艺术感，最终完成效果如图 3-3-1（b）所示。

图 3-3-1　任务素材及效果

（a）素材；（b）效果

学习目标

1. 了解“色相 / 饱和度”特效在 After Effects CC 中的使用方法。

2. 熟悉局部调色的方法，以及“色相 / 饱和度”特效的各参数，尤其是“通道控制”和“饱和度”参数的设定方法。

3. 掌握“镜头光晕”的使用方法。

学习指导

一、调色的原则

调色是一个整体的操作过程，不能以单一画面为主，而是要整体把握影片的基调。有时候，某个画面用某种色调表现会很有冲击力，但是和影片整体风格有些差异，这样只能舍弃小众，以大众整体为标准，这就是色彩构成学的基本要求。色彩构成，就是指通过不同的色彩组合，达到画面色彩的协调统一。只有遵循一定的色彩规律，才能让不懂专业色彩学的观众很舒服地享受色彩带来的视觉感受。

首先，要确定画面的主体基调。当一个画面或连续画面中，出现几种不同的色块，要始终以一种色调为标准基调；主体色调统一后，才能细化其他色调的调整。在好莱坞的影视工业体系当中，调色也有统一的标准。例如，在电影《霍比特人》当中，可以看到画面场景中的冷暖色主要可以分为三类，第一类是以室内为主的暖色场景，第二类是以室外为主的冷色场景，第三类是冷暖对比色的场景。在电影《霍比特人》中，冷色并非机械地出现在暗部，暖色也不是都安排在亮部，而是根据光源的位置来确定的。但不管怎样都可以看到，这部电影的基调是整体偏冷的。

提高对比度，可以明显改善画面的反差。原始素材画面，一般饱和度中性偏低，就是给后期调色留出余地。后期调整饱和度，可以降低中间灰度的量值，增加画面的通透性，但对比度不能调太高，否则会使暗部细节丢失或高光溢出。影片在调色前，整体仍旧偏灰，缺少对比；调色后，提高了对比度，色调倾向明确，画面的效果得到了极大提升。

对比度的调节，要结合亮度调整进行改善，也可以调整 Gamma 曲率，改变高光、暗部、中间影调的动态范围。调整时，要结合示波器、直方图等工具作参数参考，不能出现技术上过度的调整。

如果是在夜景、灯光等亮度对比较大的环境下拍摄的素材，则可以尝试降低对比度，改善画面的动态范围。反差降低，目的是让大面积灰暗画面多些层次，因为灯光的亮度已经足够增加画面的反差了，此时对比度过大的话，将严重影响暗部层次的表现。没有暗部层次，画面就会显得太单一。

其次，让画面饱和度保持在适中范围。饱和度调高了，艳丽度增加，画面就会显得有些假。因为自然界的饱和度并没有影视画面那么高，集中在狭小画面中的饱和度本身就会被夸张。大面积色块的饱和度不但容易产生噪点，更容易造成各种色彩的串扰，影响观众平和的收视感受。很多电影和电视剧，都采用了降低饱和度和对比度的处理方法，营造更真实的环境气氛。所谓电影感和普通电视剧，在这方面区别很明显。

另外，还有其他更细化的调整，包括 RGB 原色通道调整、曲线调整、色彩滤镜、遮罩等，这些都是调色的手段，要根据实际画面的视觉元素和所要达到的表达效果，进行针对性调整。

在调色中，常被用到的是偏色的方式。偏色只是一种色彩倾向的调整，不是让画面非常明显地偏向某种色彩，而是要让影片整体看起来稍稍偏向某种色调。与之前的冷暖色调相似，偏色一般采用偏黄或偏蓝绿色调，偏黄的色调会烘托一种热闹、活力、温馨，甚至苍凉的气氛，这要根据现实画面来进行调整。这两种色调之所以常用，是因为在大量的镜头画面中，黄色和蓝色相对来说比较中性，其他颜色的跟进容易一些，不会造成其他跟随颜色的色相改变太过突兀，从而使整体画面的协调性较好一些。

二、调色的方法

为了让色调具有整体性，应先对画面进行校色处理，校色的意义在于校正色彩，校色只是调色过程的一个步骤。校色依据色彩的物理学知识，根据人眼对于现实事物的视觉经验，对整个画面的色彩偏差进行纠正处理。校色影响的是整个画面，解决的多是曝光不足、色调不统一、白平衡不统一等问题。调色是依据色彩心理学知识，将画面的视觉中心放到主要人物或画面主体上来，减少环境对主体形象的干扰，并让画面变得和谐，确定影片的色调，形成影片独有的色彩风格。

1. 自动对比度

在 After Effects CC 中，用来调整画面亮度的工具非常多，首先来学习其中一个最简单、便捷的工具——“自动对比度”。

它的原理是自动找到画面中最亮和最暗的色彩信息，再据此自动拉伸排列中间亮度，从而让整个画面的层次分明。需要特别注意的是，自动对比度是一个方便快捷的特效，在面对很多风格化调色的时候，会显得力不从心。例如，拍摄场景是正午的室外，而此时场景当中应该存在大面积的纯白曝光，那么这时使用自动对比度就难以达到想要的效果了。

2. 色阶

要使用色阶，首先要学会看直方图。就调节亮度而言，色阶最大的优势，就在于它能让使用者在直方图上直接地看到亮度信息的变化。在直方图上可以看到 5 个参数，这 5 个参数的功能如下。

输入黑色：定义画面中最黑的地方，默认值为 0.0；如果把这个数值调为 10.0，那么画面中属于深灰色的部分会变成更深的颜色，画面中的暗部信息会明显增多。

输入白色：定义画面中最白的地方，默认值为 255.0；如果把这个数值调低，那么原本画面中不是纯白的地方，也会变为纯白，画面中的曝光程度会明显提高。

灰度系数：对画面整体亮度的调整，默认值为 1.0，调高则画面变亮，调低则画面变暗。

输出黑色：调整后的画面输出值多少为暗，默认数值为 0.0；与输入黑色的值相反，如果单独提高它，则画面整体将会变亮。

输出白色：调整后的画面输出值多少为亮，默认数值为 255.0；与输入白色的值相反，如果单独提高它，则画面整体将会变暗。

色阶工具是调整画面的黑白对比，以及拉开画面层次的最方便有效的工具。可以通过直方图的监测，直观地对画面进行初步的调整。

3. 曲线

曲线工具能够对画面进行最精确的调整。掌握了曲线的调色原理，就可以对画面的亮度和色彩进行快速校准。凡是调色软件都带有曲线工具，可见它是一个极为重要的调色工具。曲线能够对某个特定亮度区域进行单独的调整，相比色阶而言，曲线的调色方式更加灵活可控。

实训过程

一、自主学习

1. 简述局部调色的方法。

2. 如何调整“色相 / 饱和度”特效中不同通道的参数设置?

二、实践探索

步骤 1：启动 After Effects CC 软件，执行菜单栏中的“文件”→“导入”→“文件”命令，弹出“导入文件”对话框，将“季节更换 .mp4”文件导入“项目”面板中，如图 3-3-2 所示。

图 3-3-2　导入素材

步骤 2:在快捷菜单中选择“合成设置”选项，弹出“合成设置”对话框，新建合成，或者按组合键〈Ctrl+N〉新建合成，命名为“季节更换”，设置合成的“持续时间”为5秒，“背景颜色”设置为“黑色”；设置“预设”为PAL D1/DV，“像素长宽比”为D1/DV PAL(1.09)，如图3–3–3所示。

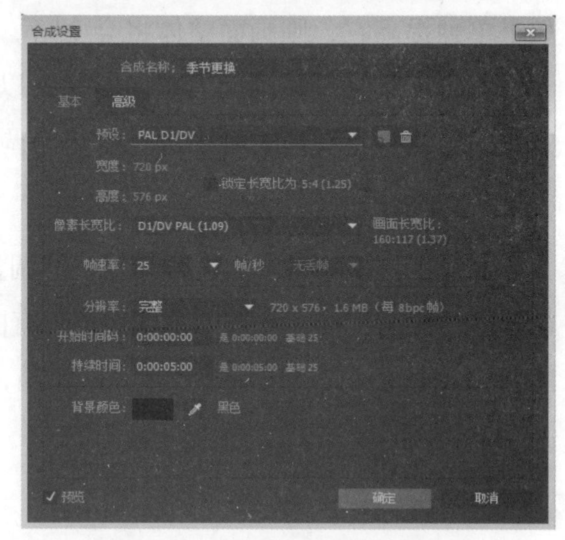

图 3–3–3 “合成设置”对话框

步骤 3：选中“季节更换.mp4”图层，设置其“位置”和“缩放”参数的关键帧动画；在0秒处，设置相关帧，设置“位置”为360.0，288.0，“缩放”为100.0,100.0%；在5秒处，设置关键帧，设置“位置”为396.0，288.0，“缩放”为110.0，110.0%，如图3–3–4和图3–3–5所示。

图 3–3–4 0秒处设置相关帧

图 3–3–5 5秒处设置关键帧

思考：简述设置关键帧动画的方法。

步骤 4：选中“季节更换.mp4”图层，按组合键〈Ctrl+D〉，复制“季节更换.mp4”图层，得到两个相同的图层；选中新复制的图层，将其重命名为“季节更换2.mp4”，如图3–3–6所示。

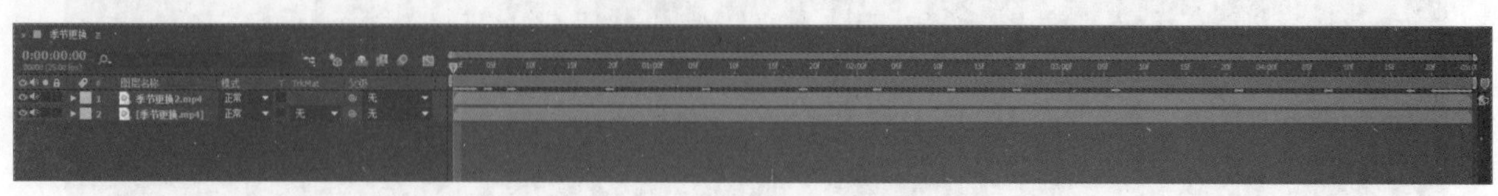

图 3–3–6 重命名图层为“季节更换2.mp4”

步骤 5：选中“季节更换 2.mp4”图层，执行菜单栏中的“效果”→“颜色校正”→“色相 / 饱和度”命令，打开“效果控件”窗口为图层添加“色相 / 饱和度”特效，设置“通道控制”为“绿色”，“绿色色相”设置为 0x-80.0°，“绿色饱和度”设置为 15，如图 3-3-7 所示。

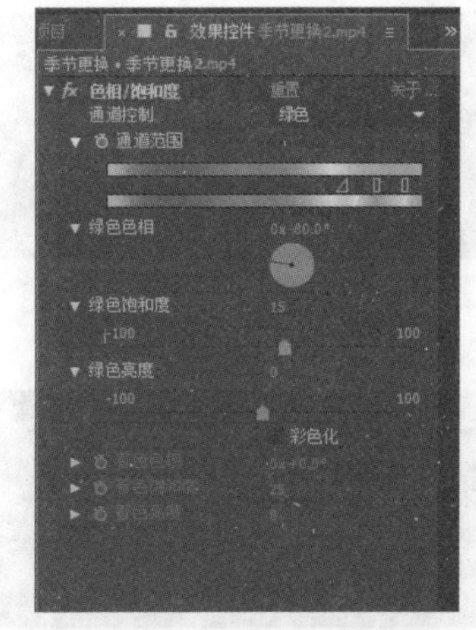

图 3-3-7　添加“色相 / 饱和度”特效

步骤 6：选中“季节更换 2.mp4”图层，展开“变换”参数组，设置关键帧，在 2 秒处，设置“不透明度”为 0%；在 3 秒处，设置“不透明度”为 100%，如图 3-3-8 和图 3-3-9 所示。

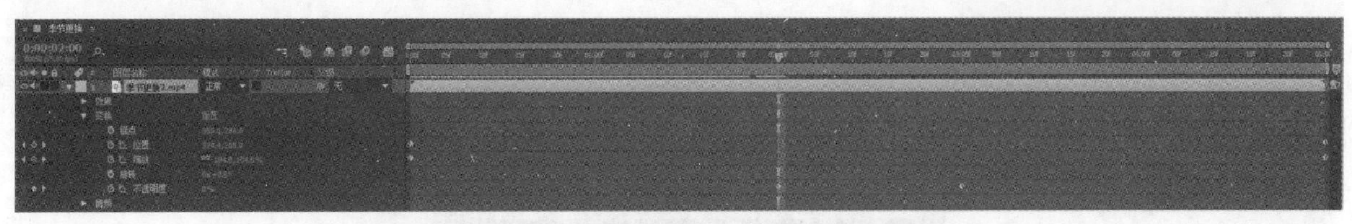

图 3-3-8　2 秒处设置“不透明度”为 0%

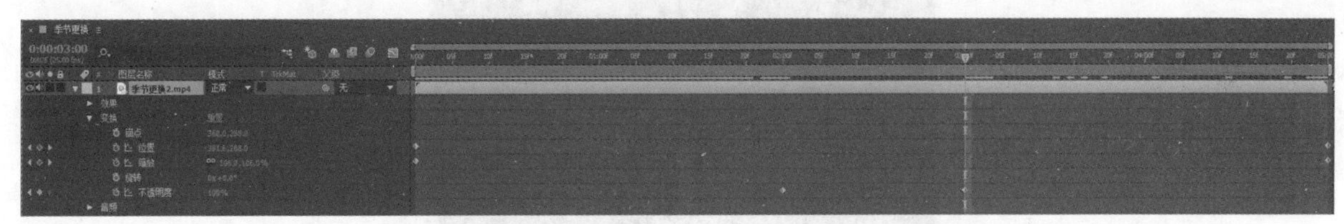

图 3-3-9　3 秒处设置“不透明度”为 100%

思考：简述“不透明度”的设置方法。

步骤 7：执行菜单栏中的“图层”→“新建”→“纯色图层”命令，新建一个黑色纯色图层，并将其命名为 Light，如图 3-3-10 所示。

步骤 8：选中 Light 图层，执行菜单栏中的“效果”→“生成”→“镜头光晕”命令，打开“效果控件”窗口为 Light 图层添加“镜头光晕”特效，在 0 秒处，设置“光晕中心”为 160.0，70.0，在 5 秒处，设置“光晕中心”为 4.0，70.0；最后修改 Light 图层的叠加模式为“相加”，如图 3-3-11 和图 3-3-12 所示。

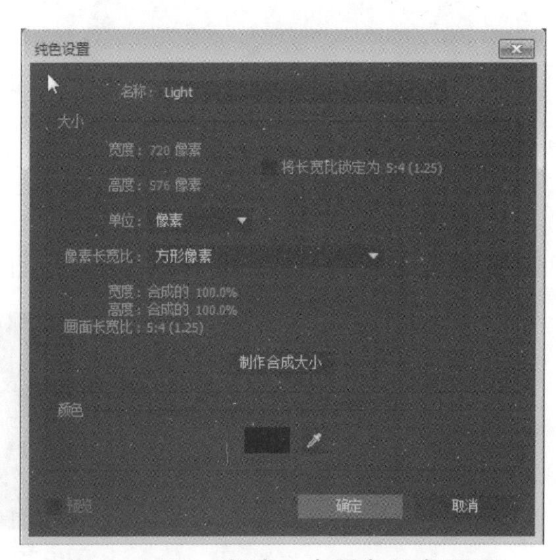

图 3-3-10　新建一个黑色纯色图层

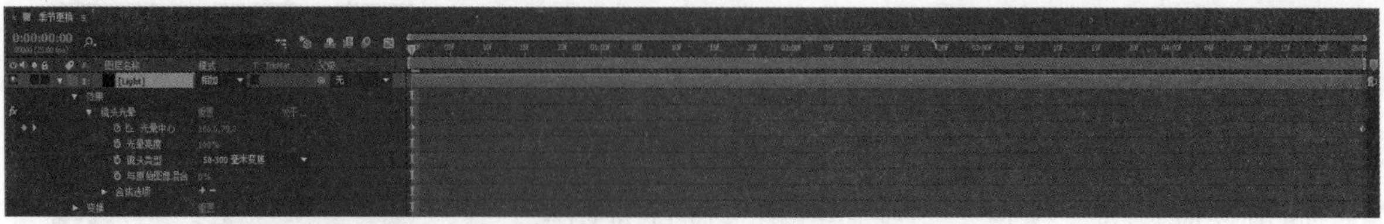

图 3–3–11　0 秒处设置“光晕中心”参数

图 3–3–12　5 秒处设置“光晕中心”参数

步骤 9：执行菜单栏中的“图层”→“新建”→“纯色”命令，新建黑色的纯色图层，并将其命名为“遮罩”，如图 3–3–13 所示。

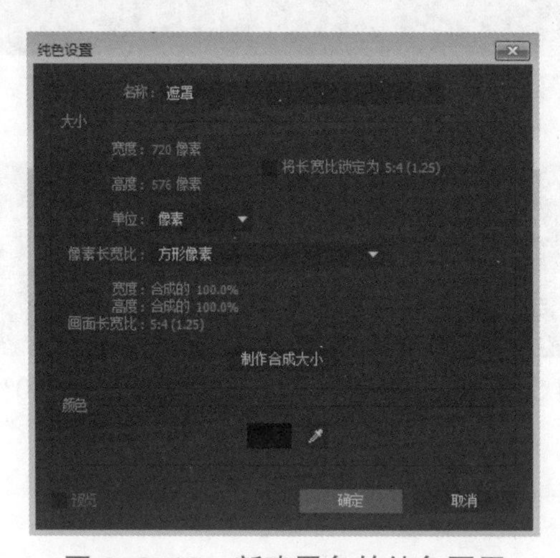

图 3–3–13　新建黑色的纯色图层

思考：简述设置纯色图层的目的。

步骤 10：选择“遮罩”图层，使用“矩形工具”，为该图层添加一个蒙版，设置蒙版的叠加模式为“相减”，如图 3–3–14 和图 3–3–15 所示。

图 3–3–14　使用“矩形工具”

图 3-3-15　设置蒙版的叠加模式为“相减”

步骤 11：渲染输出作品，完成制作，如图 3-3-16 所示。

图 3-3-16　完成制作

课堂体验

简述制作完成后的收获。

拓展训练

请根据图 3-3-17 所示的素材，完成“季节更换”效果的制作。

图 3-3-17　拓展任务素材

学习总结

1. 请写出学习过程中的收获和遇到的问题。

2. 请对自己的作品进行评价，并填写表 3–3–1。

表 3–3–1　项目任务过程考核评价表

班级		项目任务			
姓名		教师			
学期		评分日期			
评分内容（满分 100 分）			学生自评	组员互评	教师评价
专业技能（60 分）	工作页完成进度（10 分）				
	对理论知识的掌握程度（20 分）				
	理论知识的应用能力（20 分）				
	改进能力（10 分）				
综合素养（40 分）	按时打卡（10 分）				
	信息获取的途径（10 分）				
	按时完成学习及工作任务（10 分）				
	团队合作精神（10 分）				
总分					
综合得分（学生自评 10%；组员互评 10%；教师评价 80%）					
学生签名：			教师签名：		

项目 4

抠像技巧

任务 1

静态抠像

任务描述

请根据图 4–1–1（a）所示的素材，提取图片或视频画面中的指定的图像，并将提取出的图像合成到一个新的场景中，从而增加画面的鲜活性，最终完成效果如图 4–1–1（b）所示。

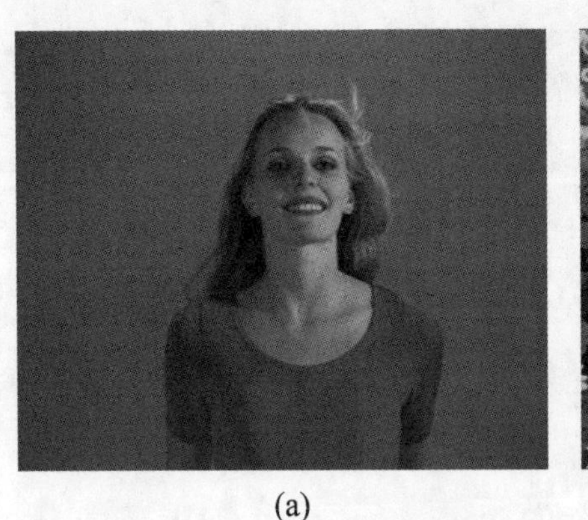

(a)

(b)

图 4–1–1　任务素材及效果
（a）素材；（b）效果

学习目标

1. 了解在 After Effects CC 中“线性颜色键”“颜色范围”“溢出抑制”等特效的使用方法。
2. 熟悉静态抠像的各种方法以及参数的设定。
3. 掌握“线性颜色”“颜色范围”“溢出抑制”等工具进行抠像的操作。

学习指导

一、抠像的基本概念

抠像是影视拍摄制作中的常用技术，特别是在很多影视特技的场面中，都使用了大量的抠像处理。从原理上讲，只要背景所用的颜色在前景画面中不存在，用任何颜色做背景都可以，但实际上，最常用的是蓝背景和绿背景两种。其原因在于人身体的自然颜色中不包含这两种色彩，用它们做背景不会和人物混在一起；同时这两种颜色是 RGB 系统中的原色，也比较方便处理。我国一般用蓝背景，在欧美国家绿屏幕和蓝屏幕都经常使用，尤其在拍摄人物时常用绿屏幕，原因就是很多欧美人的眼睛是蓝色的。

抠像的好坏一方面取决于前期对人物、背景屏幕、灯光等的精心准备和拍摄而成的源素材，另一方面依赖于后期合成制作中的抠像技术（灯光、色调、反射、阴影等与目标场景相匹配）。为了便于后期制作时提取通道，在进行蓝屏幕拍摄时，有一些问题需要注意：首先是前景物体上不能包含所选用的背景颜色，必要时可以选择其他背景颜色；其次是背景颜色必须一致，光照均匀，要尽可能避免背景或光照深浅不一等。

二、键控

在后期处理中，抠像的专业术语称为键控（Keying）。通常意义上的抠像，指采取图像中的某种颜色值或亮度值来定义透明区域，使图片上所有具有类似颜色或亮度值的像素都转变为透明的，从而提取主体。当今，抠像技术已成为大多数后期影视处理的一个重要过程。

利用当前菜单可以对素材进行键控处理，可依据素材色彩、亮度、通道等信息进行抠像选取，以方便素材间的合成。

CC Simple Wire Removal：简单去除钢丝效果。

Key light（1.2）：专业键控插件; Keylight 是一个屡获殊荣并经过产品验证的蓝绿屏幕抠像插件，其易于使用，在处理反射、半透明区域和头发方面效果更好；另外，它还包括了不同颜色校正、抑制和边缘校正工具来更加精细地微调结果。

差值遮罩：此效果可创建透明度，具体方法是比较源图层和差值图层，然后抠出源图层中与差值图层中的位置和颜色匹配的像素；通常，此效果用于抠出移动对象后面的静态背景，然后将此对象放在其他背景上；差值图层通常只是背景帧素材（在移动对象进入此场景之前），因此，差值遮罩效果最适用于使用固定摄像机和静止背景拍摄的场景。

亮度键：此效果可抠出图层中具有指定明亮度或亮度的所有区域，图层的品质设置不会影响亮度键效果。

内部 / 外部键：要使用内部 / 外部键效果，需创建蒙版来定义要隔离的对象的边缘内部和外部；蒙版可以相当粗略，它不需要完全贴合对象的边缘；除在背景中对柔化边缘的对象使用蒙版以外，内部 / 外部键效果还会修改边界周围的颜色，以移除沾染背景的颜色；此颜色净化过程会确定背景对每个边界像素颜色的影响，然后移除此影响，从而移除在新背景中遮罩柔化边缘的对象时出现的光环。

提取：此效果可创建透明度，具体方法是根据指定通道的直方图，抠出指定亮度范围；此效果最适用于在黑色或白色背景中拍摄的图像，或在包含多种颜色的黑暗或明亮的背景中拍摄的图像中创建透明度。

线性颜色键：此效果可跨图像创建一系列透明度，可将图像的每个像素与指定的主色进行比较；如果像素的颜色与主色近似匹配，则此像素将变得完全透明；不太匹配的像素将变得不太透明，根本不匹配的像素保持不透明；因此，透明度值的范围形成线性增长趋势。

颜色差值键：此效果可为以蓝屏或绿屏为背景拍摄的所有亮度适宜的素材项目实现优质抠像，特别适合包含透明或半透明区域的图像，如烟、阴影或玻璃等。

颜色范围：此效果可创建透明度，具体方法是在 Lab、YUV 或 RGB 颜色空间中抠出指定的颜色范围；可以在包含多种颜色的屏幕上，或在亮度不均匀且包含同一颜色的不同阴影的蓝屏或绿屏上，使用此抠像。

颜色键：此效果可抠出与指定的主色相似的所有图像像素，仅修改图层的 Alpha 通道。

溢出抑制：此效果可从具有已抠出屏幕的图像中移除主色的痕迹；通常，溢出抑制效果用于从图像边缘移除溢出的主色，溢出是光照从屏幕反射到主体所致。

静态抠像

一、自主学习

1. 简述常用的抠像特效。

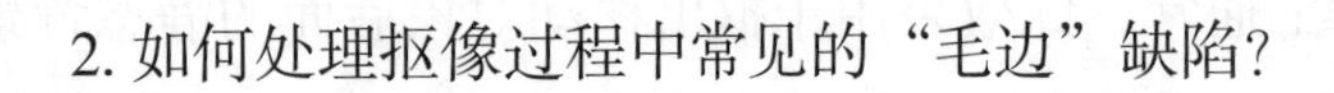
2. 如何处理抠像过程中常见的“毛边”缺陷？

二、实践探索

步骤 1：打开 After Effects CC 软件，执行菜单栏中的“文件”→“导入”→“文件”命令，弹出“导入文件”对话框，如图 4-1-2 所示；打开素材文件夹，将“背景 .jpg”“人物 .jpg”文件导入“项目”面板中，然后将“人物 .jpg”素材拖动到“创建合成”按钮上，创建一个与源素材同样分辨率的“人物”合成，如图 4-1-3 所示。

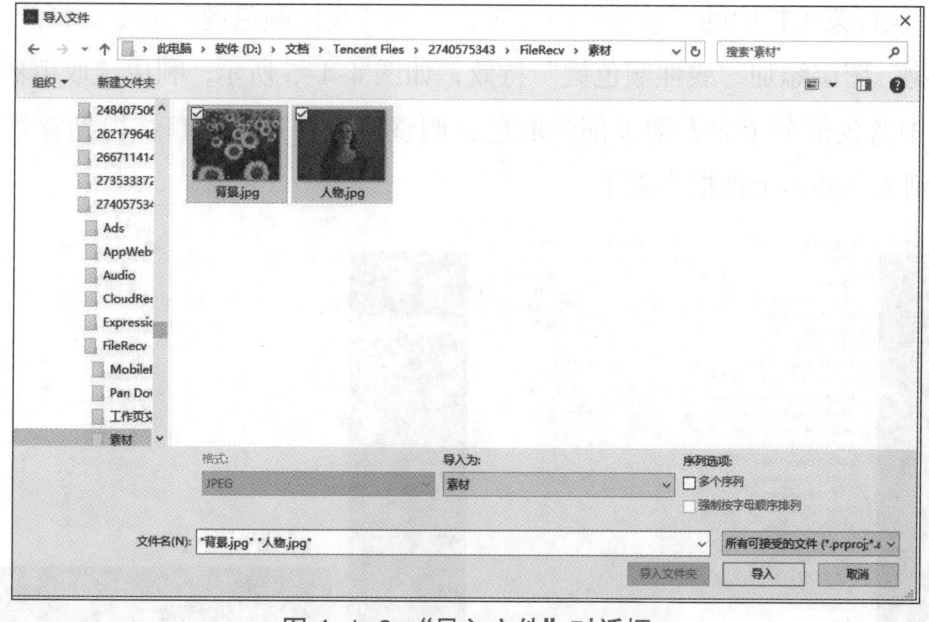

图 4-1-2 “导入文件”对话框

图 4-1-3 创建“人物”合成

步骤 2：右击“人物”合成，在快捷菜单中选择“合成设置”选项，弹出“合成设置”对话框，或者按组合键〈Ctrl+K〉，将合成重新命名为“静态抠像”，设置合成的“持续时间”为默认值，“背景颜色”为“黑色”，选中“人物”图层，如图 4-1-4 所示。

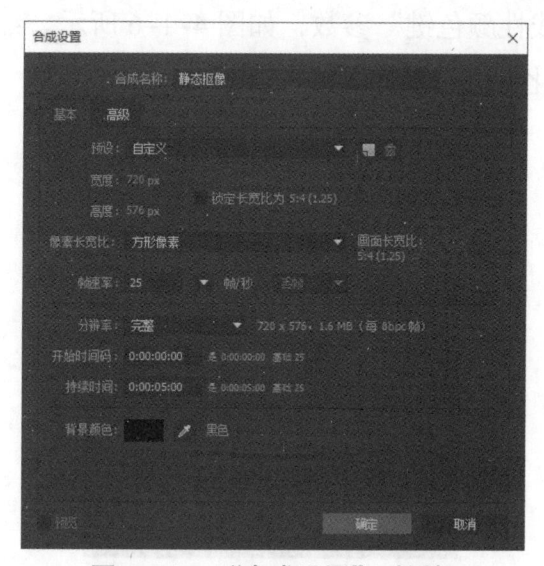

图 4-1-4 “合成设置”对话框

步骤 3：执行菜单栏中的“效果”→“键控”→“线性颜色键”命令，打开“效果控件”窗口为“人物”图层添加“线性颜色键”特效，如图 4-1-5 所示；利用“取色器”在合成静态抠像窗口中蓝色部分（非人物）部分取色，调整窗口为透明窗口，得到背景透明的效果图，可以看到人物基本上被抠出来了。

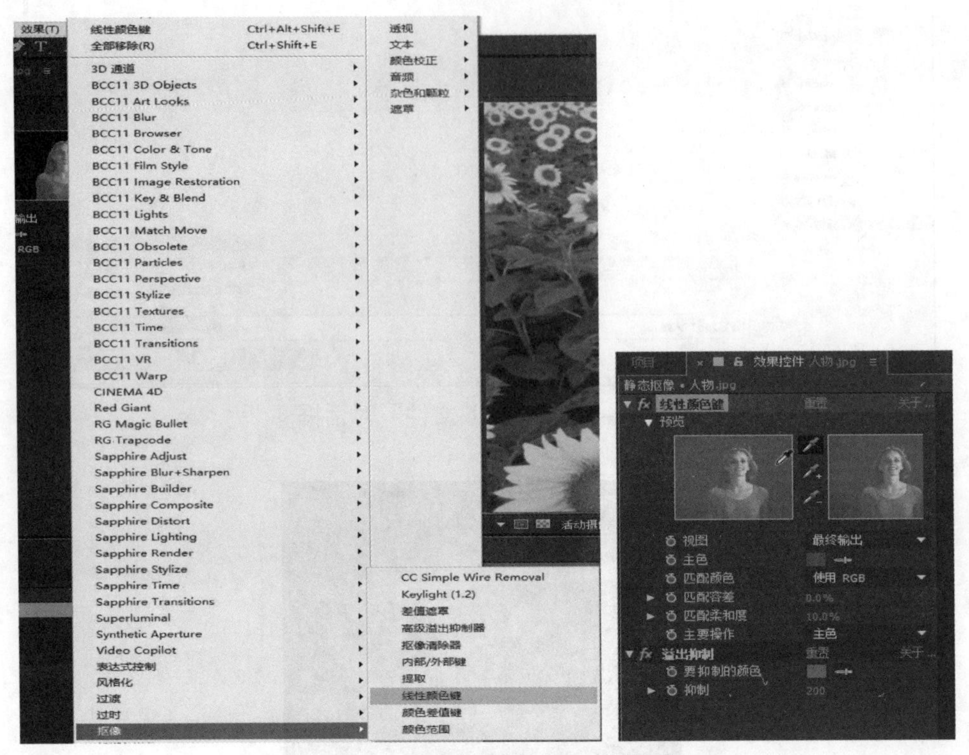

图 4-1-5　选择“线性颜色键”选项

思考：请展示步骤 3 完成后的图像效果。

步骤 4：继续调整“线性颜色键”参数，如图 4-1-6 所示，细化抠像效果，利用“取色器”增加选取的范围，细化抠像效果。

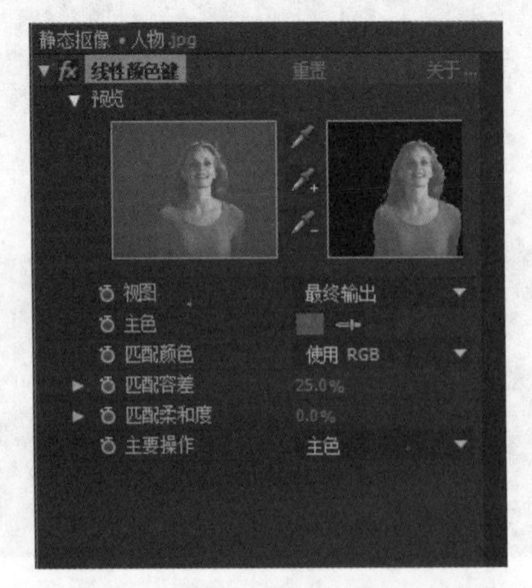

图 4-1-6　调整“线性颜色键”参数

思考：简述增加选取的范围的方法。

步骤 5：继续调整“线性颜色键”参数，利用“取色器”减少蓝色的选取范围，继续细化抠像效果，如图 4-1-7 所示。

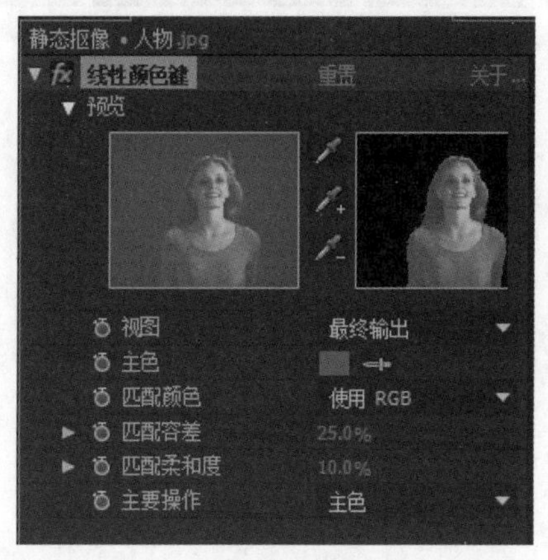

图 4-1-7　减少蓝色的选取范围

步骤 6：选中“人物”图层，执行菜单栏的“效果”→“过时”→“溢出抑制”命令，为“人物”图层添加“溢出抑制”特效；设置“抑制”为 200，如图 4-1-8 所示。

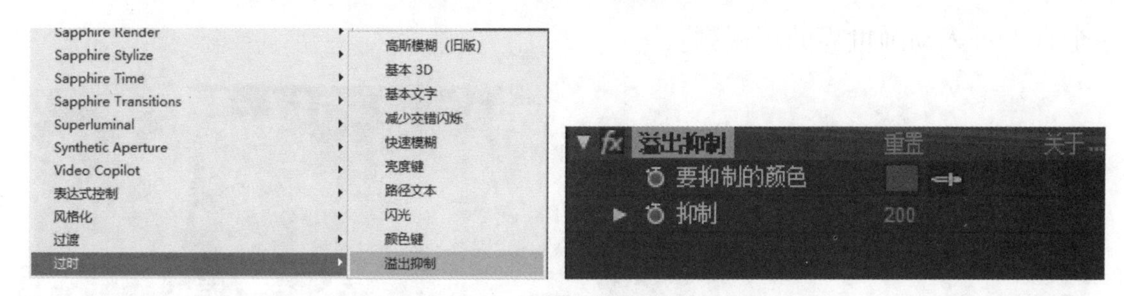

图 4-1-8　设置“抑制”为 200

思考：简述添加“溢出抑制”特效的目的。

步骤 7：将“项目”面板中的“背景 .jpg”素材，拖动到“合成”面板中，将两个图层叠加在一起，完成最终制作效果，如图 4-1-9 所示。

图 4-1-9　完成效果

课堂体验

简述制作完成后的收获。

拓展训练

请根据图 4-1-10 所示的素材，结合使用卡斯特动漫出品的动画《铜鼓奇缘》的素材，制作一个真人进入动画世界的短视频。

图 4-1-10　拓展任务素材

学习总结

1. 请写出学习过程中的收获和遇到的问题。

2. 请对自己的作品进行评价，并填写表 4-1-1。

表 4-1-1 项目任务过程考核评价表

班级		项目任务			
姓名		教师			
学期		评分日期			
评分内容（满分 100 分）			学生自评	组员互评	教师评价
专业技能（60 分）	工作页完成进度（10 分）				
	对理论知识的掌握程度（20 分）				
	理论知识的应用能力（20 分）				
	改进能力（10 分）				
综合素养（40 分）	按时打卡（10 分）				
	信息获取的途径（10 分）				
	按时完成学习及工作任务（10 分）				
	团队合作精神（10 分）				
总分					
综合得分（学生自评 10%；组员互评 10%；教师评价 80%）					
学生签名:			教师签名:		

任务 2

动态抠像

任务描述

请根据图 4-2-1（a）所示的素材，通过 Keylight（1.2）“色阶”“高斯模糊”等特效搭配使用，实现绿幕抠像，使人物与环境更好地融合，最终完成效果如图 4-2-1（b）所示。

(a)

(b)

图 4-2-1　任务素材及效果

（a）素材；（b）效果

学习目标

1. 了解 Keylight（1.2）插件特效的使用方法。

2. 熟悉动态抠像的方法，以及“色阶”“简单阻塞工具”等特效在动态抠像中的设定方法。

3. 掌握 Keylight（1.2）插件的具体使用方法。

学习指导

Keylight（1.2）特效是在 AE CS4（After Effects CS4）后新增的一个外挂插件，通过定义抠除颜色和参数设置，可以非常完美地对图像进行抠像处理。但是相应的参数也非常地繁多，Keylight（1.2）特效属性参数面板如图 4-2-2 所示。

视图：设置图像在合成窗口中的显示方式，提供了 11 种显示模式。

非预乘结果：启用该选项，设置图像为不带 Alpha 通道显示，反之为带 Alpha 通道显示，效果如图 4-2-3 所示。

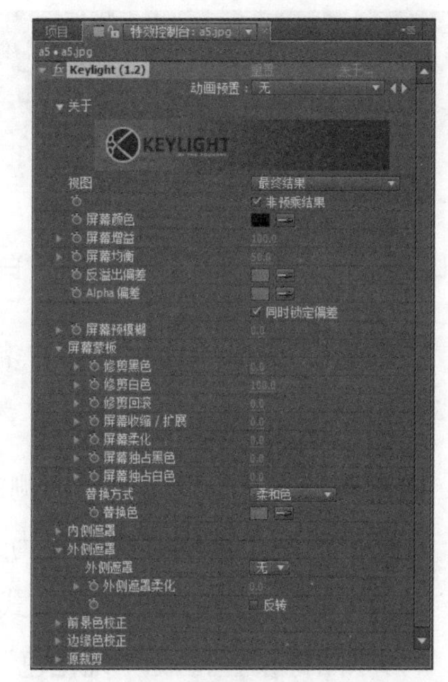

图 4-2-2　Keylight（1.2）特效属性参数面板

屏幕颜色：设置需要抠除的颜色，一般在原图像中用吸管直接选取颜色。

屏幕增益：设置屏幕抠除效果的强弱程度，数值越大，抠除程度就越强。

屏幕均衡：设置抠除颜色的均衡程度，数值越大，均衡效果越明显。

反溢出偏差：恢复过多抠除区域的颜色。

Alpha 偏差：恢复过多抠除 Alpha 部分的颜色。

同时锁定偏差：在抠除时，设定偏差值。

屏幕预模糊：设置抠除部分边缘的模糊效果，数值越大，模糊效果越明显，如图 4-2-4 所示。

图 4-2-3　启用和未启用“非预乘结果”效果对比

图 4-2-4　设置“屏幕预模糊”效果对比

屏幕蒙板：设置抠除区域影像的属性参数，如图 4-2-5 所示。

修剪黑色 / 白色：除去抠像区域的黑色、白色。

修剪回滚：恢复修剪部分的影像。

屏幕收缩 / 扩展：设置抠像区域影像的收缩或扩展参数；减小数值为收缩该区域影像，增大数值为扩展该区域影像。

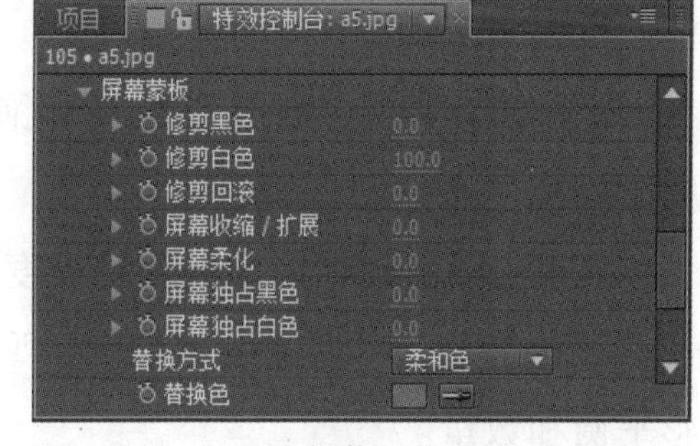

图 4-2-5　“屏幕蒙板”属性参数面板

屏幕柔化：柔化抠像区域影像，数值越大，柔化效果就越明显。

屏幕独占黑色 / 白色：显示图像中的黑色、白色区域，数值越大，显示效果越突出，如图 4-2-6 所示。

替换方式：设置屏幕蒙板的替换方式，提供了 4 种模式。

替换色：设置蒙板的替换颜色。

内侧遮罩：为图像添加并设置抠像内侧的遮罩属性，添加“内侧遮罩”特效如图 4-2-7 所示。

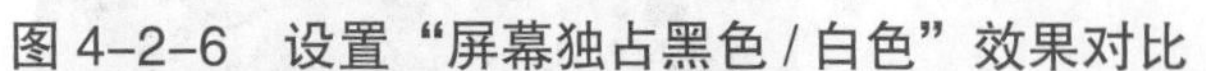

图 4-2-6　设置“屏幕独占黑色 / 白色”效果对比

图 4-2-7　添加“内侧遮罩”特效

提示：在设置“内侧遮罩”和“外侧遮罩”效果时，需用户绘制并添加遮罩层；若无遮罩层，则在进行遮罩的属性参数设置时，将无变化效果。

内侧遮罩柔化：设置遮罩内侧的柔化程度。

反转：启用该选项，将设置为遮罩反转特效。

替换方式：设置遮罩的替换方式，提供了 4 种模式；其中，“无”为遮罩特效，为发生变化；“源”为原图像设置特效；“锐化色”为对颜色的锐化特效；“柔和色”为柔和颜色的特效。

替换色：设置替换方式运用过的颜色。

源 Alpha：设置原图像中的 Alpha 显示方式，提供忽略、添加到“内侧遮罩”和正常 3 种显示模式。

外侧遮罩：为图像添加并设置抠像内侧的遮罩属性，该选项与“内侧遮罩”较为类似，设置参数比“内侧遮罩”简单便于操作。

前景色校正：设置蒙板影像的色彩属性，具体属性参数如图 4-2-8 所示。

启用颜色校正：启用该选项，可对蒙板影像进行颜色校正，设置效果如图 4-2-9 所示。

饱和度：设置抠像影像的色彩饱和度，数值越大，饱和度越高。

亮度：设置抠像影像的明暗程度。

颜色抑制：可通过设定抑制类型，来抑制某一颜色的色彩平衡和数量。

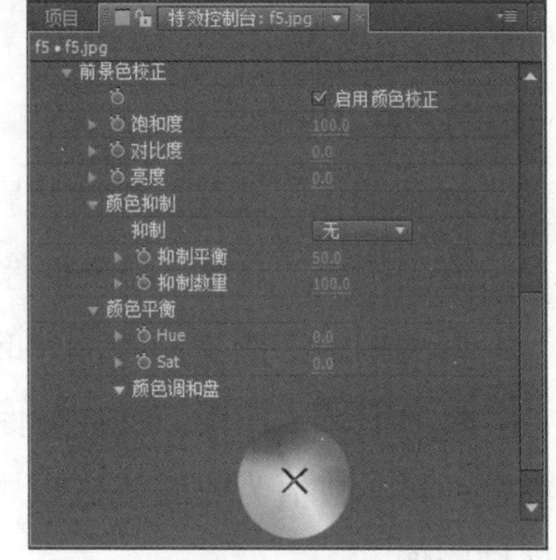

图 4-2-8　“前景色校正”属性参数面板

颜色平衡：通过 Hue 和 Sat 两个属性，控制蒙板的色彩平衡效果。

图 4-2-9　设置“颜色校正”“颜色抑制”和“颜色平衡”效果对比

边缘色校正：主要是对抠像边缘进行设置，该选项和“前景色校正”的属性基本类似，具体属性参数面板如图 4-2-10 所示。

边缘锐化：设置抠像蒙板边缘的锐化程度，效果如图 4-2-11 所示。

边缘柔化：设置抠像蒙板边缘的柔化程度。

边缘扩展：设置抠像蒙板边缘的大小。

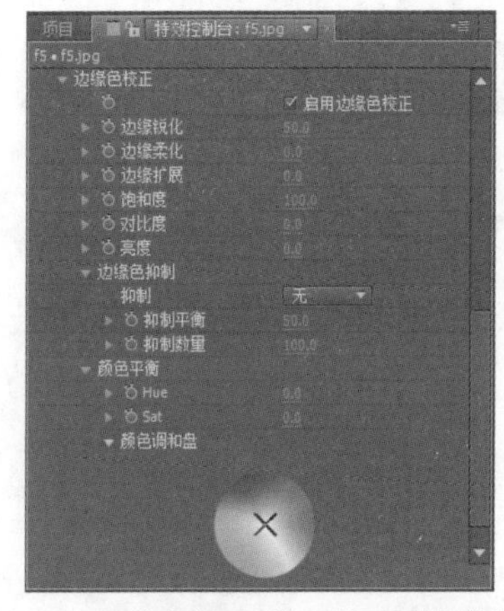

图 4-2-10 “边缘色校正”属性参数面板

图 4-2-11 设置边缘锐化效果

源裁剪：设置裁剪影像的属性类型以及参数，该属性参数面板如图 4-2-12 所示。

X/Y 方式：分别设置 X、Y 轴向的裁剪方式，提供了 4 种模式，其中，颜色为“边缘色”；重复是对裁剪边缘像素的排列效果；“包围”为平铺画面，映射是在裁剪点为图像做映射，不同方式效果如图 4-2-13 所示。

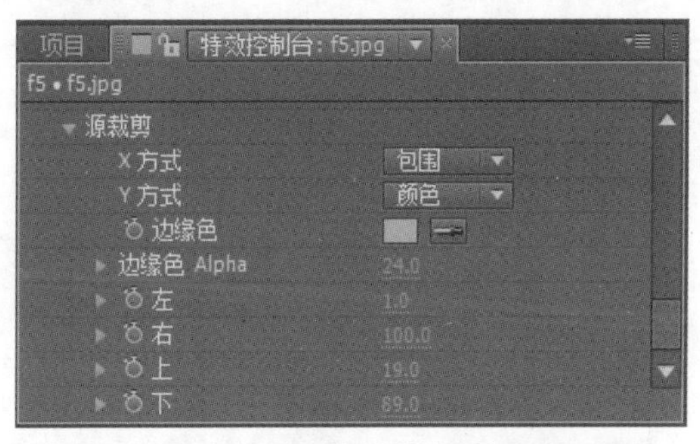

图 4-2-12 “源裁剪”属性参数面板

边缘色：设置裁剪边缘的颜色。

边缘色 Alpha：设置边缘中的 Alpha 通道颜色。

左 / 右 / 上 / 下：设置裁剪边缘的尺寸大小。

图 4-2-13 映射、重复和颜色裁剪模式效果

实训过程

动态抠像

一、自主学习

1. 简述动态抠像常用的方法。

2. 如何使用 Keylight（1.2）插件？

二、实践探索

步骤 1：启动 After Effects CC 软件，导入素材并建立合成，如图 4-2-14 和图 4-2-15 所示。

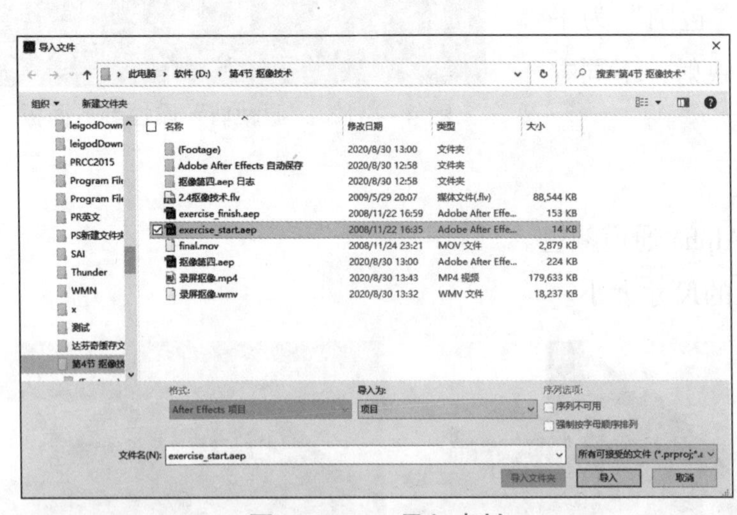

图 4-2-14　导入素材

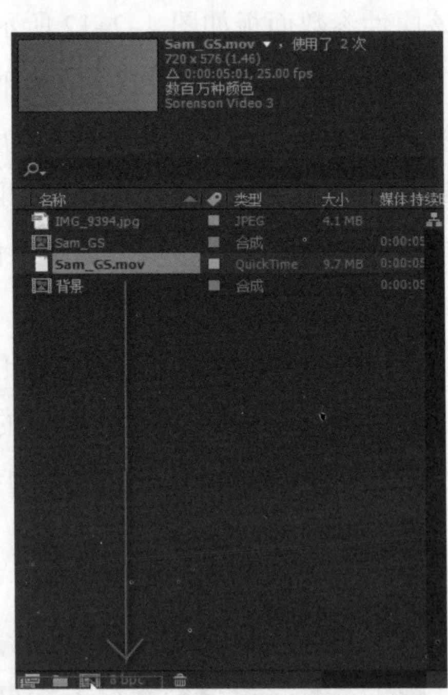

图 4-2-15　建立合成

步骤 2：本例的关键就是如何去除绿色的背景，把人物合成到其他素材中，那么 Keylight（1.2）（主光拉像特效）就是解决问题的关键；选中 Sam_GS.mov 素材，执行菜单栏中“特效”→“抠像”→Keylight（1.2）（主光抠像特效）命令，如图 4-2-16 所示。

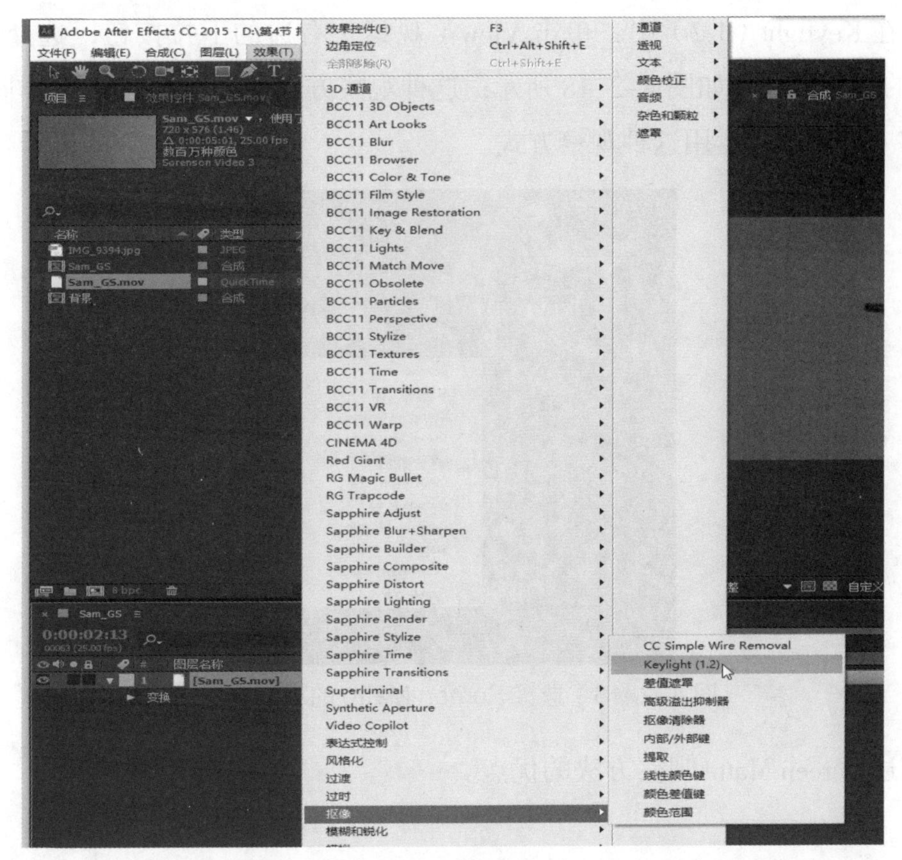

图 4–2–16　执行　“特效”→“抠像”→Keylight（1.2）命令

步骤 3：添加 Keylight（1.2）后，进行抠像的第一个步骤，即吸取绿幕的颜色，使用 Screen Colour（屏幕颜色）后面的“吸管工具”吸取画面中的绿颜色，如图 4–2–17 所示。

图 4–2–17　吸取画面中的绿颜色

思考：简述“吸管工具”的作用。

步骤 4：在 Keylight（1.2）中，单击 View（观察）右边的下拉按钮，选择 Screen Matte（屏幕遮罩）的观察方式，如图 4-2-18 所示；这种观察方式在调节抠像特效时非常实用，建议在实际工作中也要经常运用这种观察方式。

图 4-2-18　选择 Screen Matte 的观察方式

思考：简述 Screen Matte 观察方法的优点。

步骤 5：调到 Keylight（1.2）→ Screen Pre-blur（屏幕预模糊），设置数值为 2.5，如图 4-2-19 所示。

步骤 6：展开 Screen Matte（屏幕遮罩）选项，调整 Clip Black（修剪黑色通道）数值为 35.0，调整 Clip White（修剪白色通道）数值为 75.0，如图 4-2-20 所示，这样绿色的背景会被抠得更加干净。

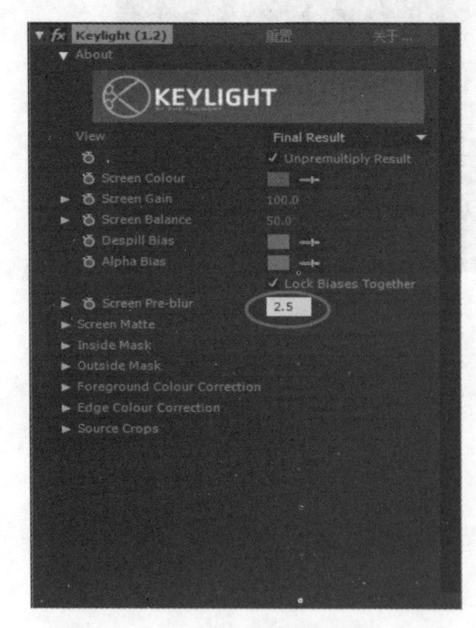

图 4-2-19　设置数值为 2.5

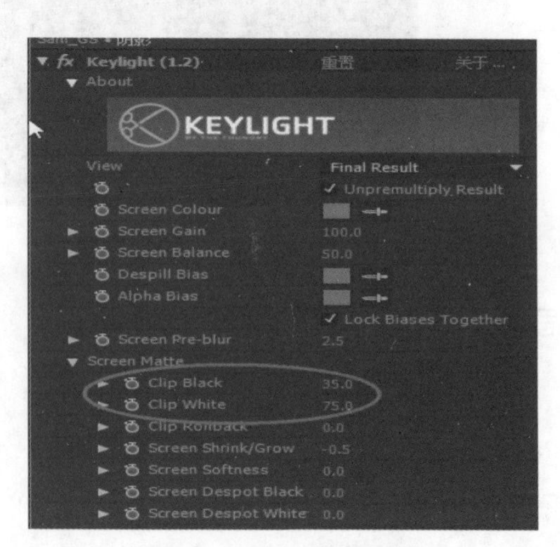

图 4-2-20　调整数值

步骤 7：单击 View（观察）右边的下拉按钮，选择 Final Result（最终结果）的观察方式，查看最终抠像效果，图 4-2-21 所示。

图 4-2-21　选择 Final Result 的观察方式

思考：请展示最终抠像效果。

步骤 8：调整 Keylight（1.2）→ Screen Matte（屏幕透罩）→ Screen Shrink/Gro（屏幕收缩 / 增长）数值为 -0.5，如图 4-2-22 所示，使人物的边缘更加自然。

步骤 9：执行并调整 Keylight（1.2）→ Screen Matte（屏幕遮罩）→ Replace Method（替换方法）→ Hard Colour（替换颜色）参数，如图 4-2-23 所示，观察人物的颜色变化。

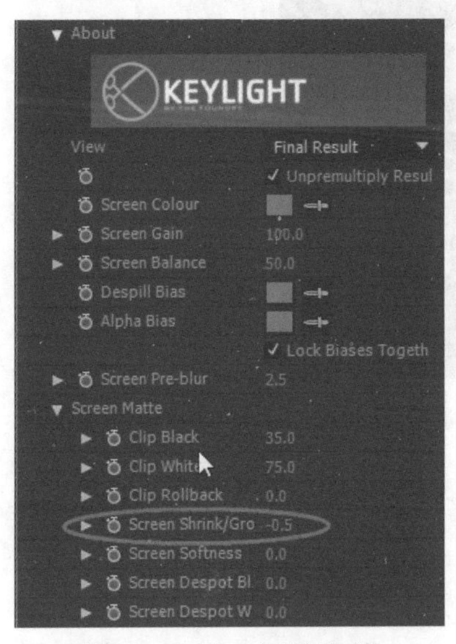

图 4-2-22　调整数值

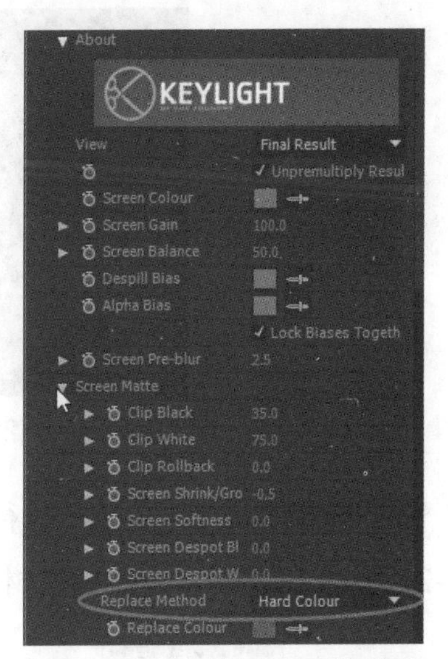

图 4-2-23　执行并调整参数

思考：请展示调整前后任务的效果。

步骤 10：执行并调整 Keylight（1.2）（主光抠像特效）→ Screen Matte（屏幕遮罩）→ Replace Colour（替换颜色），调整到绿灰色，如图 4-2-24 所示，使人物有一定的绿环境色，因为下面将用到的背景也是偏绿色调的。

图 4-2-24　调整到绿灰色

步骤 11：加入背景素材，拖拽 IMG_9394.jpg 到时间线面板内，放到 Sam_GS.mov 的下层，如图 4-2-25 所示。

图 4-2-25　加入背景素材

步骤 12：调整 IMG_9394.jpg 到合适的大小，如图 4-2-26 所示。

图 4-2-26　调整 IMG_9394.jpg 大小

步骤 13：选择 Sam_GS.mov，执行“效果控件”→“遮罩”→“简单阻塞工具”命令，如图 4-2-27 所示，该特效可以对素材的 Alpha（透明）通道的边缘进行缩放。

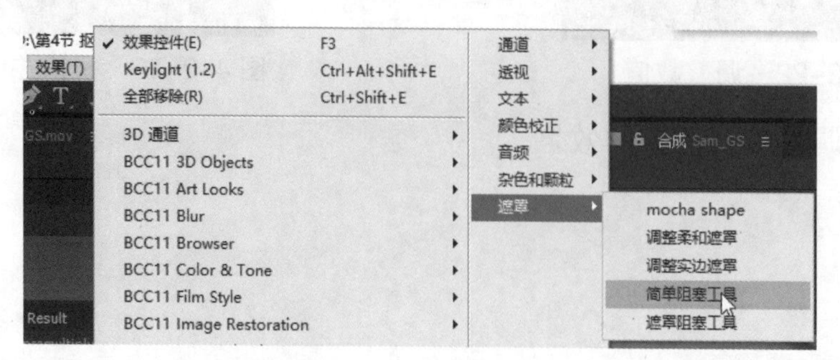

图 4-2-27　执行“效果控件”→“遮罩”→“简单阻塞工具”命令

步骤 14：调整“简单阻塞工具”→“阻塞遮罩”的值为 0.80，如图 4-2-28 所示，对人物的边缘进行收缩，使画面看起来更加真实。

图 4-2-28　调整“阻塞遮罩”的数值

思考：请展示收缩人物边缘后的效果。

步骤 15：画面中的人物穿的是皮衣，所以衣服上肯定会有一点绿色的环境色，选择 Sam_GS.mov，执行“效果控件”→“颜色校正”→“色阶”命令，如图 4-2-29 所示。

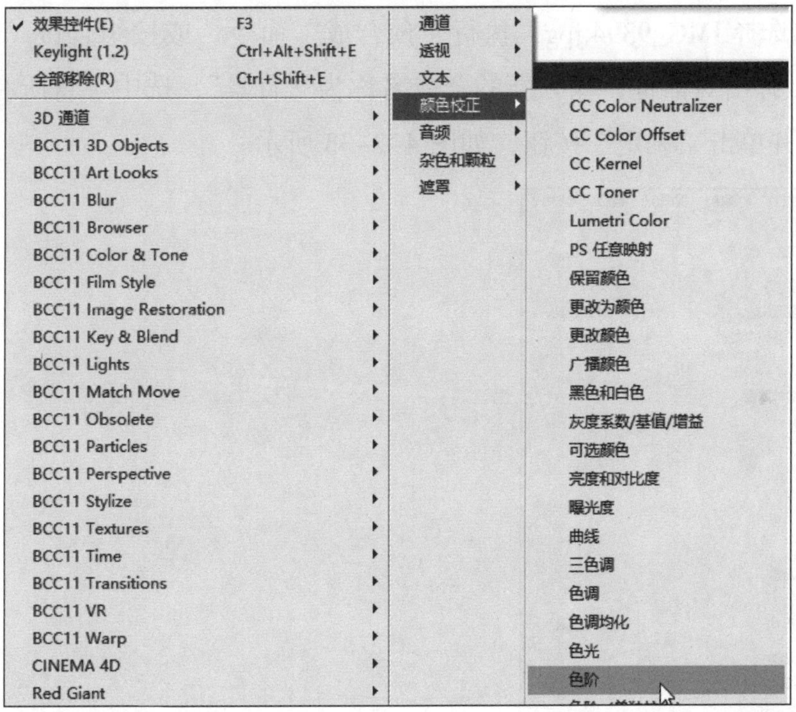

图 4-2-29　执行“效果控件”→“颜色校正”→“色阶”命令

步骤 16：执行“色阶”→“通道”→“红色通道”命令，调整“直方图”中的“红色输入黑色”通道数值，如图 4-2-30 所示。

步骤 17：执行“色阶”→“通道”→“蓝色通道”命令，调整“直方图”中的“蓝色输出白色”通道数值，如图 4-2-31 所示，此时观察到人物衣服的高光区已经加入了一些黄色。

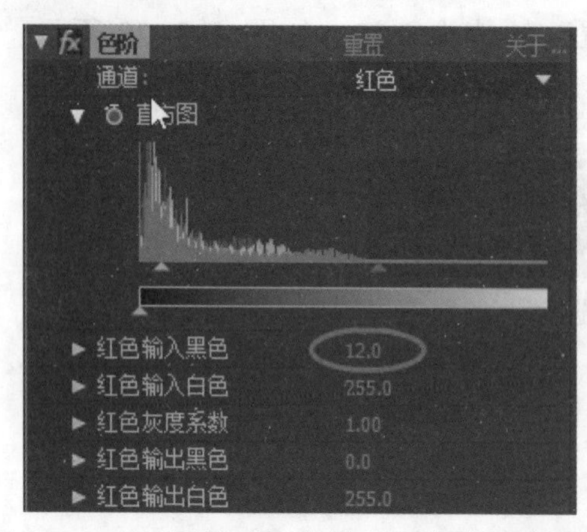

图 4-2-30　调整“红色输入黑色”通道数值

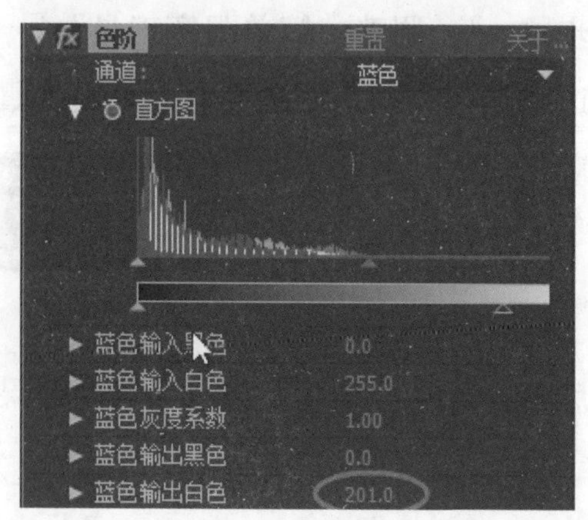

图 4-2-31　调整“蓝色输出白色”通道数值

思考：请展示人物效果。

步骤 18：为了让背景素材看起来有一些景深效果，需要对背景素材进行简单的处理，即在时间线面板中选择 IMG_9394.jpg，执行“预合成”命令，或按组合键〈Ctrl+Shift+C〉，如图 4-2-32 所示；弹出对话框，输入新的合成名称为“背景”，选中“将所有属性移动到新合成”单选按钮，并单击“确定”按钮，如图 4-2-33 所示。

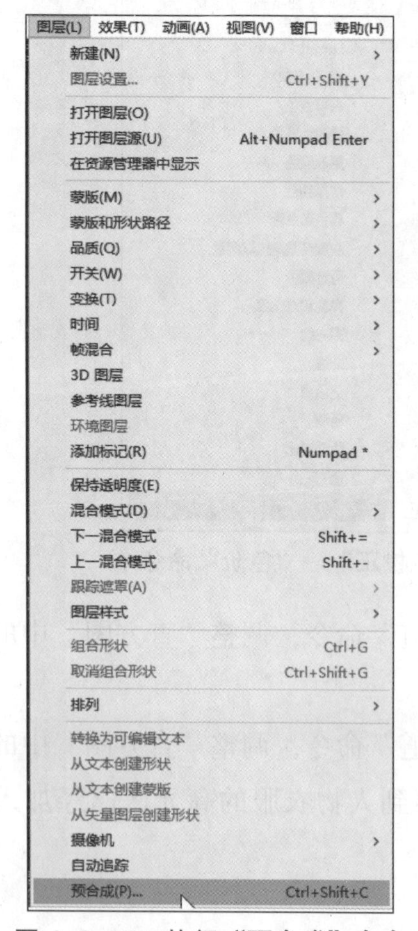

图 4-2-32　执行“预合成”命令

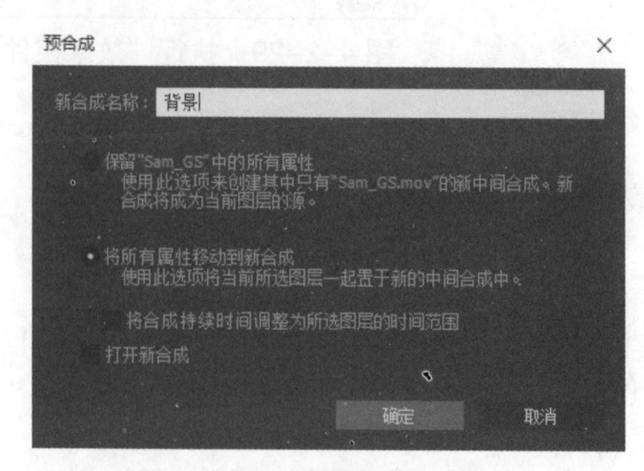

图 4-2-33　“预合成”对话框

步骤 19：为了模拟出画面的景深效果，应为素材添加模糊特效，即在时间线面板内选择“背景”合成，执行“效果”→“模糊和锐化”→“高斯模糊”命令，调整“模糊度”为 2.0，选中“重复边缘像素”复选框，如图 4-2-34 所示。

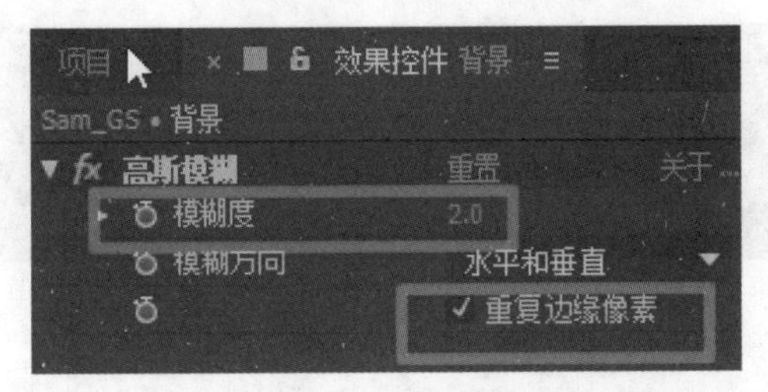

图 4-2-34　添加模糊特效

步骤 20：继续深入调整下去，还可以为人物加上阴影特效，即首先对人物素材进行复制，在时间线面板内选择 Sam_GS.mov 选项，按组合键〈Ctrl+D〉进行复制，然后修改下层 Sam_GS.mov 名称为“阴影”，如图 4-2-35 所示。

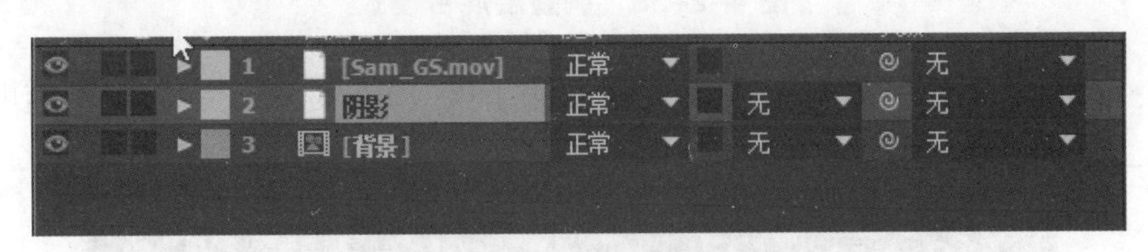

图 4-2-35　复制并修改名称

步骤 21：关闭处于上层的 Sam_GS.mov 显示开关；选择“阴影”素材，添加“色相 / 饱和度”特效，调整“主亮度”为 -100，如图 4-2-36 所示。

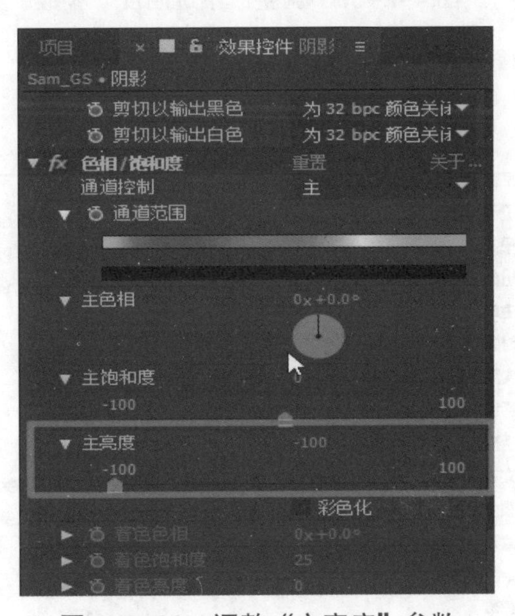

图 4-2-36　调整“主亮度”参数

思考：简述调整“主亮度”参数的方法。

步骤 22：选择“阴影”素材，为它添加“高斯模糊”特效，调整“模糊度”为 49.0，选中“重复边缘像素”复选框，如图 4-2-37 所示，并开启时间线面板中处于上层的 Sam_GS.mov 显示开关特效。

图 4-2-37　添加“高斯模糊”特效

步骤 23：调整“阴影”素材的层混合模式为“经典颜色加深”，如图 4-2-38 所示。

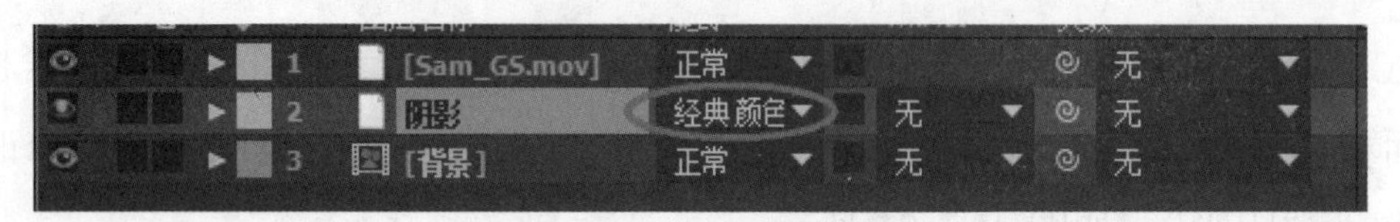

图 4-2-38　调整层混合模式

步骤 24：选择“阴影”素材，在英文输入法下按〈T〉键对该层的“不透明度”调整为 16%，如图 4-2-39 所示。

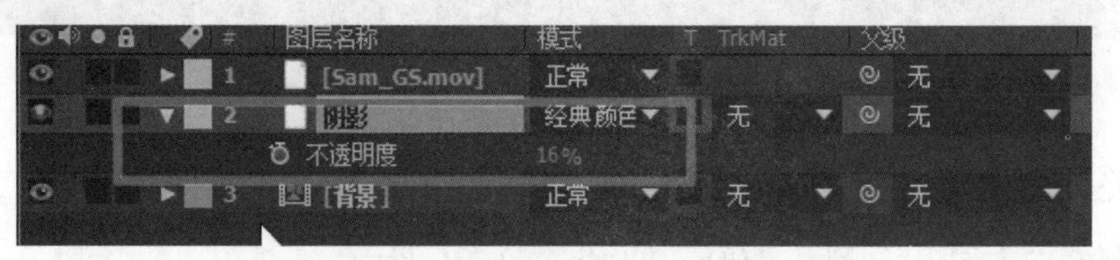

图 4-2-39　调整“不透明度”参数

步骤 25：选择“阴影”素材，切换到“效果控件”面板中，在空白区域右击，执行“扭曲”→“边角定位”命令，如图 4-2-40 所示。

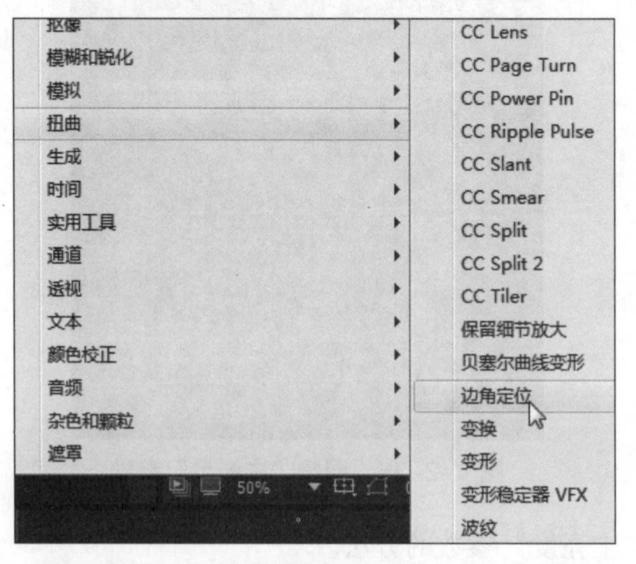

图 4-2-40　执行“扭曲”→“边角定位”命令

步骤 26：在监视器面板内调整边角定位特效的 4 个角点，如图 4-2-41 所示。

图 4-2-41　调整边角

思考：简述调整边角时应注意的事项。

步骤 27：对合成结果进行预览时，在 0~12 秒，画面中出现了错误，这时画面中的阴影非常锐利，如图 4-2-42 所示，下面就来解决这个问题。

图 4-2-42　画面中出现阴影

步骤 28：选择“阴影”素材，调整其“效果控件”面板中“高斯模糊”的位置到最下方，并简单调整“模糊度”参数，如图 4-2-43 所示，现在画面中的阴影就显得很自然了。

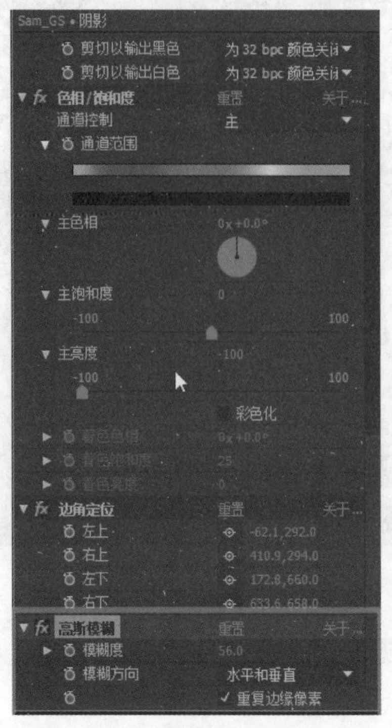

图 4-2-43　调整“模糊度”参数

思考：简述调整“模糊度”参数的方法。

步骤 29：按小键盘上的〈0〉键对最终效果进行预览，如图 4-2-44 所示；如果阴影效果还不尽人意，则可以继续进行更精细的调整。

图 4-2-44　预览效果

课堂体验

简述制作完成后的收获。

拓展训练

请根据图 4-2-45（a）所示的素材，将“天空背景”素材作为背景层，然后为“大树”图层添加 Keylight（1.2）命令，并指定要抠除的颜色；接着为“大树”图层添加“线性颜色键”命令，使不需要的颜色变成透明；最后为“大树”图层添加“抠像清除器”命令，调整伪像和丢失的细节，完成图 4-2-45（b）所示的“偷天换日”效果。

(a)　　　　(b)

图 4-2-45　拓展任务素材及效果

（a）素材；（b）效果

学习总结

1. 请写出学习过程中的收获和遇到的问题。

2. 请对自己的作品进行评价，并填写表 4–2–1。

表 4–2–1　项目任务过程考核评价表

班级		项目任务			
姓名		教师			
学期		评分日期			
评分内容（满分 100 分）			学生自评	组员互评	教师评价
专业技能（60 分）	工作页完成进度（10 分）				
	对理论知识的掌握程度（20 分）				
	理论知识的应用能力（20 分）				
	改进能力（10 分）				
综合素养（40 分）	按时打卡（10 分）				
	信息获取的途径（10 分）				
	按时完成学习及工作任务（10 分）				
	团队合作精神（10 分）				
总分					
综合得分（学生自评 10%；组员互评 10%；教师评价 80%）					
学生签名:			教师签名:		

项目5

三维空间合成

任务 1

三维盒子效果制作

任务描述

请根据图 5-1-1（a）所示的素材，在 After Effects CC 中制作一个立方体，最终完成效果如图 5-1-1（b）所示。

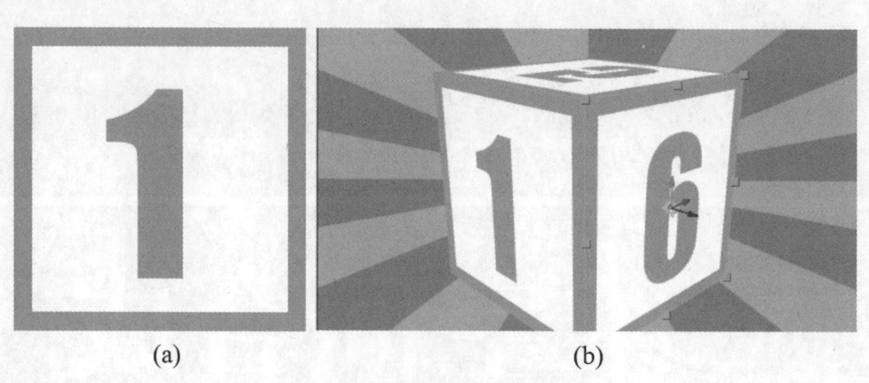

(a) (b)

图 5-1-1　任务素材及效果

（a）素材；（b）效果

学习目标

1. 了解制作三维特效的基本思路和技巧。
2. 熟悉三维图层、绑定等工具的功能。
3. 掌握关键帧的制作技巧。
4. 掌握“统一摄像机工具”的使用技巧。
5. 掌握三维图层的应用技巧。

学习指导

一、图层的类型

After Effects CC 软件中图层的类型主要有素材层、文本层、纯色层、摄像机层、灯光层、虚拟物体层、调整层和形状图层等。在编辑过程中，不同类型的图层都具备相应的特性，所产生的图像效果也各不相同。单击菜单栏中“图层”→“新建”命令，选择相应的图层类型，或直接在时间线面板左侧图层区域右击选择“新建”命令，选择相应的图层类型，即可进行图层的创建。

二、图层的基本操作

图层是After Effects CC软件的重要组成部分，图层的基本操作包括创建图层、选择图层、调整图层顺序、图层自动排序等，只有掌握这些基本操作，才能更好地管理图层、制作优质的影片效果。下面主要对前 3 种操作进行介绍。

1. 创建图层

图层的创建非常简单，只需要将导入“项目”面板中的素材拖拽到时间线面板中，即可创建一个素材图层，如果同时拖拽几个素材到时间线面板中，则可以同时创建多个图层。

另一种创建图层的办法是在时间线面板中的空白处右击，在弹出的菜单栏中选择“新建”选项，并在子菜单中选择所需图层类型，即可创建相应的图层。

在合成图像面板中，导入图层后就可以决定图层的时间位置。图层导入时的起始位置由时间线上的“时间指示器”的位置决定。默认情况下，图层的持续时间由素材的持续时间来决定。可以通过设置图层的入点、出点来改变图层的持续时间；也可以通过改变素材的速度来改变图层的持续时间。如果素材的长度超过合成图像设置的时间，则只显示处于合成图像中的素材。

2. 选择图层

若要编辑图层，首先要选择图层，选择的图层可以在时间线面板或合成面板中完成。After Effects CC 支持用户对图层进行单个或多个的选择，被选中的图层显示为深色。

3. 调整图层顺序

新创建的图层都会位于其他图层的上方，但为了便于场景的安排，需要对图层的先后顺序进行一定的调整。在时间线面板中，使用鼠标拖动便可以快速完成对图层顺序的识别修改。选择某个图层后，再按住鼠标拖动其到需要的位置，当出现一个黑色的长线时，松开鼠标，即可将图层的顺序改变。

改变图层顺序，还可以应用菜单命令。在“图层”菜单中，包含多个移动图层的命令，分别为“移到顶部”“上移一层”“下移一层”“移到底层”，具体操作如下。

移到顶部：将选择图层移动到所有图层的顶部，按组合键〈Ctrl+Shift+]〉。

上移一层：将选择图层向上移动一图层，按组合键〈Ctrl+]〉。

下移一层：将选择图层向下移动一图层，按组合键〈Ctrl+[〉。

移到底层：将选择图层移动到所有图层的底部，按组合键〈Ctrl+Shift+[〉。

三维盒子

实训过程

一、自主学习

1. 简述制作三维特效的基本思路和技巧。

2. 如何操作统一摄像机工具?

二、实践探索

步骤 1：新建一个名称为“三维盒子”的项目，在项目中，创建一个“预设”为“PAL D1/DV 宽银幕方形像素”的合成，将合成名称命名为“盒子”，设置“持续时间”为 10 秒，如图 5–1–2 所示。

步骤 2：双击“项目”面板中的空白区域，弹出“导入文件”对话框，将素材导入“项目”面板中，如图 5–1–3 所示。

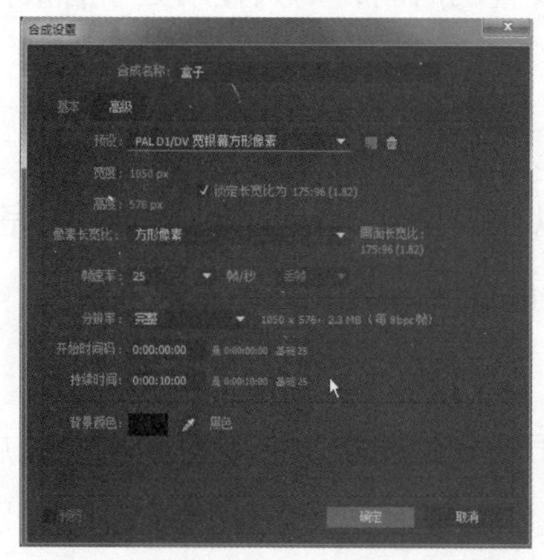

图 5–1–2 “合成设置”对话框

图 5–1–3 “项目”面板

步骤 3：将“背景 .jpg”素材添加到合成中，拖动“背景 .jpg”素材四角的控制点，使素材充满“合成”面板，如图 5–1–4~ 图 5–1–6 所示。

图 5–1–4 添加“背景 .jpg”素材

图 5–1–5 拖动“背景 .jpg”素材四角的控制点

图 5–1–6 素材充满“合成”面板

思考：请展示素材充满“合成”面板的效果。

步骤 4：将其他素材添加到合成中，如图 5–1–7 所示。

步骤 5：保持“合成”面板中的 1~6 层的素材都被选中，单击“开启三维模式”按钮，如图 5–1–8 所示。

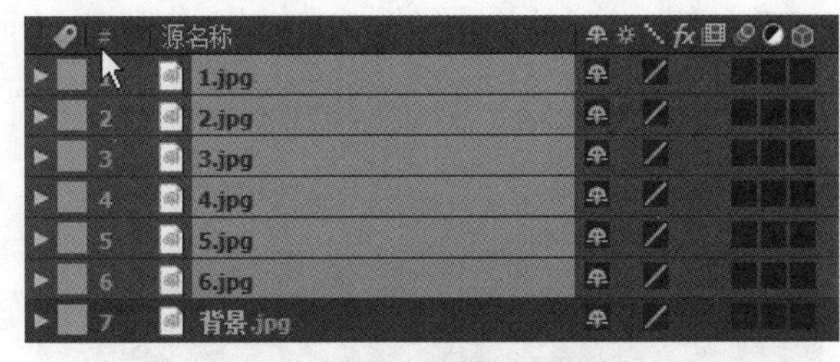

图 5–1–7　添加其他素材

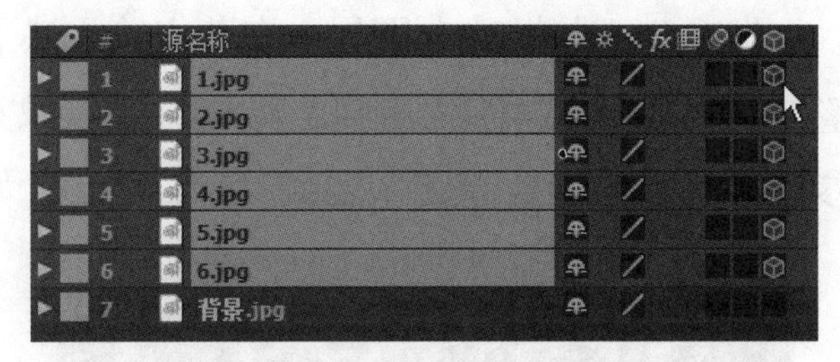

图 5–1–8　选中素材

步骤 6：执行菜单栏中的“图层”→“新建”→“摄像机”命令，新建“预设”为“35 毫米”的摄像机，将摄像机图层置于最上方，如图 5–1–9 所示。

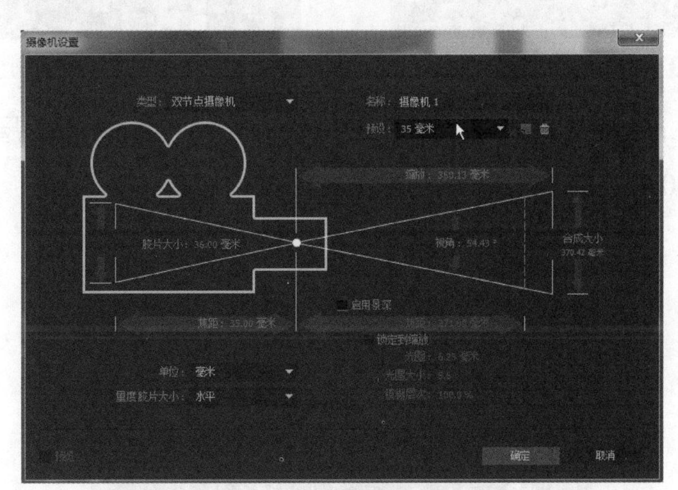

图 5–1–9　新建摄像机

思考：简述新建摄像机的方法。

步骤 7：单击工具栏中的“统一摄像机工具”按钮，在“合成”监视窗中，移动鼠标，设置一个立体感比较强的角度，为拼接盒子做准备，如图 5–1–10 所示。

图 5–1–10　单击“统一摄像机工具”按钮

思考：软件提供的摄像机工具有哪些？

步骤 8：单击 1.jpg 图层，在英文输入法下按〈P〉键，打开图层的“位置”参数栏，将其第 3 项即 Z 轴参数设置为 -200.0，如图 5-1-11 所示。

步骤 9：选中 2.jpg 图层，在英文输入法下按〈R〉键，打开图层的“旋转”参数栏，调整画面角度，使画面沿 Y 轴旋转 90°；在英文输入法下按〈P〉键，打开 2.jpg 图层的“位置”参数栏，将 X 轴数值减小 200，变为 325.0，如图 5-1-12 所示。

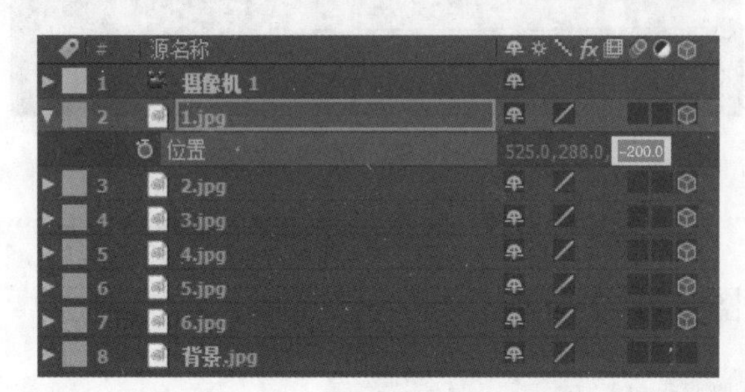

图 5-1-11　设置 1.jpg 图层参数

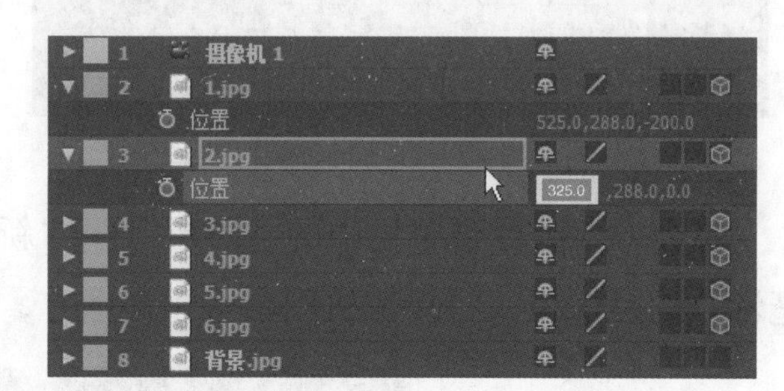

图 5-1-12　设置 2.jpg 图层参数

步骤 10：选中 3.jpg 图层，在英文输入法下按〈P〉键，打开图层的“位置”参数栏，将 Z 轴参数增大为 200.0，如图 5-1-13 所示。

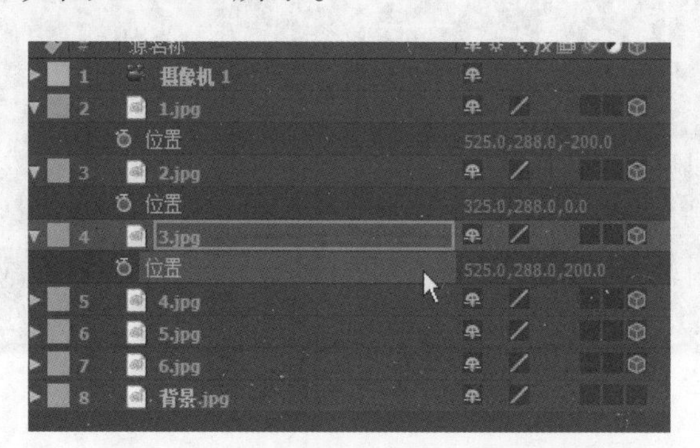

图 5-1-13　设置 3.jpg 图层参数

思考：为什么需要在英文输入法下按〈P〉键？若在中文输入法下按〈P〉键会怎样？

步骤 11：选中 4.jpg 图层，在英文输入法下按〈R〉键，打开图层的“旋转”参数栏，将“X 轴旋转”参数设置为 0x+90.0°，在英文输入法下按 P 键，打开图层的“位置”参数栏，将 Y 轴参数设置为 488.0，如图 5-1-14 和图 5-1-15 所示。

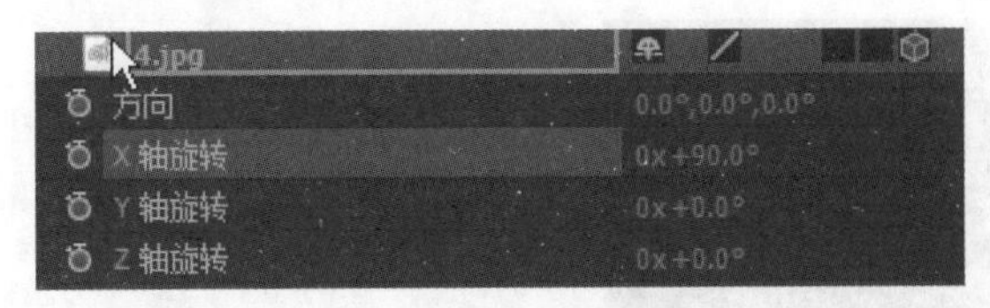

图 5–1–14　设置“X 轴旋转”参数

图 5–1–15　设置“位置”参数

步骤 12：选中 5.jpg 图层，在英文输入法下按〈R〉键，打开图层的“旋转”参数栏，将“X 轴旋转”参数设置为 0x+90.0°，在英文输入法下按〈P〉键，打开图层的“位置”参数栏，将 Y 轴参数设置为 88.0，如图 5–1–16 和如图 5–1–17 所示。

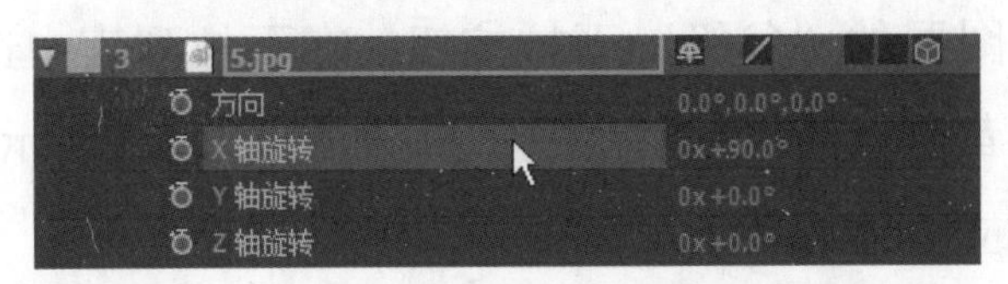

图 5–1–16　设置“X 轴旋转”参数

图 5–1–17　设置“位置”参数

思考：简述设置图层的方法。

步骤 13：选中 6.jpg 图层，在英文输入法下按〈P〉键，打开图层的“位置”参数栏，将 X 轴参数设置为 725.0，如图 5–1–18 所示；在英文输入法下按〈R〉键，打开图层的“旋转”参数栏，将“Y 轴旋转”参数设置为 0x–90.0°，如图 5–1–19 所示。

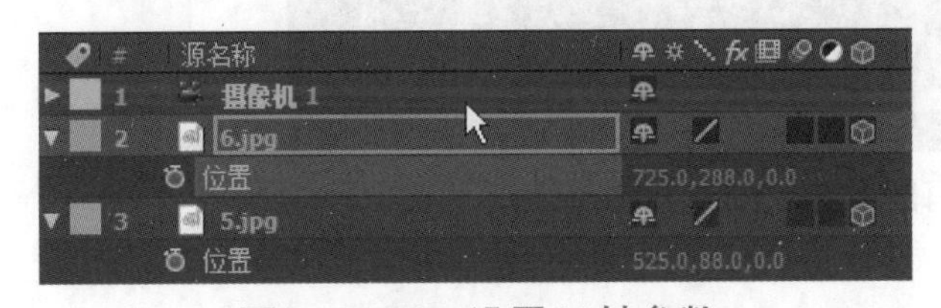

图 5–1–18　设置 X 轴参数

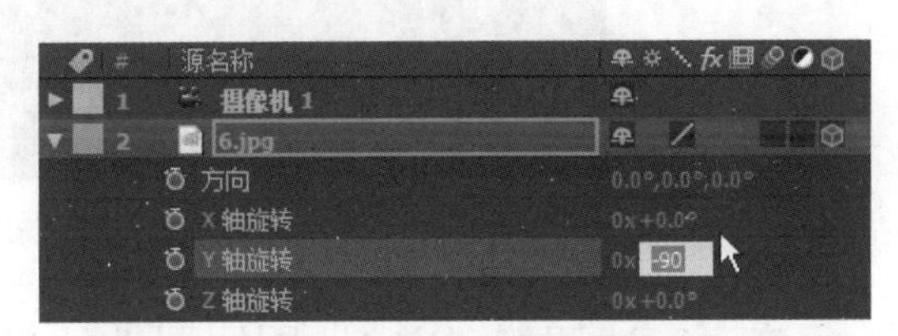

图 5–1–19　设置“Y 轴旋转”参数

步骤 14：执行菜单栏中的“图层”→“新建”→“空对象”命令，在合成中新建一个空对象图层，如图 5–1–20 和图 5–1–21 所示。

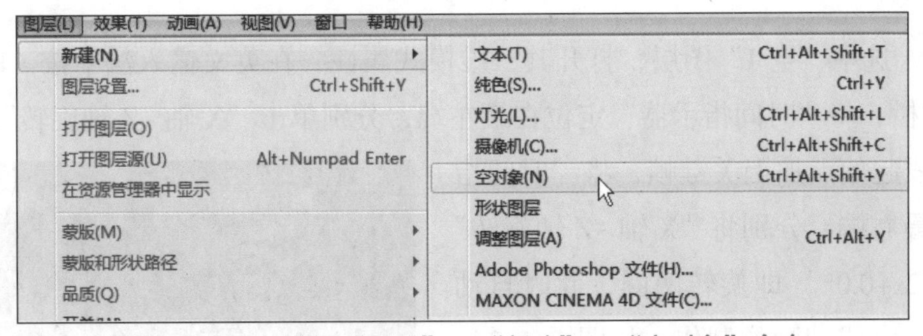

图 5–1–20　执行“图层”→“新建”→“空对象”命令

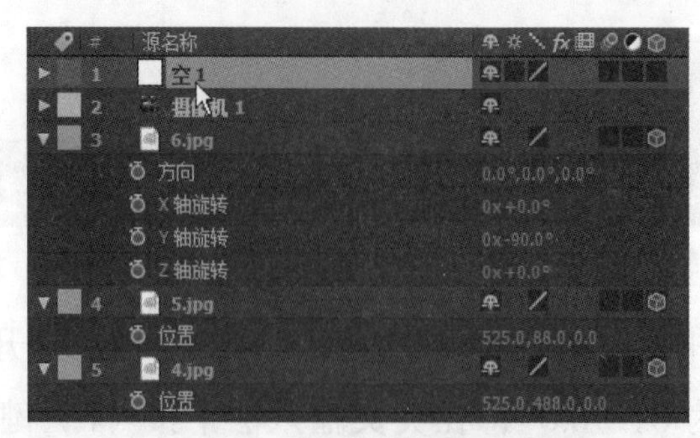

图 5–1–21　新建空对象图层

步骤 15：选中 1.jpg~6.jpg 图层，单击任一图层的“父级”下拉按钮，在下拉列表中选择“空 1”图层，如图 5–1–22 所示；把所有图层都链接到“空 1”图层上，如图 5–1–23 所示，接下来只要调整“空 1”图层的属性就可以带动立方体旋转了。

图 5–1–22　选择“空 1”图层

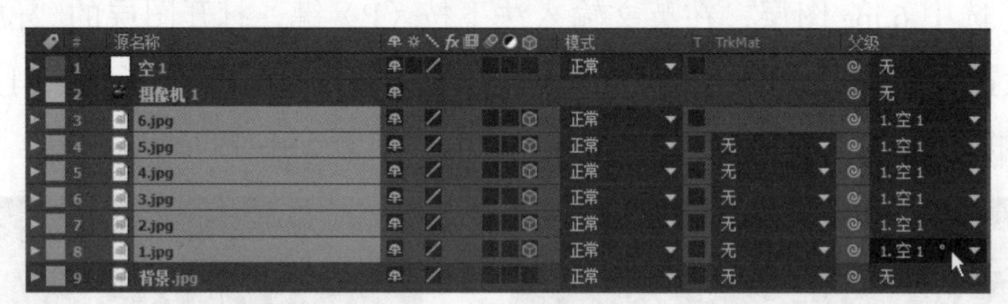

图 5–1–23　链接所有图层到“空 1”图层上

思考：简述调整“空 1”图层属性的过程。

步骤 16：选中“空 1”图层，打开其三维模式属性，在英文输入法下按〈R〉键打开其“旋转”参数栏，将“时间指示器”定位在最左端，分别单击“X 轴 ~Z 轴旋转”参数前的码表，在时间线起始点加上关键帧，将“时间指示器”拖到最右端，分别将“X 轴 ~Z 轴旋转”参数设置为 2x+0.0°，即旋转两圈，此时自动生成关键帧，完成动画的制作，如图 5–1–24~ 图 5–1–26 所示。

图 5–1–24　打开三维模式属性

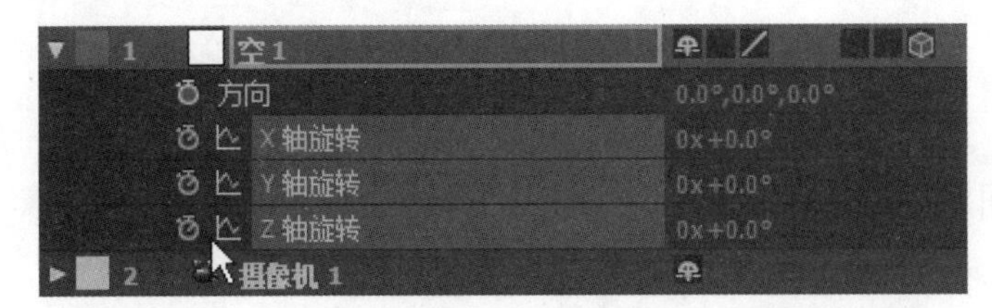

图 5-1-25　单击“X 轴 ~Z 轴旋转”参数前的码表

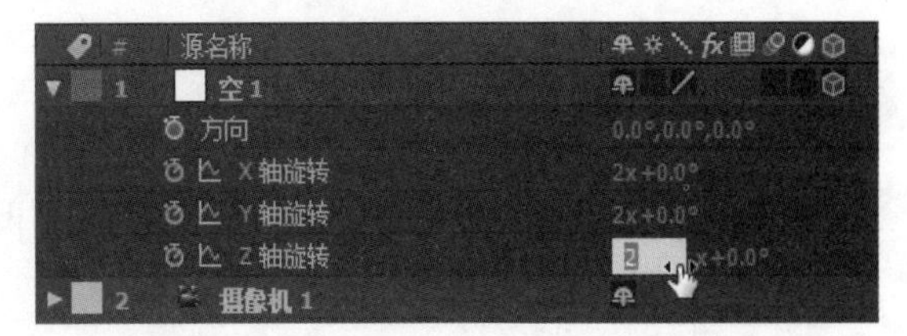

图 5-1-26　设置“X 轴 ~Z 轴旋转”参数

步骤 17：渲染输出作品，完成制作。

课堂体验

简述制作完成后的收获。

拓展训练

请根据图 5-1-27（a）所示的素材，导入背景，导入 6 张素材拼接成立方体，选中已经完成的 6 张素材，右击“预合成”按钮打开 3D 图层调整位置和旋转后，完成图 5-1-27（b）所示的“热点新闻快播”效果。

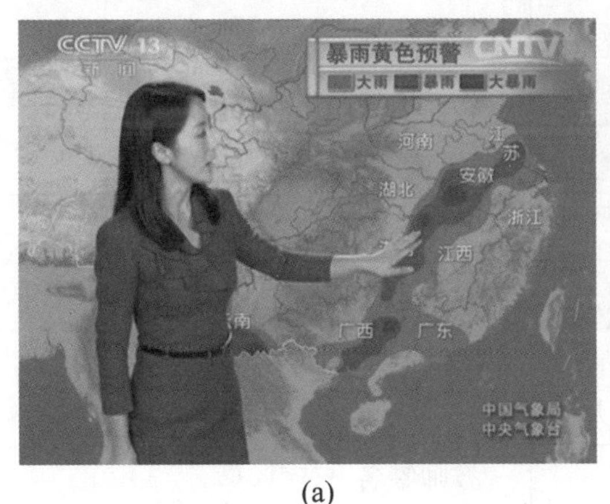

(a)

(b)

图 5-1-27　拓展任务素材及效果

（a）素材；（b）效果

> 提示:
>
> （1）制作前，需要调整它们的缩放比例，使缩放后的所有图片的大小基本相同；
>
> （2）如果所添加的视频图层的时长太短，则可选中该图层，然后右击，执行“时间”→“时间伸缩”命令，在打开的对话框中将该图层的时间拉长。

学习总结

1. 请写出学习过程中的收获和遇到的问题。

2. 请对自己的作品进行评价，并填写表 5–1–1。

表 5–1–1 项目任务过程考核评价表

<table>
<tr><td>班级</td><td></td><td>项目任务</td><td colspan="3"></td></tr>
<tr><td>姓名</td><td></td><td>教师</td><td colspan="3"></td></tr>
<tr><td>学期</td><td></td><td>评分日期</td><td colspan="3"></td></tr>
<tr><td colspan="3">评分内容（满分 100 分）</td><td>学生自评</td><td>组员互评</td><td>教师评价</td></tr>
<tr><td rowspan="4">专业技能（60 分）</td><td colspan="2">工作页完成进度（10 分）</td><td></td><td></td><td></td></tr>
<tr><td colspan="2">对理论知识的掌握程度（20 分）</td><td></td><td></td><td></td></tr>
<tr><td colspan="2">理论知识的应用能力（20 分）</td><td></td><td></td><td></td></tr>
<tr><td colspan="2">改进能力（10 分）</td><td></td><td></td><td></td></tr>
<tr><td rowspan="4">综合素养（40 分）</td><td colspan="2">按时打卡（10 分）</td><td></td><td></td><td></td></tr>
<tr><td colspan="2">信息获取的途径（10 分）</td><td></td><td></td><td></td></tr>
<tr><td colspan="2">按时完成学习及工作任务（10 分）</td><td></td><td></td><td></td></tr>
<tr><td colspan="2">团队合作精神（10 分）</td><td></td><td></td><td></td></tr>
<tr><td colspan="3">总分</td><td></td><td></td><td></td></tr>
<tr><td colspan="3">综合得分
（学生自评 10%；组员互评 10%；教师评价 80%）</td><td colspan="3"></td></tr>
<tr><td colspan="3">学生签名：</td><td colspan="3">教师签名：</td></tr>
</table>

任务 2

化妆品广告的制作

任务描述

请根据图 5-2-1（a）所示的素材，使用二维方法模拟的三维图层特效，呈现出更强的立体感和空间感，带来视觉上的冲击与震撼，最终完成效果如图 5-2-1（b）所示。

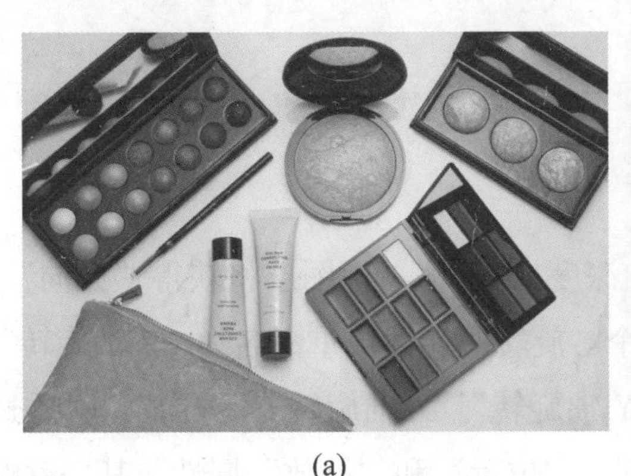

(a)

(b)

图 5-2-1 任务素材及效果
（a）素材；（b）效果

学习目标

1. 了解制作三维图层特效的基本思路和技巧。
2. 熟悉摄像机的使用技巧。
3. 熟悉摄像机控制工具的使用技巧。
4. 熟悉三维图层旋转、移动、推拉工具的功能。
5. 掌握应用三维图层的相关技巧。

学习指导

一、三维图层概述

在 After Effects CC 中操作的基本对象是平面二维（2D）图层。将图层修改为三维（3D）

图层时，该图层性质依旧是平面的，但具有以下附加属性：“位置（z）”“锚点（z）”“缩放（z）”“方向”“X 轴旋转”“Y 轴旋转”“Z 轴旋转”“材质选项”等。其中，“材质选项”属性指定图层与光照和阴影交互的方式。只有 3D 图层才可以与阴影、光照和摄像机进行交互。

除了音频图层，任何图层都可以是 3D 图层。文本图层中的各个字符可以是 3D 子图层，每个子图层都配有各自的 3D 属性。选定“启用逐字 3D 化”的文本图层的表现就像每个字符由 3D 图层构成的预合成一样。所有摄像机和光照图层都有 3D 属性。

默认情况下，图层深度（Z 轴位置）为 0。在 After Effects CC 中，坐标系统的原点在左上角；X（宽度）自左至右增加，Y（高度）自上至下增加，Z（深度）自近至远增加。一些视频和 3D 应用程序使用围绕 X 轴旋转 180 度的坐标系；在这些系统中，Y 自下至上增加，Z 自远至近增加。通过选择轴模式，可以相对于合成的坐标空间、图层的坐标空间或自定义空间变换 3D 图层。可以向 3D 图层添加效果和蒙版，将 3D 图层与 2D 图层合成，创建摄像机和光照图层并对其进行动画制作，以便从任意角度观看或照亮 3D 图层。在渲染为最终输出时，会从活动摄像机的角度渲染 3D 图层。

二、三维图层转换及属性设定

1. 转换 3D 图层

当图层转换为 3D 图层时，在属性中添加深度（Z）值，该图层将获得“方向”“Y 轴旋转”“X 轴旋转”以及“材质选项”属性。单个“旋转”属性被重命名为“Z 轴旋转”。

将 3D 图层转换回 2D 图层时，将删除“Y 轴旋转”“X 轴旋转”“方向”“材质选项”属性，其中包括所有值、关键帧和表达式。“锚点”“位置”和“缩放”属性与其关键帧和表达式依然存在，但其 Z 值被隐藏和忽略。

2. 将图层转换为 3D 图层

在时间线面板中选择图层的“3D 图层”开关，或者选择相应图层并执行菜单栏中的“图层”→“3D 图层”。

3. 将文本图层转换为启用了“逐字 3D 化”属性的 3D 图层

执行菜单栏中的“动画”→“动画文本”→“启用逐字 3D 化”命令，或通过时间线面板中该图层的动画菜单执行“启用逐字 3D 化”命令。

4. 将 3D 图层转换为 2D 图层

在时间线面板中取消选择图层的“3D 图层”开关，或选择图层，然后执行菜单栏中的“图层”→“3D 图层”命令。

5. 显示或隐藏 3D 轴和图层控制

3D 轴是用不同颜色标志的箭头：X 为红色、Y 为绿色、Z 为蓝色。要显示或隐藏 3D 轴、摄像机和光照线框图标、图层手柄以及目标点，可执行菜单栏中的“视图”→“显示图层控件”命令。如果要使操作的轴难以查看，则可尝试“合成”面板底部的“选择视图布局”菜单中的不同设置。如果要显示或隐藏一组永久 3D 参考轴，则可单击“合成”面板底部的“网格和参考线选项”按钮，然后选择“3D 参考轴”。

6. 移动 3D 图层

在“合成”面板中，使用“选择”工具并拖动要沿其移动图层的轴所对应 3D 轴图层控件的箭头。按住〈Shift〉键拖动可更快速地移动图层或者在时间线面板中修改“位置”属性值。

7. 旋转或定位 3D 图层

可以通过更改“方向”或“旋转”属性值来转动 3D 图层。在这两种情况中，图层都会转动其锚点。在对其进行动画制作时，“方向”和“旋转”属性在图层移动方式方面有所差异。在对 3D 图层的“方向”属性进行动画制作时，图层将尽可能直接转动到指定方向。在对“X 轴旋转”“Y 轴旋转”或“Z 轴旋转”属性中的任何一个进行动画制作时，图层会根据各个属性值沿着各个轴旋转。即“方向”属性值指定角度目标，而“旋转”属性值指定角度路线。对“旋转”属性进行动画制作可使图层转动多次。为“方向”属性设置动画通常能更好地实现自然平滑的运动，而为“旋转”属性设置动画可提供更精确的控制。

8. 在“合成”面板中旋转或定位 3D 图层

（1）选择当前 3D 图层，选择旋转工具，并从移动工具扩展属性栏中选择“方向”或“旋转”属性，以确定该工具是影响“方向”属性还是“旋转”属性。

（2）拖动 3D 轴图层控件的箭头，与想围绕转动图层的轴一致。

（3）拖动图层手柄。拖动边角手柄，围绕 Z 轴转动图层；拖动左或右中央手柄，围绕 Y 轴转动图层；拖动上或下手柄，围绕 X 轴转动图层。

9. 在时间线面板中旋转或定位 3D 图层

（1）选择要转动的 3D 图层。

（2）在时间线面板中，修改“旋转”或“方向”属性值。

（3）在英文输入法下按〈R〉键可显示“旋转”和“方向”属性。

化妆品广告

实训过程

一、自主学习

1. 简述“统一摄像机工具”右下角下拉按钮里包含哪几个摄像机工具。

2. 如何操作三维图层旋转、移动、推拉工具？

二、实践探索

步骤 1：新建一个合成名称为“化妆品广告”的项目，在项目中，创建一个“预设”为“PAL D1/DV 宽银幕方形像素”的合成，设置“持续时间”为 10 秒，如图 5-2-2 所示。

步骤 2：双击“项目”面板中的空白区域，弹出“导入文件”对话框，将“第五章 / 项目二 / 素材”文件夹下的素材导入“项目”面板中，如图 5-2-3 所示。

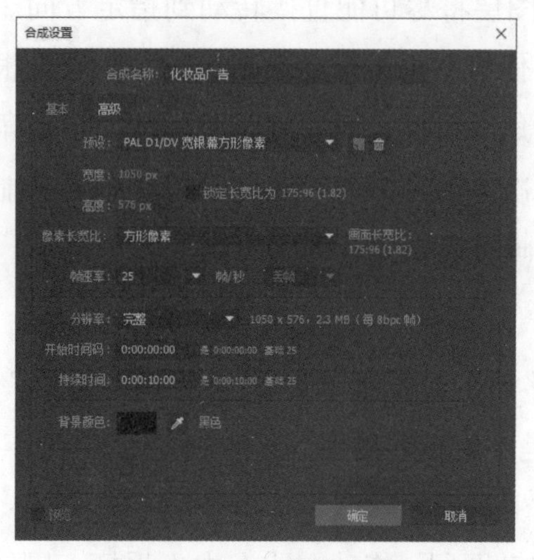

图 5-2-2　新建合成

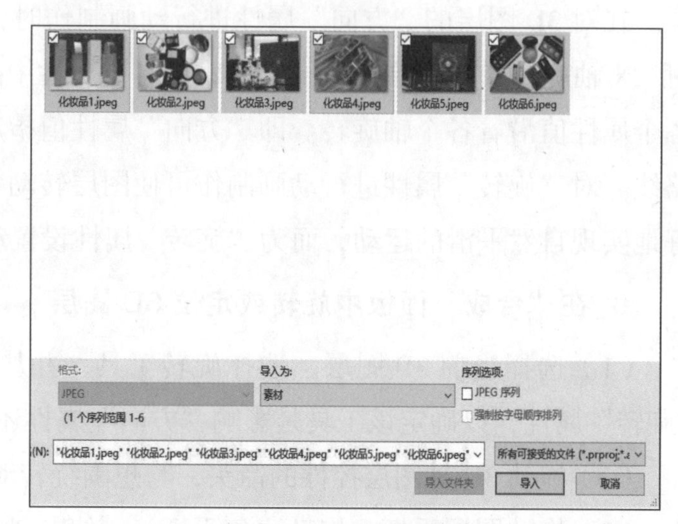

图 5-2-3　导入素材

思考：请展示导入素材后的界面效果。

步骤 3：将其他素材添加到合成中，如图 5-2-4 所示。

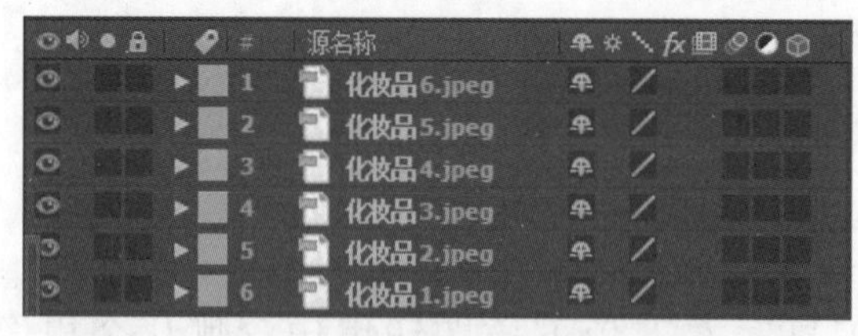

图 5-2-4　将其他素材添加到合成中

步骤 4：按组合键〈Ctrl+A〉选中所有图层，单击其中任意一层的三维模式按钮，开启三维图层特效，执行菜单栏中的“图层”→“新建”→“摄像机”命令，新建一个“预设”为“50 毫米”的摄像机，将摄像机图层置于最上方，如图 5-2-5 和图 5-2-6 所示。

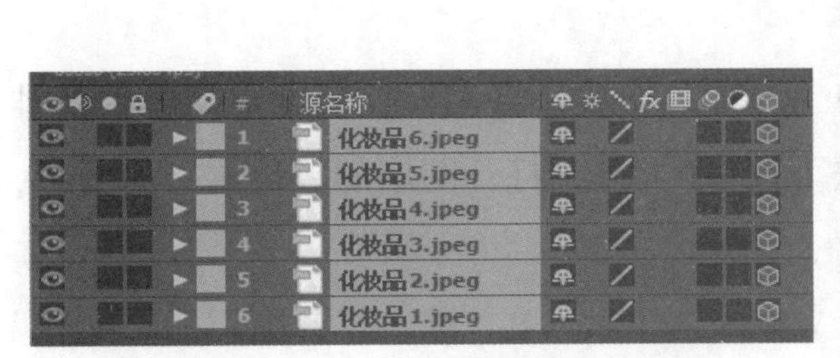

图 5-2-5　开启三维图层特效

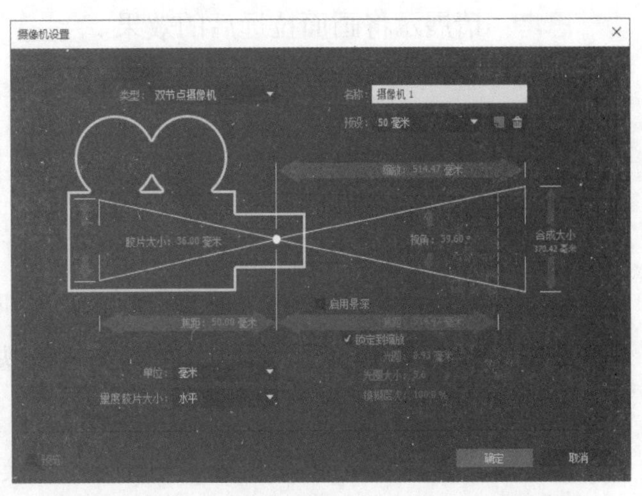

图 5-2-6　新建预设为“50 毫米”的摄像机

思考：简述开启三维模式的方法。

步骤 5：单击工具栏中的“统一摄像机工具”按钮，在“合成”面板中移动鼠标，设置一个立感比较强的角度，如图 5-2-7 所示。

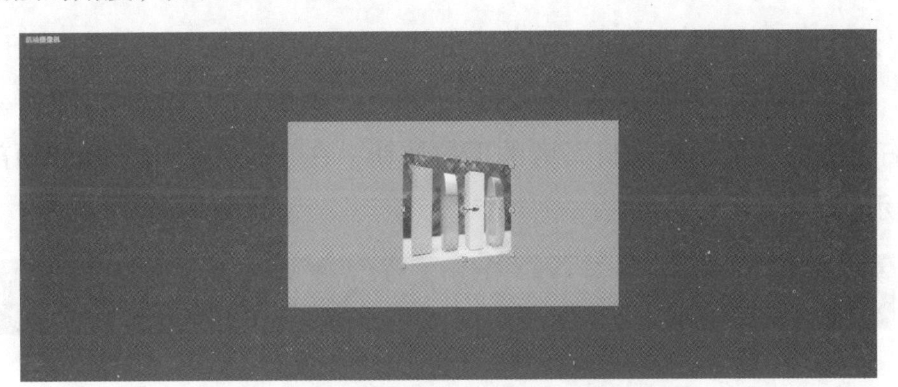

图 5-2-7　设置一个立感比较强的角度

步骤 6：单击工具栏中“统一摄像机工具”右下角的下拉按钮，在下拉列表中选择“跟踪 Z 摄像机工具”选项，在“合成”面板中移动鼠标，将画面拉远，如图 5-2-8 所示。

图 5-2-8　将画面拉远

思考：请展示将画面拉远后的效果。

步骤 7：设置各图层的“位置”“缩放”和“旋转”参数，将素材在三维空间中重新排列；选中“化妆品 1.jpeg”图层，在英文输入法下按〈P〉键，打开图层的“位置”参数栏，将其 X 轴参数设置为 -262.0，如图 5-2-9 所示。

步骤 8：选中“化妆品 2.jpeg”图层，在英文输入法下按〈R〉键，打开图层的“旋转”参数栏，将“Y 轴旋转”参数设置为 0x+90.0°，如图 5-2-10 所示。

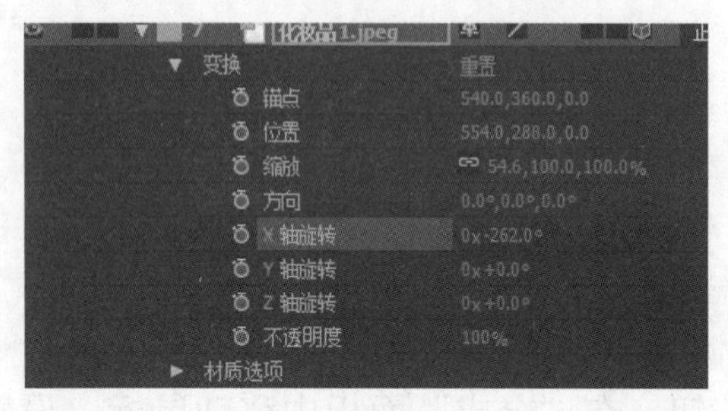

图 5-2-9　设置“化妆品 1.jpeg”图层的 X 轴参数

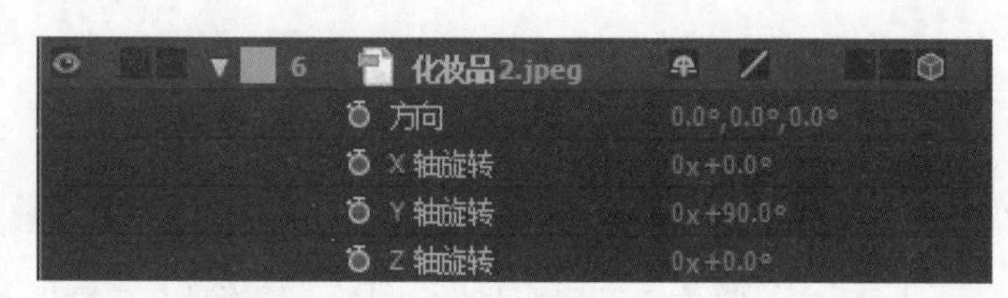

图 5-2-10　设置“化妆品 2.jpeg”“Y 轴旋转”参数

步骤 9：选中“化妆品 2.jpeg”图层，在英文输入法下按〈P〉键，打开图层的“位置”参数栏，将“位置”参数设置为 922.0，288.0，410.0，如图 5-2-11 所示；单击“合成”监视窗右下方的“活动摄像机”旁的下拉按钮，在下拉列表中选择“顶部”选项，如图 5-2-12 所示。

图 5-2-11　设置“位置”参数

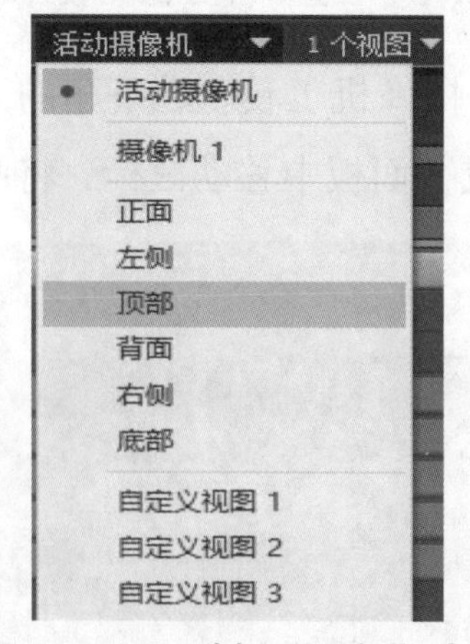

图 5-2-12　选择“顶部”选项

步骤10：选中“化妆品3.jpeg”图层，在英文输入法下按〈P〉键，打开图层的“位置”参数栏，将“位置”参数设置为1320.0，288.0，810.0，如图5-2-13所示，单击“合成”监视窗右下方的“顶部”选项旁的下拉按钮。

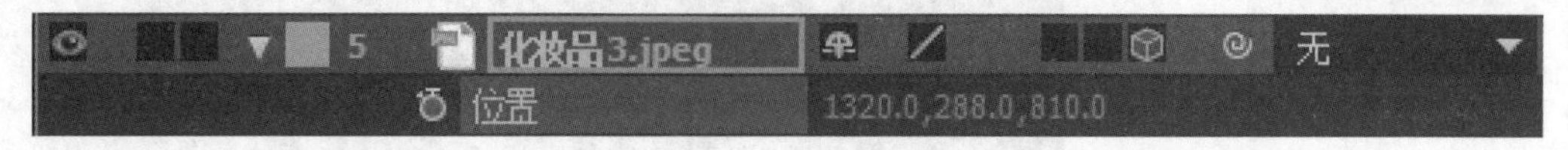

图5-2-13　设置“化妆品3.jpeg”图层的“位置”参数

思考：“位置”参数设置为1320.0，288.0，810.0的目的是什么？

步骤11：选中“化妆品4.jpeg”图层，在英文输入法下按〈R〉键，打开图层的“旋转”参数栏，将“Y轴旋转”参数设置为0x+90.0°，如图5-2-14所示。

图5-2-14　设置“化妆品4.jpeg”图层的“Y轴旋转”参数

步骤12：选中“化妆品4.jpeg”图层，在英文输入法下按〈P〉键，打开图层的“位置”参数栏，将“位置”参数设置为1720.0，288.0，410.0，如图5-2-15所示。

图5-2-15　设置“化妆品4.jpeg”图层的“位置”参数

步骤13：选中“化妆品5.jpeg”图层，在英文输入法下按〈P〉键，打开图层的“位置”参数栏，将“位置”参数设置为2120.0，288.0，0.0，如图5-2-16所示。

图5-2-16　设置“化妆品5.jpeg”图层的“位置”参数

步骤14：切换“合成”监视窗视图角度，单击“合成”监视窗口右下方的“活动摄像机”旁的下拉按钮，在下拉列表中选择“摄像机1”选项，如图5-2-17所示；利用“跟踪XY摄像机工具”和“跟踪Z摄像机工具”调整摄像机角度，以此作为镜头的初始画面，如图5-2-18所示；初始画面是化妆品广告动画的起始镜头，是给观众的第一印象，故其位置、角度要仔细斟酌。

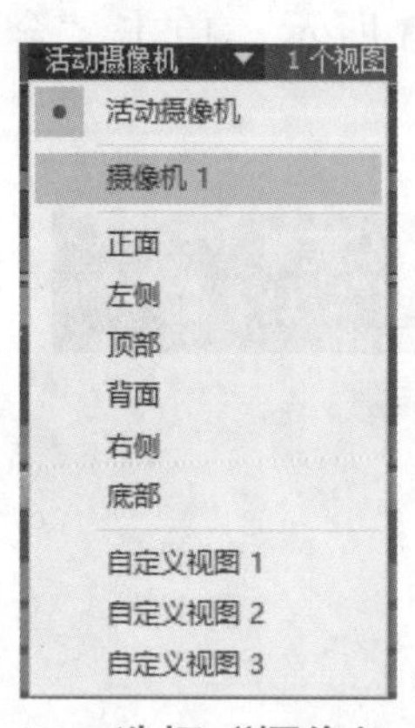

图 5–2–17　选择“摄像机 1”选项

图 5–2–18　镜头的初始画面

思考：简述“跟踪 XY 摄像机工具”和“跟踪 Z 摄像机工具”的作用。

步骤 15：选中“摄像机 1”图层，单击图层前面的下拉按钮，打开“变换”参数组；将“时间指示器”移动到时间线面板最左端，单击“目标点”和“位置”参数前的码表，给这两个参数做动画，在“时间指示器”处自动生成关键帧，如图 5–2–19 所示。

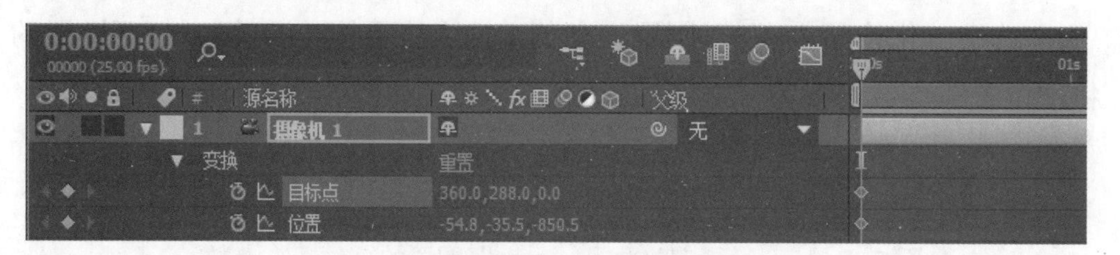

图 5–2–19　生成关键帧

步骤 16：将“时间指示器”移动到时间线面板的尾部，使用摄像机工具对画面进行旋转、移动和推拉，更改“目标点”和“位置”的参数值，设置结尾帧的画面，如图 5–2–20 所示。

图 5–2–20　更改“目标点”和“位置”的参数值

步骤 17：为了使动画特效更加丰富，我们可以在动画进行过程中增加一些关键帧，让动画更加丰富；将“时间指示器”移动到 2 秒处，调整画面位置，如图 5–2–21 所示；将“时间指示器”移动到 4 秒处，调整画面位置，如图 5–2–22 所示；将“时间指示器”移动到

6 秒处，调整画面位置，如图 5-2-23 所示。

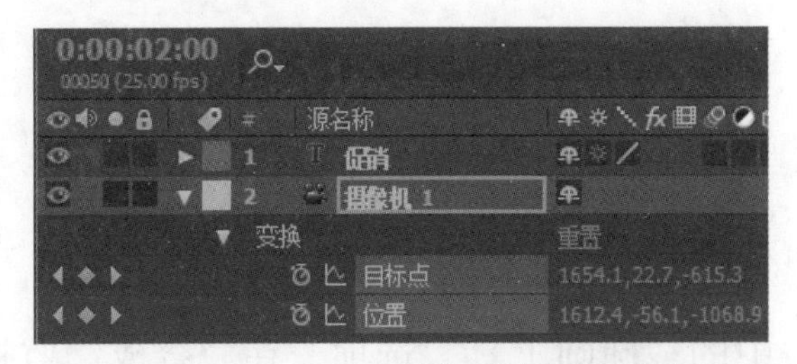

图 5-2-21　在 2 秒处调整画面位置

图 5-2-22　在 4 秒处调整画面位置

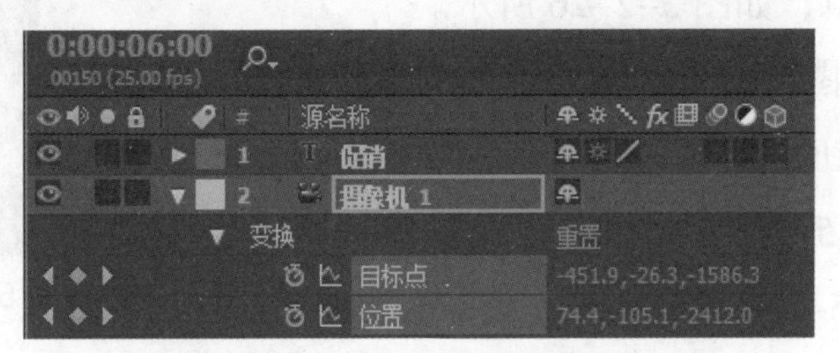

图 5-2-23　在 6 秒处调整画面位置

思考：调整“时间指示器”位置的作用是什么？

步骤 18：执行菜单栏中的“图层”→“新建”→“纯色”命令，如图 5-2-24 所示，新建一个颜色为 R:53，G:54，B:78 的纯色图层，如图 5-2-25 所示。

图 5-2-24　执行　“图层”→“新建”→“纯色”命令

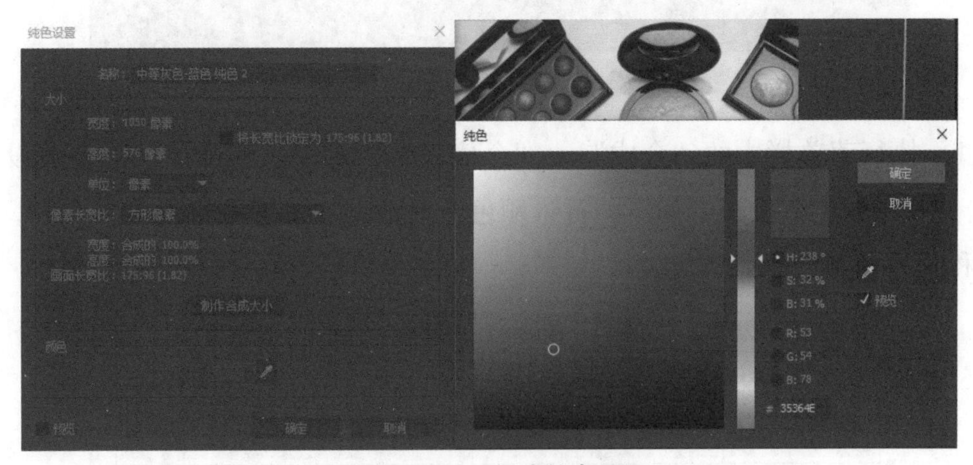

图 5-2-25　新建纯色图层

思考：简述纯色图层的新建方法。

步骤 19：选择工具栏“矩形工具”下拉列表中的“椭圆工具”选项，在“合成”监视窗中绘制一个椭圆形遮罩，如图 5-2-26 所示。

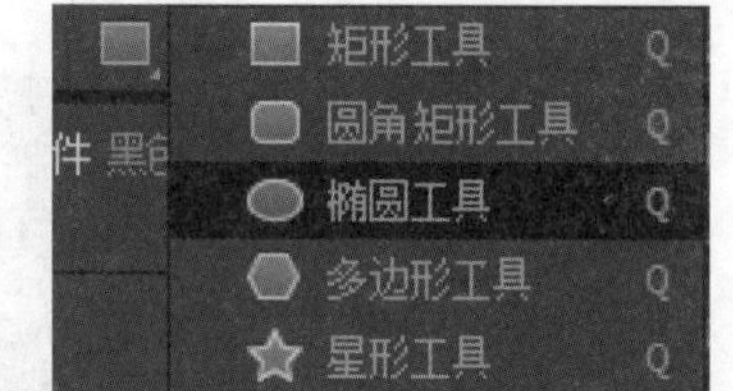

图 5-2-26　使用“椭圆工具”

步骤 20：选中纯色图层，单击图层前面的下拉按钮，再单击“蒙版”前的下拉按钮，展开“蒙版”参数栏，将“蒙版羽化”参数值调高，如图 5-2-27 所示；“合成”监视窗中出现柔和过渡后的画面，如图 5-2-28 所示。

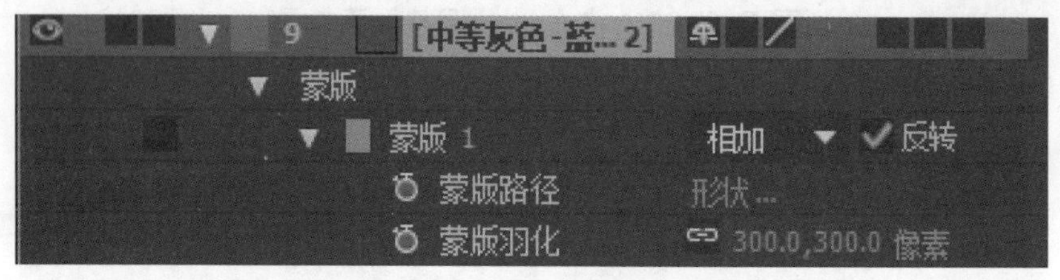

图 5-2-27　调整“蒙版”参数

图 5-2-28　柔和过渡后的画面

步骤 21：执行菜单栏中的“合成”→“合成设置”命令，在弹出的“合成设置”对话框中，单击“背景颜色”按钮，弹出“背景颜色”对话框，设置颜色为 R:8，G:8，B:20，如图 5-2-29 和图 5-2-30 所示。

合成(C)	图层(L)	效果(T)	动画(A)	视图(V)	窗口	帮助(H)
新建合成(C)...						Ctrl+N
合成设置(T)...						Ctrl+K

图 5-2-29　执行 “合成”→“合成设置”命令

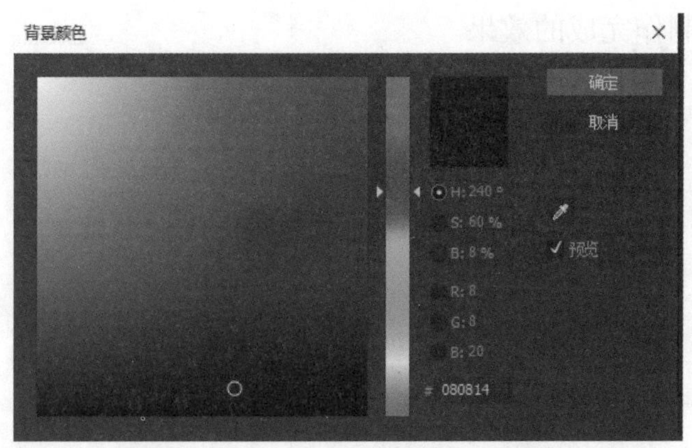

图 5-2-30　“背景颜色”对话框

步骤 22：创建文字图层，输入文字“促销”，如图 5-2-31 所示；设置文字的“字体”“颜色”等属性，如图 5-2-32 所示。

图 5-2-31　输入文字

图 5-2-32　设置文字属性

思考：简述设置文字属性的过程。

步骤 23：为文字制作动画，将“时间指示器”移动到 6 秒处，选中文字图层，单击图层前面的下拉按钮，展开“变换”参数组，给“缩放”和“不透明度”参数加上关键帧，将“缩放”参数设置为 0.0，0.0%，“不透明度”参数设置为 0%，如图 5-2-33 所示。

步骤 24：将“时间指示器”移动到 7 秒处，将“缩放”参数设置为 100.0，100.0%，“不透明度”参数设置为 100%，如图 5-2-34 所示，制作完成。

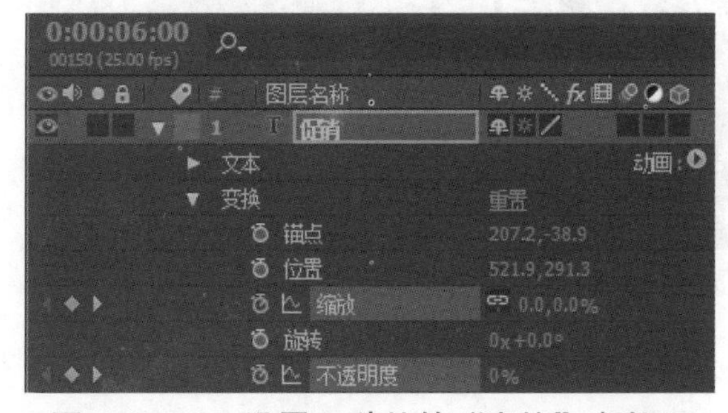

图 5-2-33　设置 6 秒处的“变换”参数组

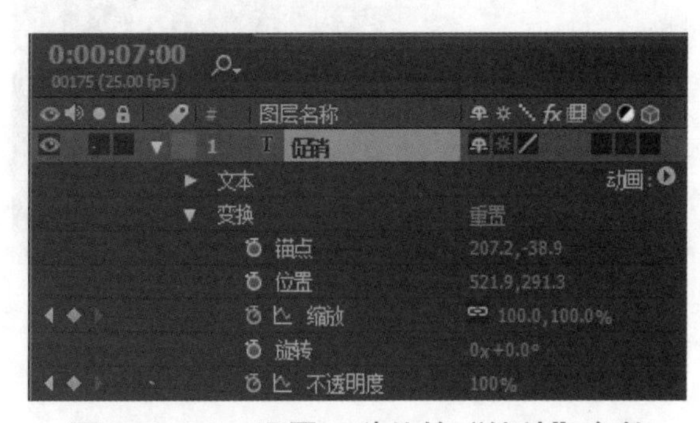

图 5-2-34　设置 7 秒处的“缩放”参数

思考：请截图展示制作完成的效果。

课堂体验

简述制作完成后的收获。

拓展训练

请根据图 5-2-35 所示的素材，结合使用卡斯特动漫出品的动画《铜鼓奇缘》的素材，完成三维图层的设计任务。

图 5-2-35　拓展任务素材

1. 请写出学习过程中的收获和遇到的问题。

2. 请对自己的作品进行评价，并填写表 5-2-1。

表 5-2-1　项目任务过程考核评价表

<table>
<tr><td>班级</td><td colspan="2"></td><td>项目任务</td><td colspan="3"></td></tr>
<tr><td>姓名</td><td colspan="2"></td><td>教师</td><td colspan="3"></td></tr>
<tr><td>学期</td><td colspan="2"></td><td>评分日期</td><td colspan="3"></td></tr>
<tr><td colspan="4">评分内容（满分 100 分）</td><td>学生自评</td><td>组员互评</td><td>教师评价</td></tr>
<tr><td rowspan="4">专业技能
（60 分）</td><td colspan="3">工作页完成进度（10 分）</td><td></td><td></td><td></td></tr>
<tr><td colspan="3">对理论知识的掌握程度（20 分）</td><td></td><td></td><td></td></tr>
<tr><td colspan="3">理论知识的应用能力（20 分）</td><td></td><td></td><td></td></tr>
<tr><td colspan="3">改进能力（10 分）</td><td></td><td></td><td></td></tr>
<tr><td rowspan="4">综合素养
（40 分）</td><td colspan="3">按时打卡（10 分）</td><td></td><td></td><td></td></tr>
<tr><td colspan="3">信息获取的途径（10 分）</td><td></td><td></td><td></td></tr>
<tr><td colspan="3">按时完成学习及工作任务（10 分）</td><td></td><td></td><td></td></tr>
<tr><td colspan="3">团队合作精神（10 分）</td><td></td><td></td><td></td></tr>
<tr><td colspan="4">总分</td><td></td><td></td><td></td></tr>
<tr><td colspan="4">综合得分
（学生自评 10%；组员互评 10%；教师评价 80%）</td><td colspan="3"></td></tr>
<tr><td colspan="4">学生签名:</td><td colspan="3">教师签名:</td></tr>
</table>

任务 3

透视文字的制作

任务描述

通过设定摄像机的“位置”及“目标点”参数，实现文字的透视特效，最终完成效果如图 5-3-1 所示。

图 5-3-1　任务效果

学习目标

1. 了解摄像机和灯光层在 After Effects CC 中的使用方法。
2. 熟悉摄像机的各参数，尤其是“目标点”和“位置”参数的设定方法。
3. 掌握灯光层参数的设置方法。

学习指导

一、三维摄像机

可以使用摄像机图层从任何角度和距离查看 3D 图层。就像在现实世界中，在场景之中和周围移动摄像机比移动和旋转场景本身更容易，通过设置摄像机图层并在合成中来回移动它来获得合成的不同视图的视角效果。

可以通过修改摄像机设置并为其制作动画来配置摄像机，使其与用于记录且要与其合成的素材的真实摄像机和设置匹配。还可以使用摄像机设置将类似摄像机的行为（包括景深模糊以及平移和移动镜头）添加到合成效果和动画中。

摄像机仅影响其效果具有“合成摄像机”属性的 3D 图层和 2D 图层。使用具有“合成摄像机”属性的效果，可以使用活动合成摄像机或光照来从各种角度查看或照亮效果以模拟更复杂的 3D 效果。After Effects CC 可以通过“实时 Photoshop 3D”效果与 Photoshop 3D 图层交互，这是“合成摄像机”效果的特例。

After Effects CC 不支持“实时 Photoshop 3D”效果，可以选择通过活动摄像机或通过指定的自定义摄像机来查看合成。活动摄像机是时间线面板中在当前时间为其选择了“视频”开关的最顶端摄像机。活动摄像机视图是用于创建最终输出和嵌套合成的视点。如果没有创建自定义摄像机，则活动摄像机与默认合成视图相同。所有摄像机都列在“合成”面板底部的 3D 视图菜单中，可以随时从其中访问它们。在使用自定义 3D 视图之一时调整摄像机通常最容易。当然，在通过摄像机本身查看时，无法查看摄像机操作。

通过在时间线面板中双击图层或选择图层并执行菜单栏中的“图层”→“摄像机设置”命令，可以随时更改摄像机设置。在“摄像机设置”对话框中选择“预览”的情况下，在该对话框中修改设置，“合成”面板中显示相关结果。

与摄像机镜头模糊和形状有关的摄像机属性包括“光圈形状”“光圈旋转”“光圈圆度”“光圈长宽比”“光圈衍射条纹”“高光增益”“高光阈值”和“高光饱和度”等。

类型：单节点摄像机或双节点摄像机，单节点摄像机围绕自身定向，而双节点摄像机具有目标点并围绕该点定向；使摄像机成为双节点摄像机与将摄像机的自动定向选项（菜单栏中的“图层”→“变换”→“自动力定向”）设置为“定向到目标点”相同。

名称：摄像机的名称，默认情况下，“摄像机 1”是在合成中创建的第一个摄像机的名称，并且所有后续摄像机按升序顺序编号，应为多个摄像机选择不同的名称以便区分它们。

预设：要使用的摄像机设置的类型，根据焦距命名预设，每个预设旨在表示具有特定焦距的镜头的 35 毫米摄像机的行为，因此，预设还设置“视角”“缩放”“焦点距离”“焦距”和“光圈”值，默认预设为 50 毫米，也可以通过为任何设置指定新值来创建自定义摄像机。

变焦：从镜头到图像平面的距离，换句话说，距离为焦距的图层显示为其全部，距离为焦距两倍的图层显示为高度和宽度的一半，以此类推。

视角：在图像中捕获的场景的宽度，“焦距”“胶片大小”和“变焦”值确定视角，较广的视角创建与广角镜头相同的结果。

景深：图像在其中聚焦的距离范围，对“焦点距离”“光圈”、F-Stop 和“模糊层次”设置应用自定义变量；使用这些变量，可以通过操作景深来创建更逼真的摄像机聚焦效果。

提示：影响景深的 3 个属性是“焦距”“光圈”和“焦点距离”，浅（小）景深是长焦距、短焦点距离和较大光圈（较小 F-Stop）的结果，较浅的景深意味着较大的景深模糊结果；浅景深的对立面是深焦点，这意味着较小的景深模糊，因为较多内容在焦点中。

焦点距离：从摄像机到平面的完全聚焦的距离，将以下表达式添加到“焦点距离”属性中可将“焦平面”锁定到摄像机的目标点，以便目标点在焦点上。

锁定到变焦：使“焦点距离”值与“变焦”值匹配。

提示：在时间线面板中更改“变焦”或“焦点距离”选项的设置时，“焦点距离”值将与“变焦”值解除锁定；如果想要更改值并希望值保持锁定，则使用“摄像机设置”对话框，而非时间线面板；或者，可以在时间线面板中向“焦点距离”属性中添加表达式，即选择“焦点距离”属性，然后执行菜单栏中的“动画”→“添加表达式”命令，最后将表达式关联器拖动到“变焦”属性中。

光圈：镜头孔径的大小，光圈设置影响景深，增加光圈会增加景深模糊度，在修改光圈时，F-Stop 的值会更改以匹配它。

提示：在真实摄像机中，增大光圈还允许进入更多光，这会影响曝光度；与大多数 3D 合成和动画应用程序一样，After Effects CC 忽略此光圈值更改的结果。

F-Stop：焦距与光圈的比例，大多数摄像机使用 F-Stop 测量指定光圈大小，因此，许多摄影师喜欢以 F-Stop 单位设置光圈大小，在修改 F-Stop 的值时，光圈会更改以匹配它。

模糊层次：图像中景深模糊的程度，设置为 100% 将创建摄像机设置指示的自然模糊，降低值可减少模糊。

胶片大小：胶片的曝光区域的大小，它直接与合成大小相关；在修改胶片大小时，“变焦”值会更改以匹配真实摄像机的透视性。

焦距：从胶片平面到摄像机镜头的距离，在 After Effects CC 中，摄像机的位置表示镜头的中心，在修改焦距时，“变焦”值会更改以匹配真实摄像机的透视性；此外，“预设”“视角”和“光圈”值会相应更改。

单位：表示摄像机设置值所采用的测量单位。

量度胶片大小：用于描绘胶片大小的尺寸。

二、灯光层

1. 更改光照设置

在时间线面板中双击灯光图层，或选中灯光层，然后执行菜单栏中的“图层”→“灯光设置”命令。在“灯光设置”对话框中选择“预览”选项。

强度：光照的亮度，负值创建无光效果，无光照时将从图层中减去颜色；例如，如果图层已照亮，则使用负值创建也指向该图层的定向光会使图层上的区域变暗。

颜色：光照的颜色。

锥形角度：光源周围锥形的角度，这确定远处光束的宽度，仅当选择“聚光”作为“光照类型”时，此控制才处于活动状态；“聚光”光照的锥形角度由“合成”面板中光照图标的形状指示。

锥形羽化：聚光光照的边缘柔化，仅当选择“聚光”作为“光照类型”时，此控制才处于活动状态。

衰减：平行光、聚光或点光的衰减类型，衰减描述光的强度如何随距离的增加而变小；衰减类型包括以下 3 种。

（1）无：在图层和光照之间的距离增加时，光亮不减弱。

（2）平滑：指示从“衰减开始”半径开始并扩展由“衰减距离”指定的长度的平滑线性衰减。

（3）反向平方限制：指示从“衰减开始”半径开始并按比例减少到“距离的反向平方”地衰减。

半径：指定光照衰减的半径，在此距离内，光照是不变的；在此距离外，光照衰减。

衰减距离：指定光衰减的距离。

投影：指定光源是否导致图层投影，“接受阴影”材质选项必须为“打开”，图层才能接收阴影，该设置是默认设置；“投影”材质选项必须为“打开”，图层才能投影，该设置不是默认设置；按组合键〈Alt+Shift+C〉可为所选图层切换“投影”，在英文输入法下按〈AA〉键可在时间线面板中显示“材质选项”属性。

阴影深度：设置阴影的深度，仅当选择了“投影”时，此控制才处于活动状态。

阴影扩散：根据阴影与阴影图层之间的视距，设置阴影的柔和度，较大的值创建较柔和的阴影，仅当选择了“投影”时，此控制才处于活动状态。

2. 布光设置

只要提到灯光，就会涉及灯光的布光知识。灯光的布置不单单只是照亮场景而已，以现代舞台灯光为例，好的灯光布置还可以起到烘托主体、营造氛围、视觉特效等作用。例如，要营造温暖的氛围，灯光可选择柔和亮度的暖色光源，从主体的前方或侧前方照射布光；要营造恐怖的气氛，多选择昏暗的冷色光源从主体的侧后方或顶、底角度照射布光。

光型指各种光线在拍摄时的作用。光型不同，功用也各不相同，我们可以在布光时多加组合尝试。就光的类型来讲，主要分以下 6 种光型。

（1）主光：又称“塑形光”，指用以显示景物、表现质感、塑造形象的主要照明光。

（2）辅光：又称“补光”，用以提高由主光产生的阴影部亮度，揭示阴影部细节，减小影像反差。

（3）修饰光：又称“装饰光”，指对被摄景物的局部添加的强化塑形光线，如发光、眼神光、工艺首饰的耀斑光等。

（4）轮廓光：指勾画被摄体轮廓的光线，逆光、侧逆光通常都用作轮廓光。

（5）背景光：灯光位于被摄者后方朝背景照射的光线，用以突出主体或美化画面。

（6）模拟光：又称“效果光”，用以模拟某种现场光线效果而添加的辅助光。

实训过程

一、自主学习

1. 简述在 After Effects CC 中，摄像机的作用。

2. 如何合理运用摄像机制作场景纵深感？

二、实践探索

步骤 1：启动 After Effects CC 软件，创建一个名称为“透视场景”的项目文件，执行菜单栏中的“合成”→“创建合成”命令，创建一个预设为 HDV/HDTV 720 25 的合成，将其命名为“透视场景”，设置“持续时间”为 10 秒，如图 5-3-2 所示。

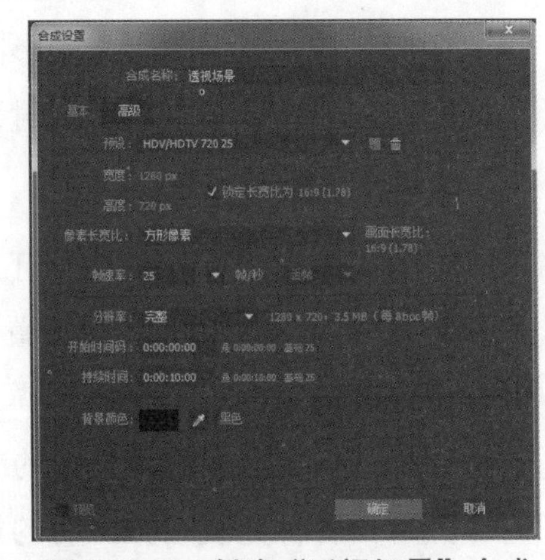

图 5-3-2　创建“透视场景”合成

步骤 2：执行菜单栏中的“图层”→“新建”→“纯色”命令，新建一个纯色图层，将其命名为“底层”，“宽度”和“高度”都设置为“2800 像素”，如图 5-3-3 所示；将其“颜色”设置为 R:42，G:167，B:251，如图 5-3-4 所示。

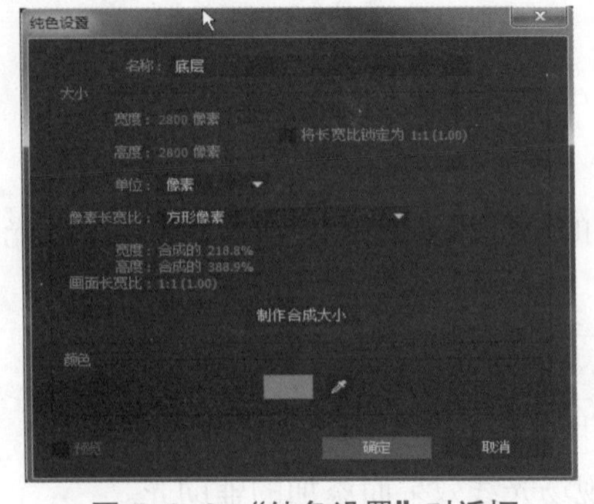

图 5-3-3　“纯色设置”对话框

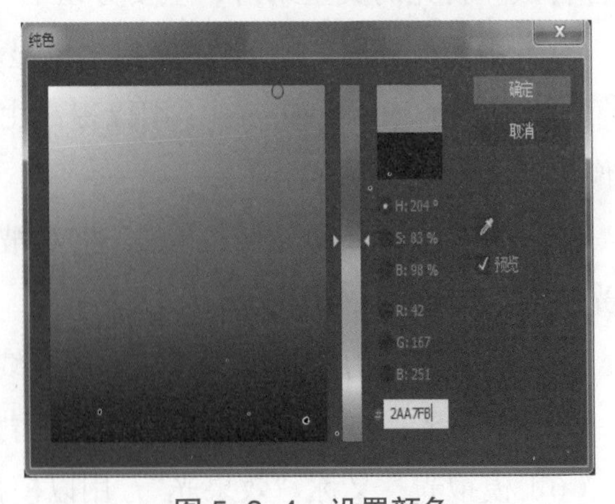

图 5-3-4　设置颜色

思考：请展示设置颜色后的效果。

步骤 3：打开“底层”的三维模式，执行菜单栏中的“图层”→“新建”→“摄像机”命令，新建一个预设为“35 毫米”的摄像机，勾选“启用景深”复选框，“焦距”设置为“271.00 毫米”，如图 5-3-5 所示。

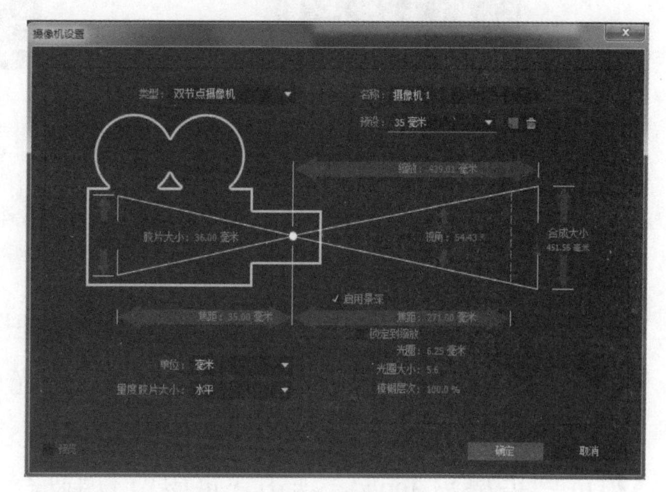

图 5-3-5　设置摄像机参数

步骤 4：展开“底层”的“变换”参数组，将“位置”设置为 640.0，360.0，30.0，“X 轴旋转”设置为 0x+87.0°；展开“材质选项”参数组，将“投影”设置为“开”。

步骤 5：对摄像机各参数进行设置，展开“摄像机 1”图层的“变换”参数组，将“目标点”设置为 65.0，1335.0，830.0，“位置”设置为 450.0，250.0，480.0，“X 轴旋转”设置为 0x+54.0°，“Y 轴旋转”设置为 0x+28.0°，如图 5-3-6 所示。

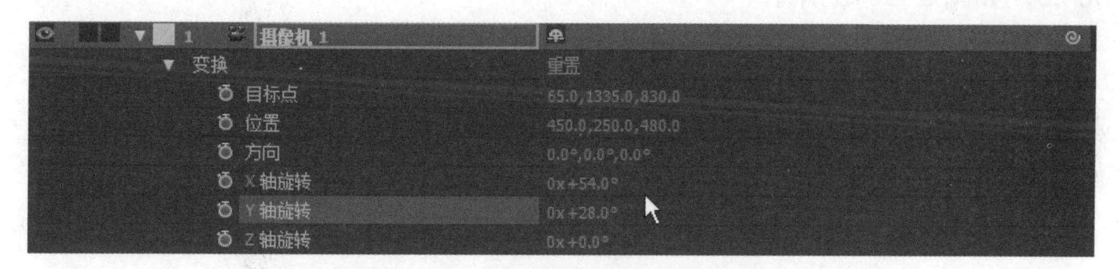

图 5-3-6　摄像机各参数进行设置

思考：简述摄像机参数设置的方法。

步骤 6：执行菜单栏中的“图层”→“新建”→“文本”命令，创建一个文字图层，输入文字“您所关心的”，在“字符”面板中，将文字的颜色设置为 R:255，G:254，B:0，将字体设为“黑体”，文字大小设为 40，如图 5-3-7 和图 5-3-8 所示。

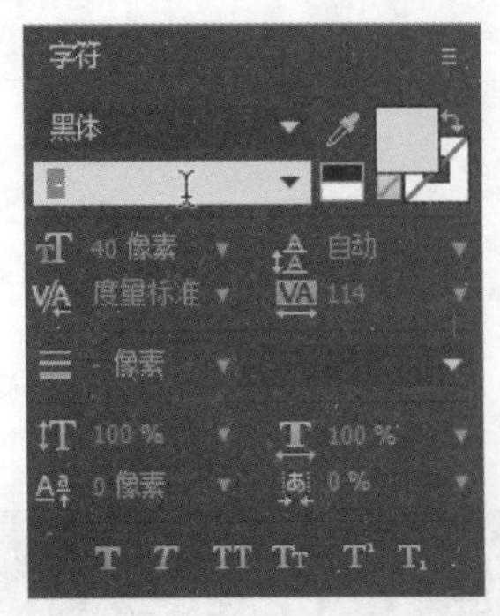

图 5-3-7 “字符”面板

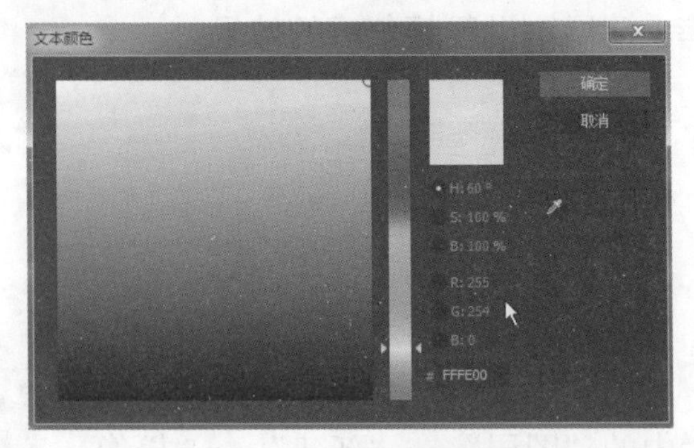

图 5-3-8 设置文本颜色

步骤 7：打开文字图层的三维模式，展开“变换”参数组，将“位置”参数设置为 236.8，311.0，783.4，展开“材质选项”参数组，将“投影”设置为“开”。

步骤 8：执行菜单栏中的“图层”→“新建”→“灯光”命令，新建一个灯光图层，将其命名为“灯光 1”，将灯光类型设置为“聚光”，“颜色”设置为 R:42，G:167，B:251，“强度”设置为 400%，选中“投影”复制框，如图 5-3-9 所示。

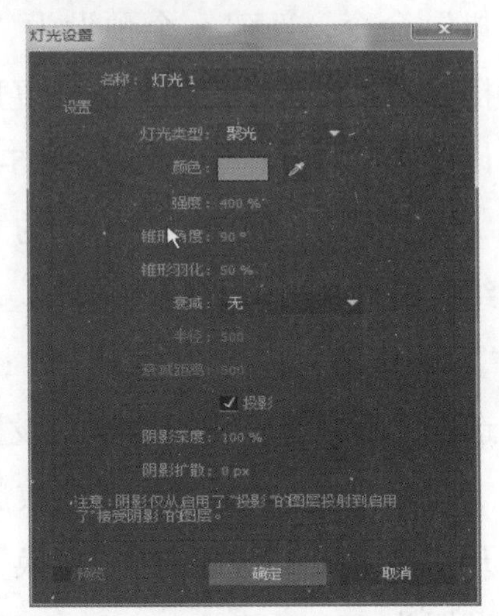

图 5-3-9 “灯光 1”图层的“灯光设置”对话框

步骤 9：展开“灯光 1”的“变换”参数组，将“目标点”设置为 324.0，334.0，829.0，“位置”设置为 361.0，279.0，508.0，如图 5-3-10 所示。

图 5-3-10 设置“变换”参数组

步骤 10：执行菜单栏中的“图层”→“新建”→“灯光”命令，新建一个灯光图层，将其命名为“灯光 2”，将“灯光类型”设置为“点”，“颜色”设置为 R:42，G:167，B:251，“强度”设置为 350%，选中“投影”复选框，如图 5-3-11 所示。

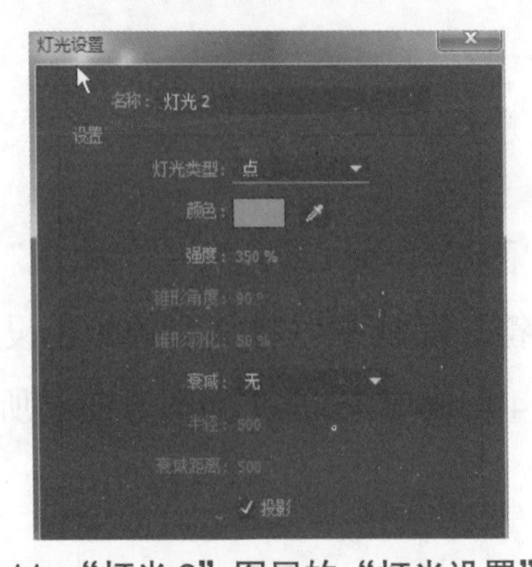

图 5-3-11 “灯光 2”图层的“灯光设置”对话框

思考：简述进行灯光设置的步骤。

步骤 11：展开“灯光 2”的“变换”参数组，“位置”设置为 474.0，234.0，342.0，如图 5-3-12 所示。

图 5-3-12 设置“灯光 2”图层的“位置”参数

步骤 12：选中文字图层“您所关心的”，按组合键〈Ctrl+D〉，复制文字图层，使用工具栏中的 T 工具，将新复制的文字图层中的文字修改为“是我们所关注的”，如图 5-3-13 所示。

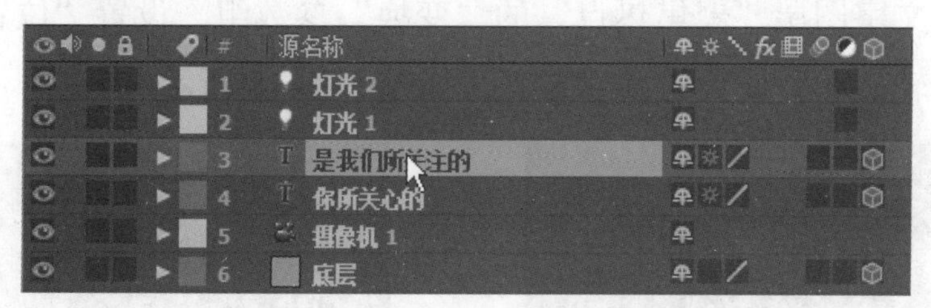

图 5-3-13 复制、修改文字图层

步骤 13：展开文字图层“是我们所关注的”的“变换”参数组，设置“位置”参数为 728.0，261.4，430.3，“Y 轴旋转”设置为 0x–75.0°，如图 5-3-14 所示。

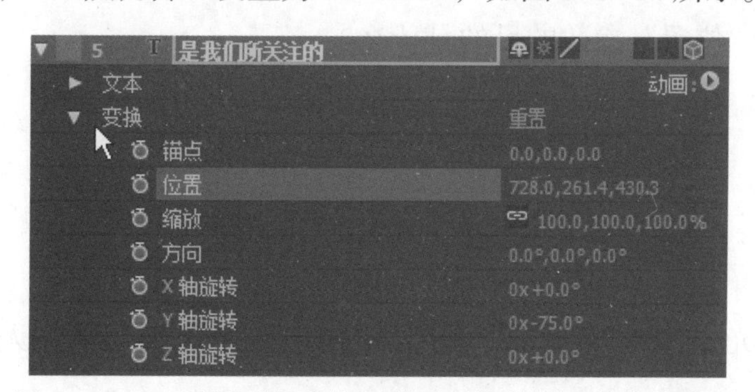

图 5-3-14 设置“是我们所关注的”的“变换”参数组

思考：简述“变换”参数组的设置方法。

步骤 14：选择文字图层“您所关心的”，按组合键〈Ctrl+D〉，复制文字图层，将新复制的图层拖动到“是我们所关注的”图层上方，使用工具栏中的 T 工具，将新复制的文字图层中的文字修改为“关注民生”，如图 5–3–15 所示。

步骤 15：展开文字图层“关注民生”的“变换”参数组，设置“位置”为 1151.7，251.7，–139.9，“Y 轴旋转”设置为 0x+75.0°，如图 5–3–16 所示。

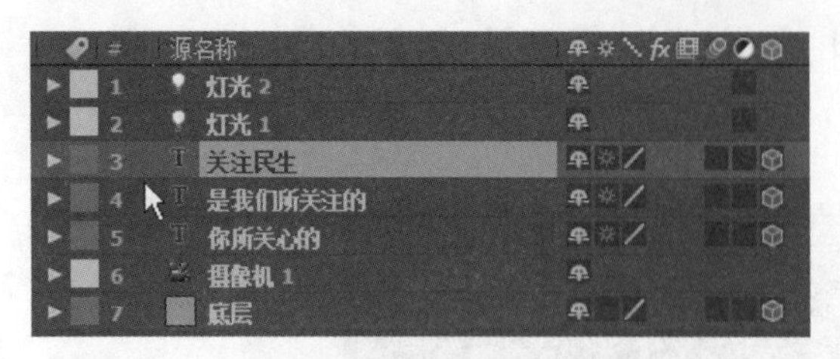

图 5–3–15　修改文字图层中的文字

图 5–3–16　设置“关注民生”的“变换”参数组

步骤 16：选中文字图层“您所关心的”，按组合键〈Ctrl+D〉，复制文字图层，将新复制的图层拖动到“关注民生”图层上方，使用工具栏中的 T 工具，将新复制的文字图层中的文字修改为“聚焦热点”，如图 5–3–17 所示。

步骤 17：展开文字图层“聚焦热点”的“变换”参数组，设置“位置”参数为 1230.5，228.9，–810.2，“Y 轴旋转”设置为 0x–75.0°，如图 5–3–18 所示。

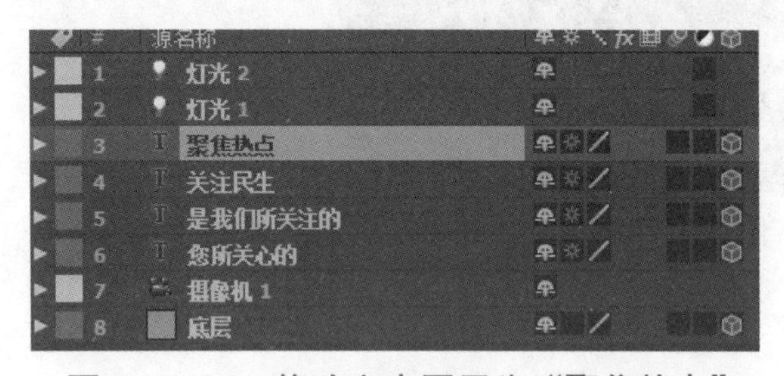

图 5–3–17　修改文字图层为“聚焦热点”

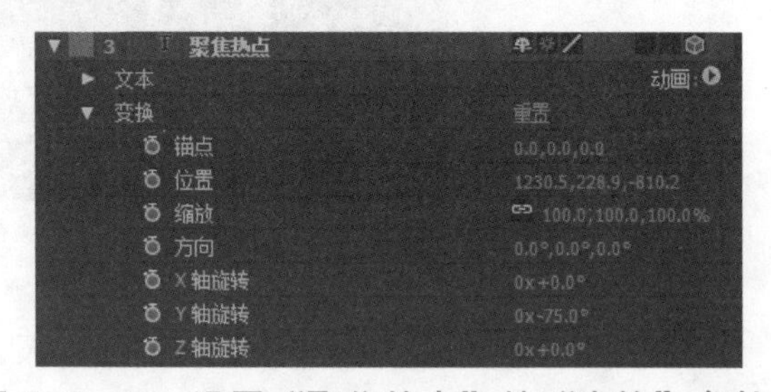

图 5–3–18　设置“聚焦热点”的“变换”参数组

思考：此处设置“位置”参数的目的是什么？

步骤 18：将“灯光 1”和“灯光 2”图层后面的“父级”图层由“无”改为“摄像机 1”，如图 5–3–19 所示。

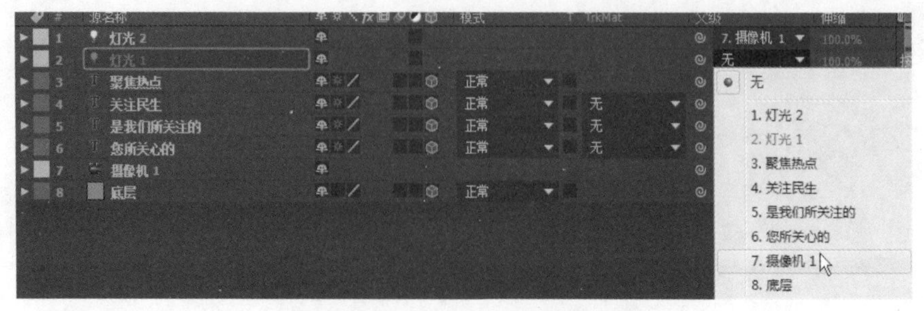

图 5–3–19　改为“摄像机 1”

步骤 19：将“时间指示器”移到 0 帧处，选中“摄像机 1”图层展开“变换”参数组，单击“目标点”和“位置”前面的码表，给这两个参数添加动画关键帧，参数值保持默认，如图 5-3-20 所示。

图 5-3-20　添加动画关键帧

步骤 20：将“时间指示器”移到 15 帧处，设置“目标点”为 523.0，1341.0，334.0，“位置”为 1161.0，204.0，480.0，如图 5-3-21 所示；此时，会在“时间指示器”处自动新建关键帧。

图 5-3-21　设置 15 帧处的参数

步骤 21：将“时间指示器”移到 2 秒 15 帧处，给“目标点”和“位置”参数新建关键帧，保持参数值不变；将“时间指示器”移到 3 秒 15 帧处，设置“目标点”参数为 793.0，1242.0，−343.0，“位置”参数为 1428.0，231.0，−81.0，如图 5-3-22 所示。

图 5-3-22　设置 3 秒 15 帧处的参数

步骤 22：将“时间指示器”移到 4 秒 5 帧处，给“目标点”和“位置”参数新建关键帧，保持参数值不变；将“时间指示器”移到 5 秒 15 帧处，设置“目标点”参数为 769.0，1334.0，−1004.0，“位置”参数为 1537.0，203.0，−797.0，如图 5-3-23 和图 5-3-24 所示；此时“合成”监视窗画面如图 5-3-25 所示。

图 5-3-23　4 秒 5 帧处新建关键帧

图 5-3-24　5 秒 15 帧处的参数设置

图 5-3-25　“合成”画面

思考：请展示自己完成的“合成”画面。

步骤 23：将“时间指示器”移到 5 秒处，执行菜单栏中的“图层”→“新建”→“灯光”命令，新建一个灯光图层，将其命名为“灯光 3”，设置“灯光类型”为“聚光”，“颜色为 R:24，G:16，B:52，“强度”为 500%，选中“投影”复选框，如图 5-3-26 所示。

步骤 24：展开“灯光 3”的“变换”参数组，将“目标点”设置为 1335.0，225.0，–735.0，“位置”设置为 1500.0，170.0，–720.0，如图 5-3-27 所示，本项目制作完成。

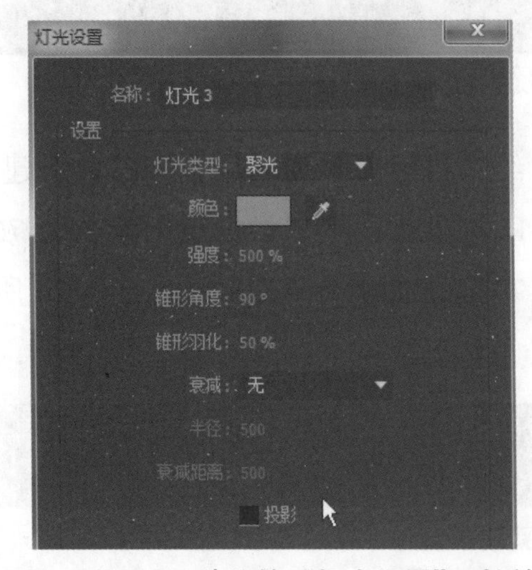

图 5-3-26　5 秒处的“灯光设置”对话框

图 5-3-27　设置“灯光 3”图层的“变换”参数组

思考：请截图展示最终完成的效果。

课堂体验

简述制作完成后的收获。

拓展训练

请根据图 5-3-28（a）所示的素材，完成图 5-3-28（b）所示的“侠盗联盟”片头的设计任务。通过“高级闪电”命令以及摄像机动画可以制作出类似的特效。

(a)

(b)

图 5-3-28　拓展任务素材及效果

（a）素材；（b）效果

参考步骤

步骤 1： 新建合成，并导入素材。

步骤 2： 用文本工具输入“侠盗联盟”，并执行“效果”→“生成”→“梯度渐变”命令，设置起始颜色和结束颜色。

步骤 3： 创建摄像机。

步骤 4： 为摄像机添加动画。

步骤 5： 为文字添加色彩，执行“效果”→“风格化”→“彩色浮雕”命令。

步骤 6： 打开景深特效。

步骤 7： 为文字添加辉光特效，执行“效果”→“风格化”→“辉光”命令。

步骤 8： 为文字添加扫光特效。

步骤 9： 制作闪电动画。

学习总结

1. 请写出学习过程中的收获和遇到的问题。

2. 请对自己的作品进行评价，并填写表 5-3-1。

表 5-3-1　项目任务过程考核评价表

<table>
<tr><td>班级</td><td></td><td>项目任务</td><td colspan="3"></td></tr>
<tr><td>姓名</td><td></td><td>教师</td><td colspan="3"></td></tr>
<tr><td>学期</td><td></td><td>评分日期</td><td colspan="3"></td></tr>
<tr><td colspan="3">评分内容（满分 100 分）</td><td>学生自评</td><td>组员互评</td><td>教师评价</td></tr>
<tr><td rowspan="4">专业技能（60 分）</td><td colspan="2">工作页完成进度（10 分）</td><td></td><td></td><td></td></tr>
<tr><td colspan="2">对理论知识的掌握程度（20 分）</td><td></td><td></td><td></td></tr>
<tr><td colspan="2">理论知识的应用能力（20 分）</td><td></td><td></td><td></td></tr>
<tr><td colspan="2">改进能力（10 分）</td><td></td><td></td><td></td></tr>
<tr><td rowspan="4">综合素养（40 分）</td><td colspan="2">按时打卡（10 分）</td><td></td><td></td><td></td></tr>
<tr><td colspan="2">信息获取的途径（10 分）</td><td></td><td></td><td></td></tr>
<tr><td colspan="2">按时完成学习及工作任务（10 分）</td><td></td><td></td><td></td></tr>
<tr><td colspan="2">团队合作精神（10 分）</td><td></td><td></td><td></td></tr>
<tr><td colspan="3">总分</td><td></td><td></td><td></td></tr>
<tr><td colspan="3">综合得分
（学生自评 10%；组员互评 10%；教师评价 80%）</td><td colspan="3"></td></tr>
<tr><td colspan="3">学生签名:</td><td colspan="3">教师签名:</td></tr>
</table>

项目6

仿真特效的使用

任务 1

瓢泼大雨

任务描述

请根据图 6–1–1（a）所示的素材，利用 After Effects CC 的特效制作技术，最终完成效果如图 6–1–1（b）所示。

(a)

(b)

图 6–1–1　任务素材及效果
（a）素材；（b）效果

学习目标

1. 了解 After Effects CC 中仿真特效的作用。
2. 掌握 CC Rainfall 等特效的具体使用方法，以便灵活运用。

学习指导

模拟仿真特效是一组用来模拟下雨、爆炸、反射、波浪等现象的特效。

一、CC 下雨（CC Rainfall）

“CC 下雨” 特效的主要功能是为相应的图像添加下雨的效果，如图 6–1–2 所示。

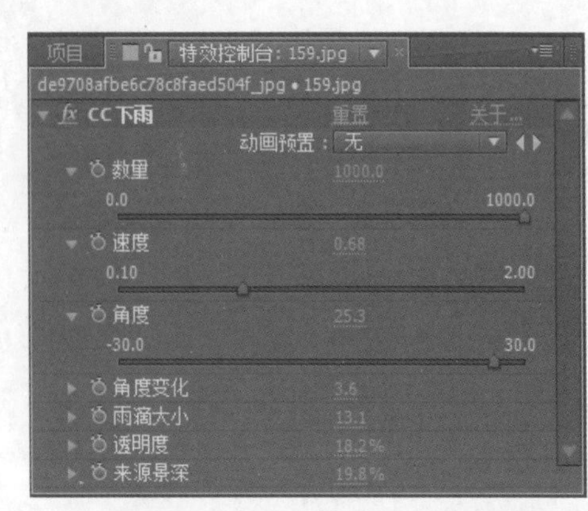

图 6–1–2　“CC 下雨” 特效

（1）数量：下雨的雨量，数值越小，雨量越小。

（2）速度：定义雨滴移动的速度，数值越大，雨滴移动得越快。

（3）角度变化：定义雨滴运动的角度随机变化的范围。

（4）来源景深：定义雨水层的深度，数值越大，景深就越大（见图 6–1–3）。

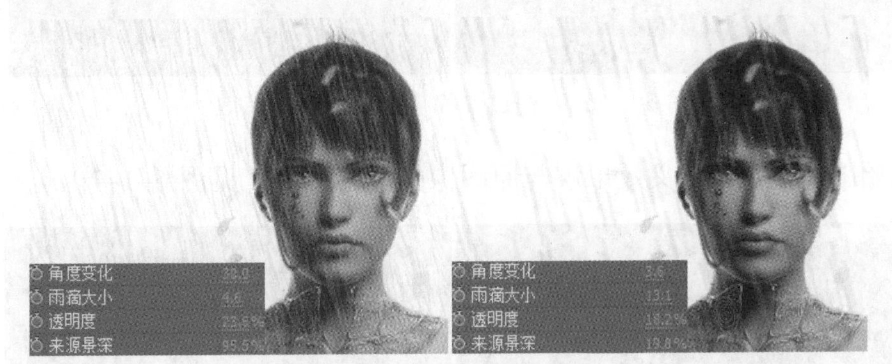

图 6–1–3　“角度变化”和“来源景深”特效

二、CC 星爆（CC Star Burst）

“CC 星爆”特效的主要功能是模拟在星际中穿梭的动画特效（见图 6–1–4）。

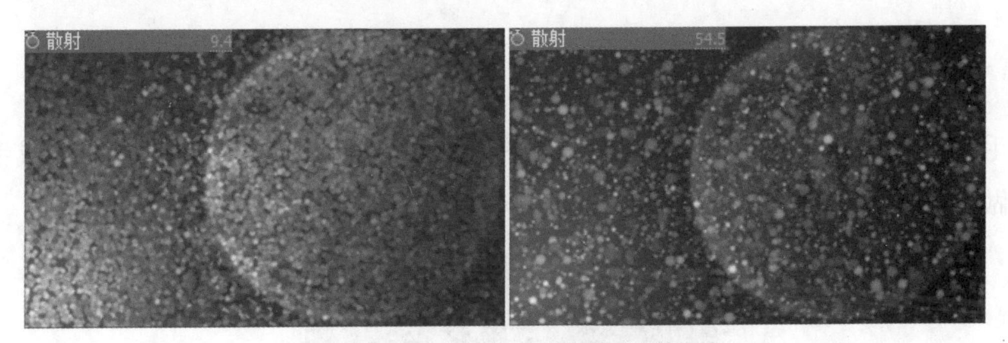

图 6–1–4　“CC 星爆”特效

（1）散射：定义颗粒散射的密度，数值越大，颗粒越散（见图 6–1–5）。

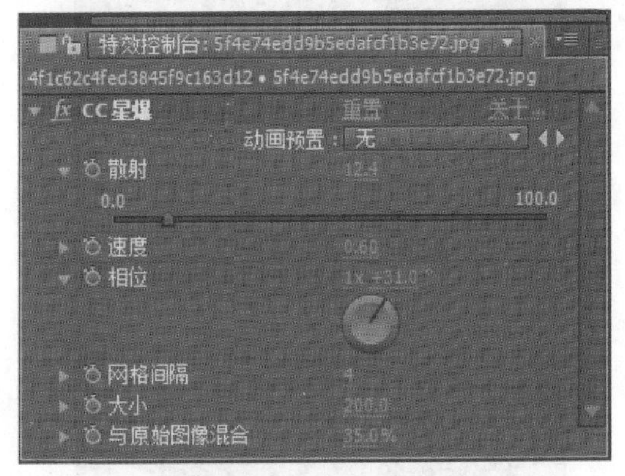

图 6–1–5　“散射”特效

（2）相位：设置颗粒移动的角度相位。

（3）网格间隔：设置生成颗粒的间隔，间隔数值越大，相应的颗粒越大（见图 6–1–6）。

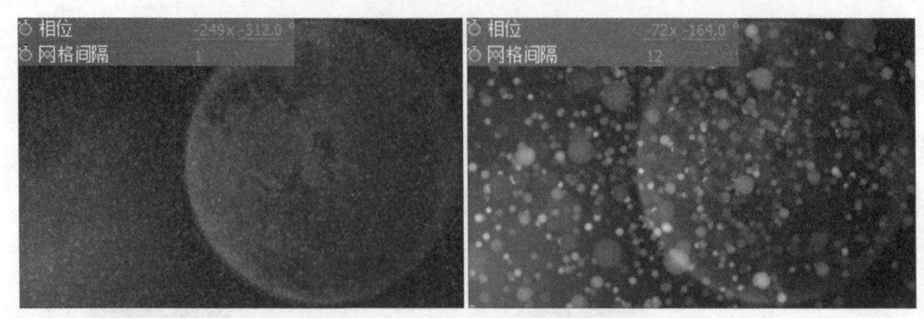

图 6-1-6 “相位”和“网格间隔”特效

（4）与原始图像混合：定义效果层与原图像的混合程度（见图 6-1-7）。

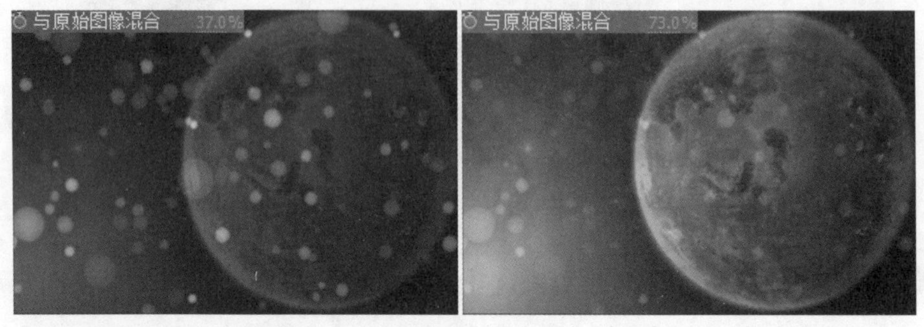

图 6-1-7 “与原始图像混合”特效

三、CC 毛发（CC Hair）

“CC 毛发”特效的主要功能是按照一个图像画面内容，将相应的图像制作成毛发的效果；也可做出不同的草坪效果，如图 6-1-8 所示。

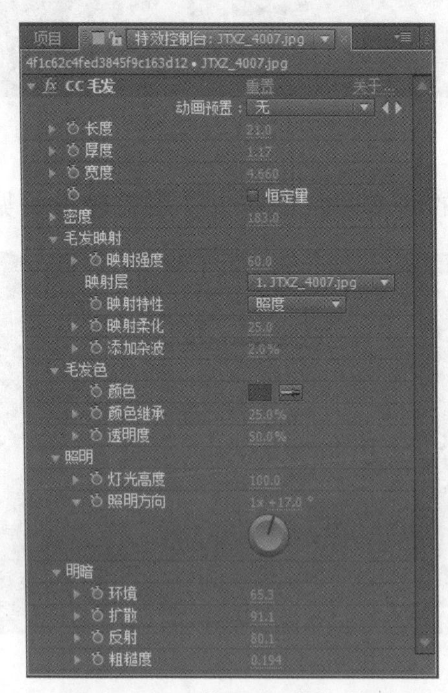

图 6-1-8 “CC 毛发”特效

（1）恒定量：启用该选项，将按照图像的内容设置毛发的聚集状态（见图 6–1–9）。

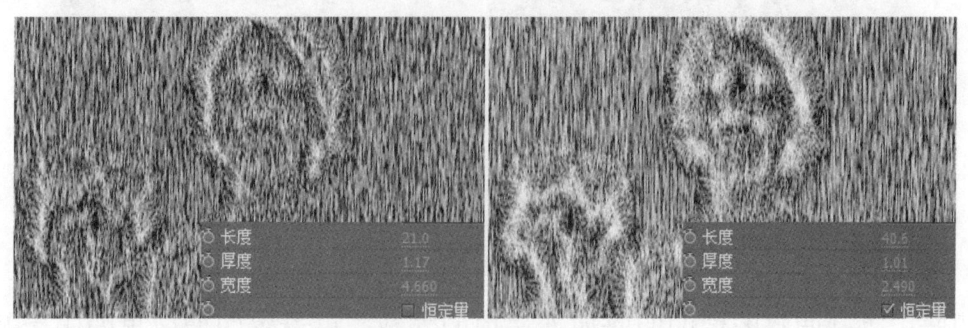

图 6–1–9　“恒定量”特效

（2）映射强度：定义图像内容映射到毛发状态上的力度，数值越大，效果越明显（见图 6–1–10）。

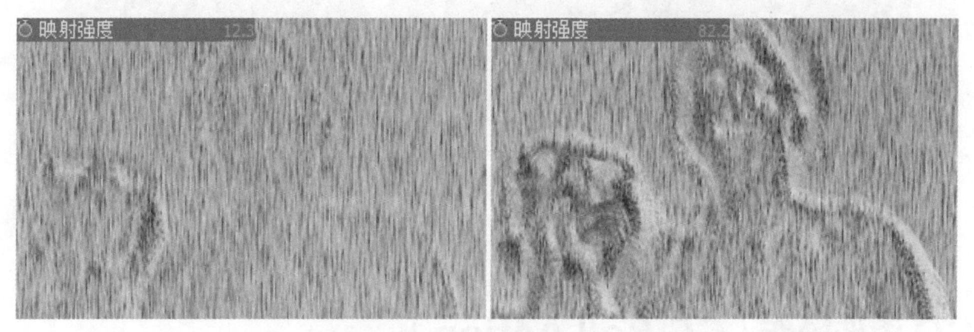

图 6–1–10　“映射强度”特效

（3）影射特性：通过调整该选项中的下拉列表选项，设置在不同色彩模式下的影射效果，可提供 8 种色彩映射方式（见图 6–1–11）。

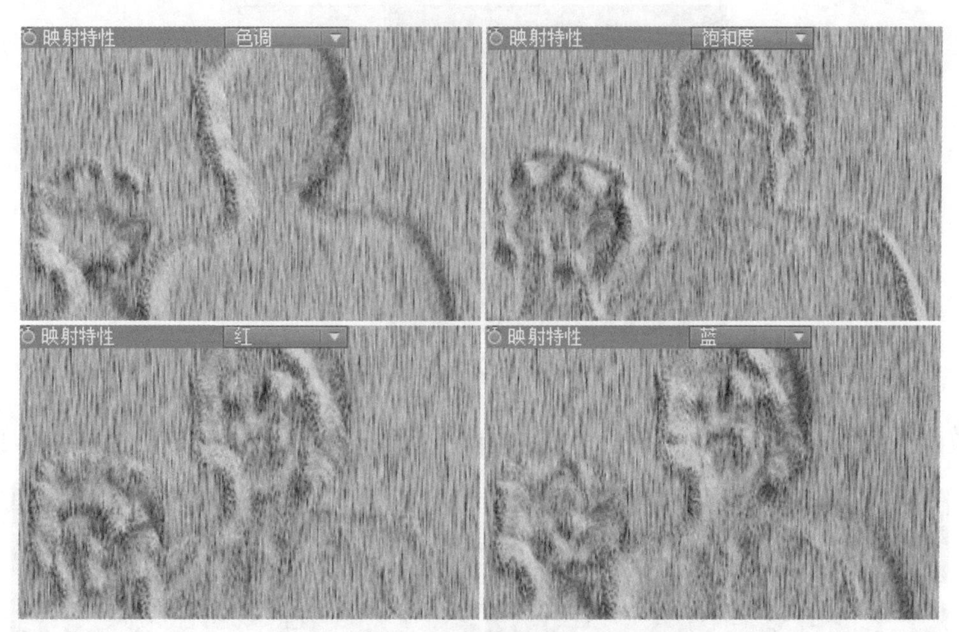

图 6–1–11　“影射特性”特效

（4）照明：通过调整“灯光高度”和“照明方向”选项的参数，设置不同的灯光“照明”特效（见图 6–1–12）。

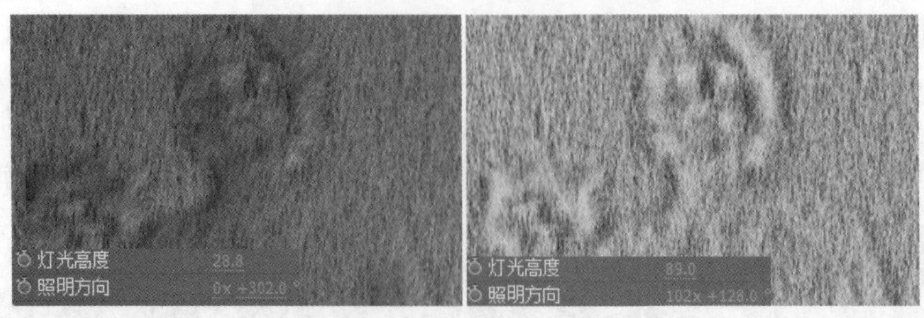

图 6-1-12 “照明”特效

（5）明暗：通过调整图像的明暗属性选项的参数，可设置图像效果的阴影及环境效果（见图 6-1-13）。

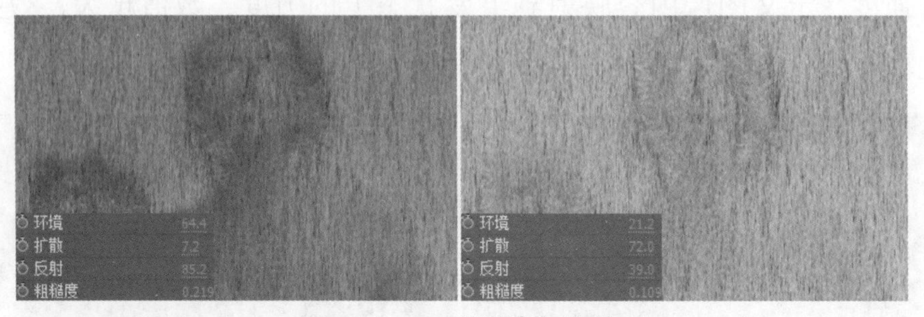

图 6-1-13 “明暗”特效

四、CC 滚珠操作（CC Ball Action）

“CC 滚珠操作”特效的主要功能是将相应的图像分裂为不同尺寸的圆珠，并按照不同的属性设置进行移动（见图 6-1-14）。

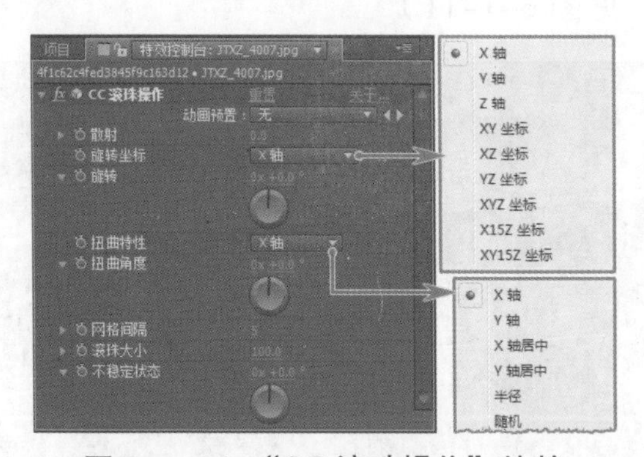

图 6-1-14 “CC 滚珠操作”特效

（1）散射：设置分裂圆珠的分散程度，数值越大，分裂效果越分散（见图 6-1-15）。

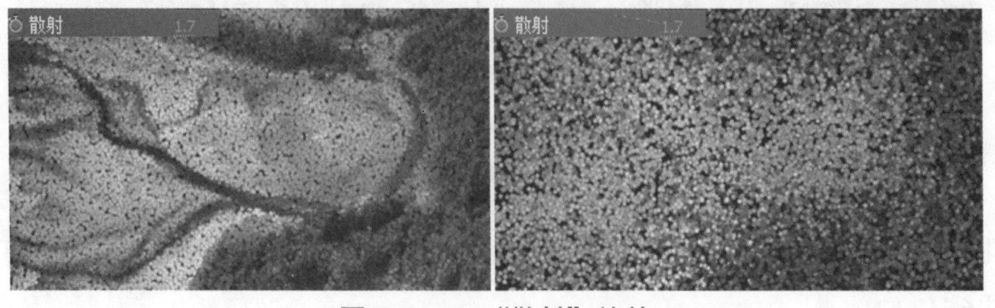

图 6-1-15 “散射”特效

（2）旋转坐标：设置图像旋转的轴向坐标，可提供 9 种旋转方式（见图 6–1–16）。

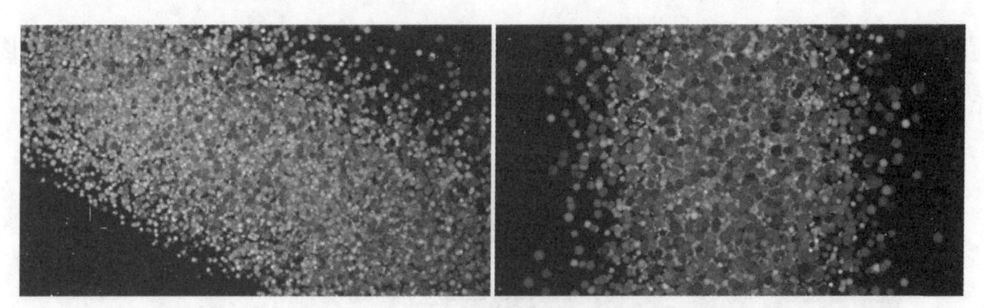

图 6–1–16 “旋转坐标”特效

（3）扭曲特性：设置扭曲的不同轴向，可提供 13 种扭曲轴向（见图 6–1–17）。

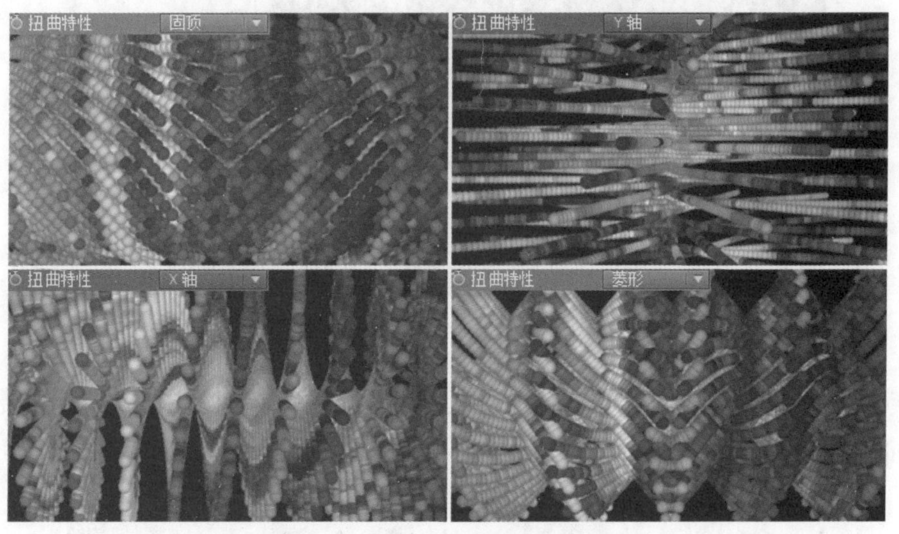

图 6–1–17 “扭曲特性”特效

（4）网格间隔：设置网格的尺寸，数值越大，圆珠对象越少（见图 6–1–18）。

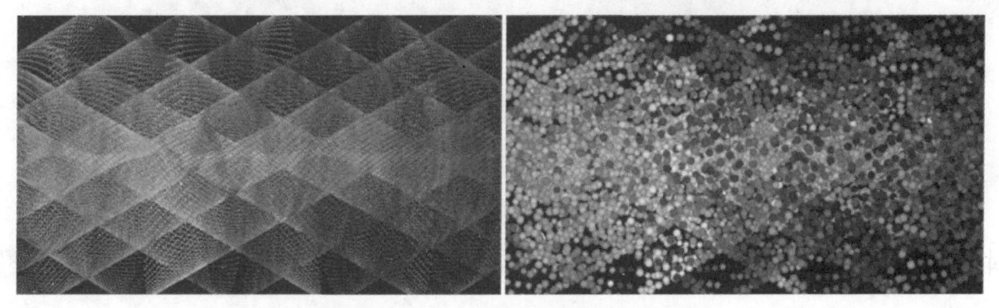

图 6–1–18 “网格间隔”特效

（5）不稳定状态：设置滚珠效果的不稳定性（见图 6–1–19）。

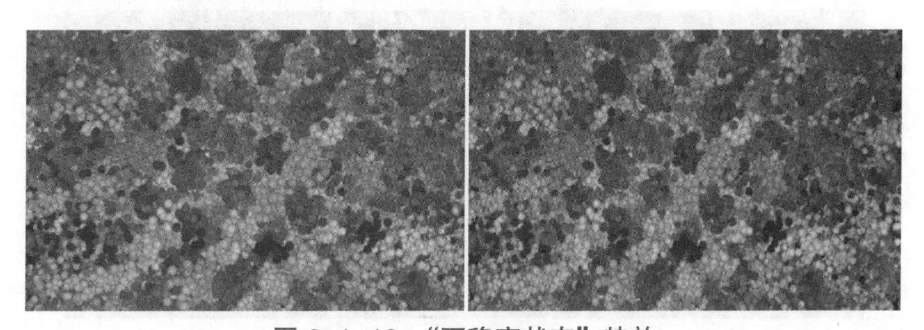

图 6–1–19 “不稳定状态”特效

五、卡片舞蹈

“卡片舞蹈”特效的主要功能是根据另外的一两张图像的内容，将当前的图像分割成细小的卡片，并对这些卡片进行“位置”“旋转”“缩放”操作（见图 6–1–20）。

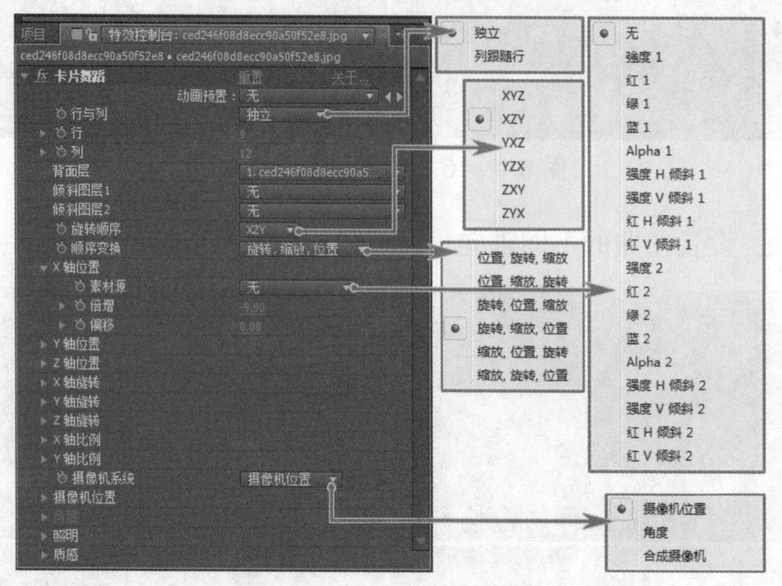

图 6–1–20 “卡片舞蹈”特效

（1）行与列：定义行与列的设置方式，“独立”选项可单独调整行与列的数值；“列跟随行”选项为列的参数跟随行的参数进行变化（见图 6–1–21）。

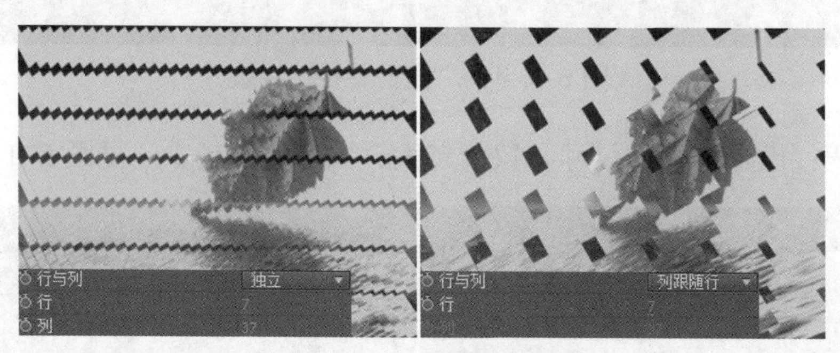

图 6–1–21 “行与列”特效

（2）倾斜图层 1/2：定义作为向导的图像，若将图像打散成块，则要根据此图像进行分割。

（3）旋转顺序：定义旋转轴向的排列顺序，该下拉列表提供了 6 种不同的顺序（见图 6–1–22）。

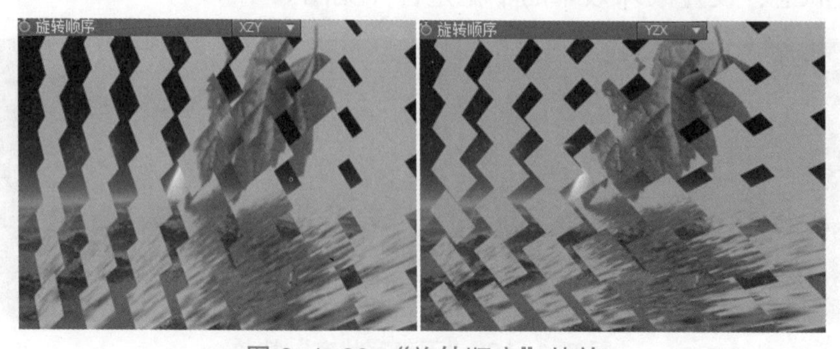

图 6–1–22 “旋转顺序”特效

（4）顺序变换：定义碎片变形时，采用的属性顺序，该下拉列表提供了 6 种不同的顺序（见图 6-1-23）。

图 6-1-23　“顺序变换”特效

（5）素材源：设置用于指定打散后碎片分布的参照图像，该下拉列表提供了 19 个选项（见图 6-1-24）。

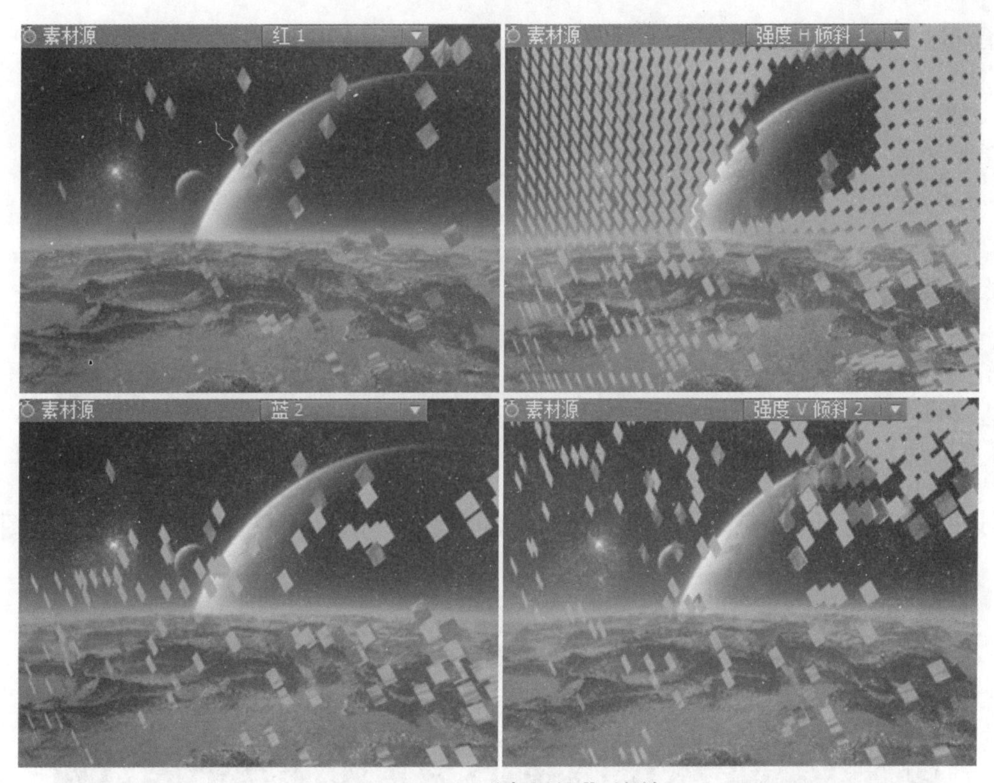

图 6-1-24　“素材源”特效

六、水波世界

“水波世界”特效的主要功能是通过创建若干虚拟的平面，在该虚拟平面上实现水波效果（见图 6-1-25）。

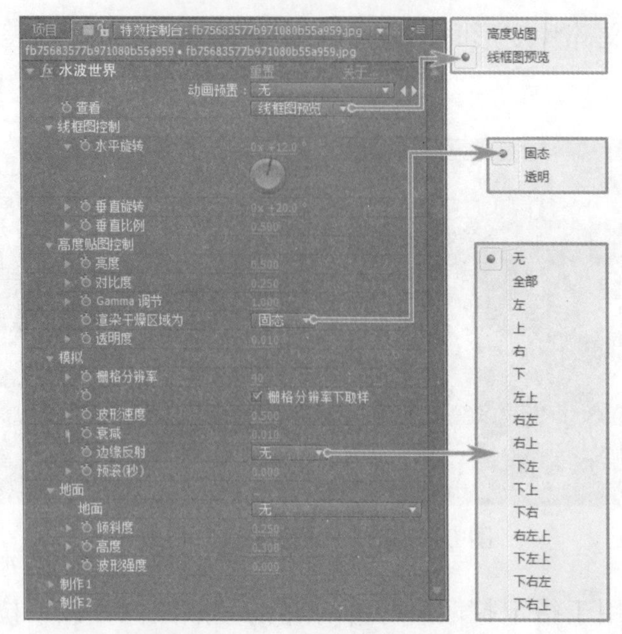

图 6–1–25 “水波世界”特效

（1）查看：定义合成窗口中查看效果方式（见图 6–1–26）。

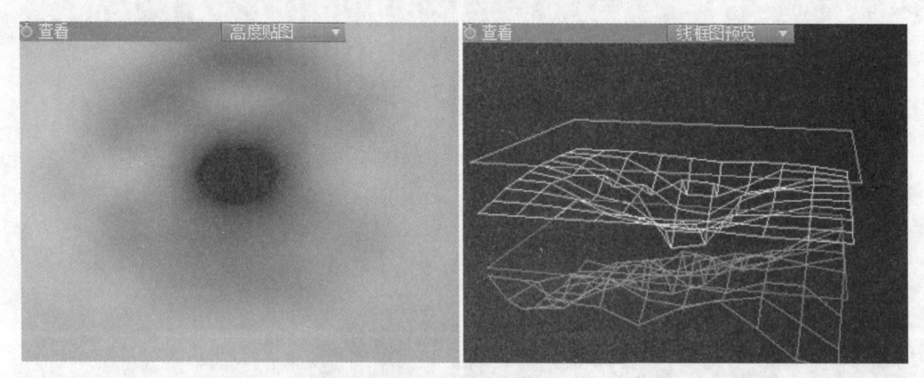

图 6–1–26 “查看”特效

（2）线框图控制：调整该下拉选项中相对应的参数，可对线框对象进行控制（见图 6–1–27）。

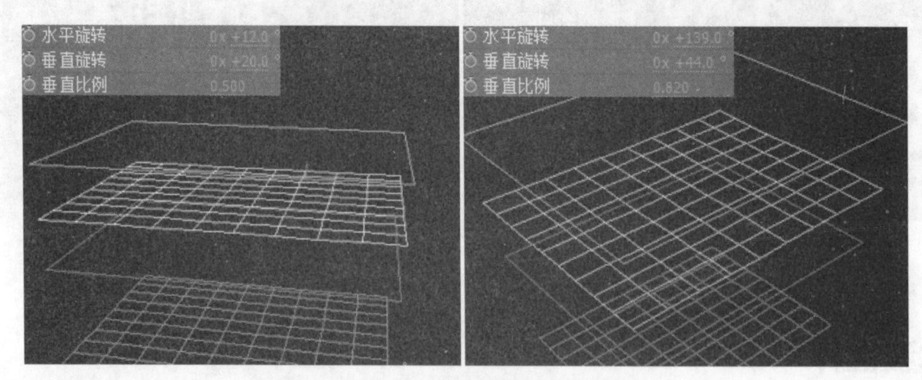

图 6–1–27 “线框图控制”特效

（3）高度贴图控制：调整该下拉选项中相对应的参数，可设置发射出的气泡的各种属性；其中，“亮度”选项在图像上表示为两个亮色平面的位移，“对比度”选项在图像上表示为两个蓝色平面的距离（见图 6–1–28）。

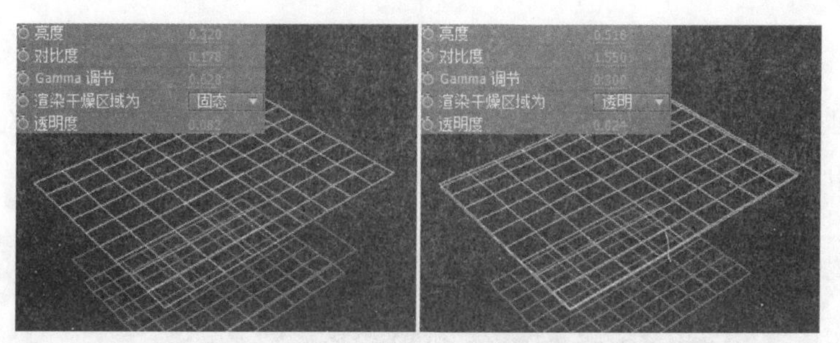

图 6-1-28 “高度贴图控制”特效

（4）模拟：调整该下拉选项中相对应的参数，可设置波浪的仿真效果（见图 6-1-29）。

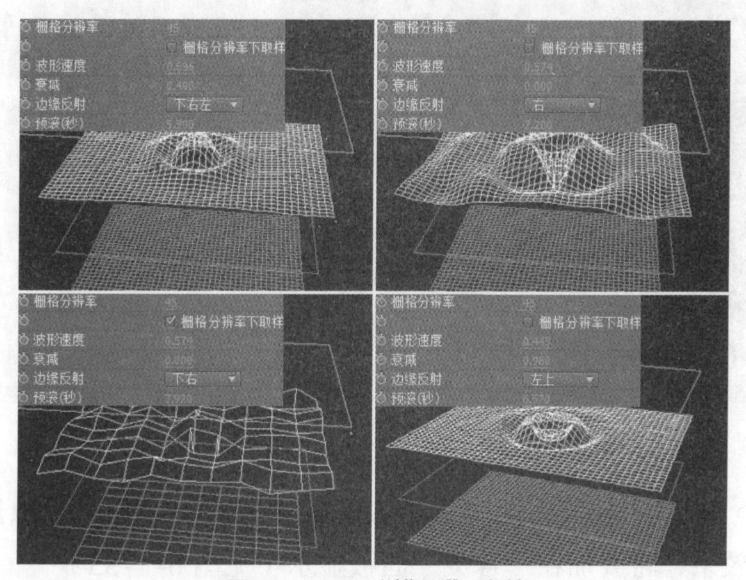

图 6-1-29 “模拟”特效

（5）地面：调整该下拉选项中相对应的参数，可设置用来产生效果的图像（见图 6-1-30）。

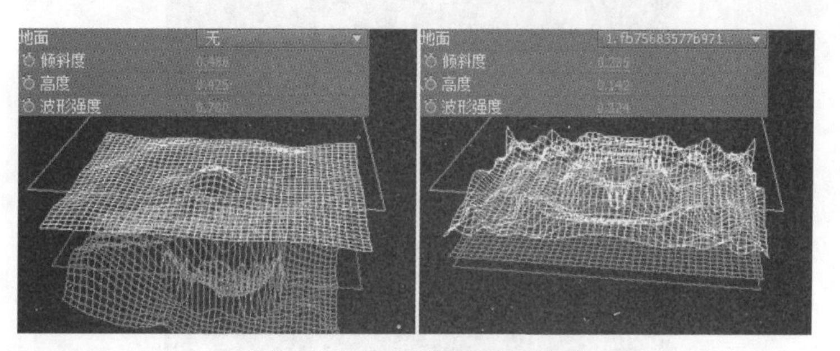

图 6-1-30 “地面”特效

（6）制作 1/2：调整该下拉选项中相对应的参数，可设置制作的属性（见图 6-1-31）。

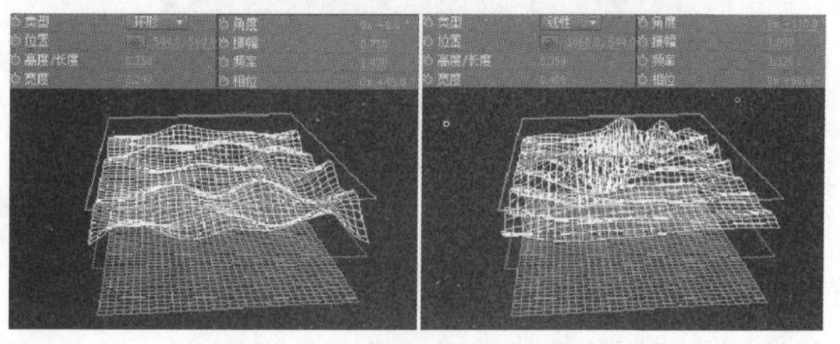

图 6-1-31 “制作 1/2”特效

七、焦散

“焦散”特效的主要功能是通过“下”“水”和“天空”选项的模拟风格的叠加或单独运用，来实现不同模拟效果的特效（见图 6-1-32）。

图 6-1-32 “焦散”特效

该特效中，“下”“水”和“天空”选项之间的参数互不影响，单独作用于各自选择图像，三者图像调整效果，将叠加在“合成”面板显示（见图 6-1-33）。

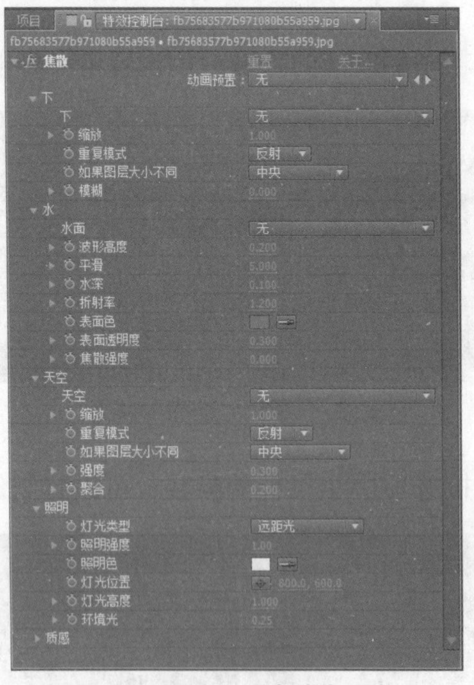

图 6-1-33 “合成”面板

（1）缩放：设置图像的缩放比例。

（2）重复模式：设置图像不同的重复模式（见图 6-1-34）。

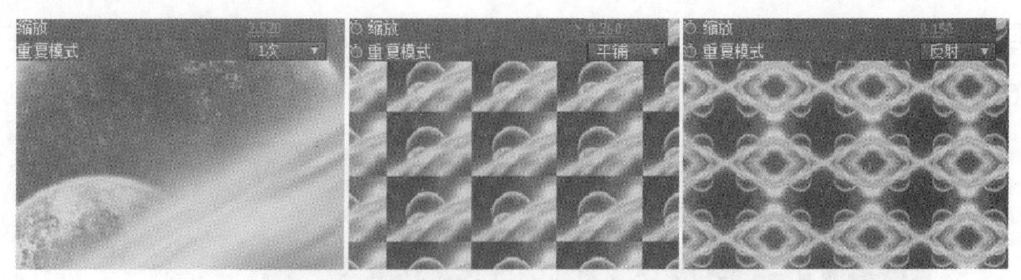

图 6-1-34　“缩放”和“重复模式”特效

（3）如果图层大小不同：设置两个图层尺寸不同时的处理方式。

（4）波形高度：设置水效果中波纹的高度。

（5）平滑：设置水效果中水的深度。

（6）折射率：设置水效果中反射光的程度（见图 6-1-35）。

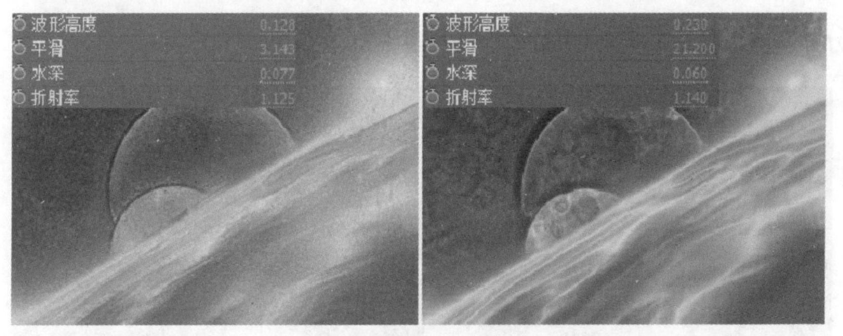

图 6-1-35　“波形高度”“平滑”和“折射率”特效

（7）焦散强度：设置焦散的强度，数值越大，图像边缘水波纹越明亮（见图 6-1-36）。

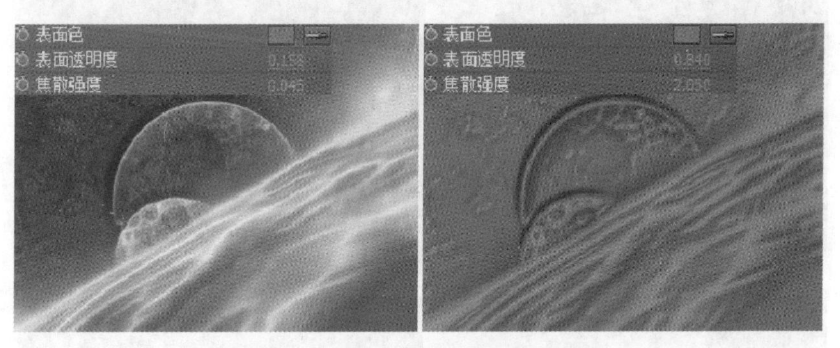

图 6-1-36　“焦散强度”特效

（8）缩放：调整天空纹理图层的缩放比例（见图 6-1-37）。

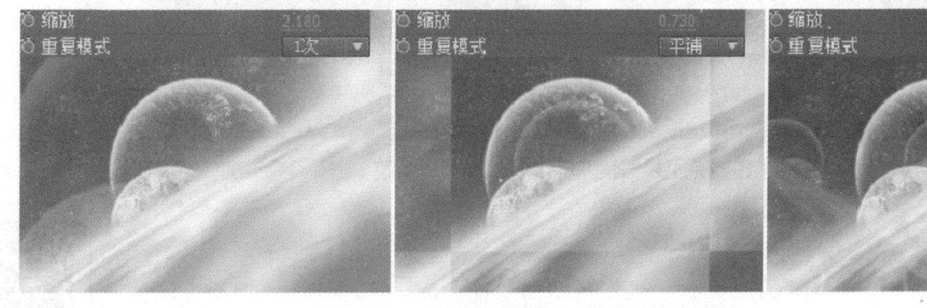

图 6-1-37　“缩放”特效

（9）强度：设置天空效果中光线的强烈程度，数值越大，光线曝光越强烈，甚至曝光过度（见图 6–1–38）。

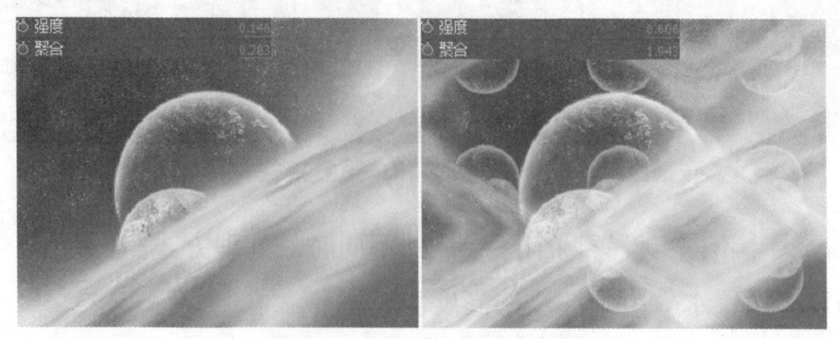

图 6–1–38 “强度”特效

该特效“照明”与“质感”选项中属性参数，可对以上 3 种不同的模拟特效（“下”“水”“天空”）分别进行效果设置（见图 6–1–39）。

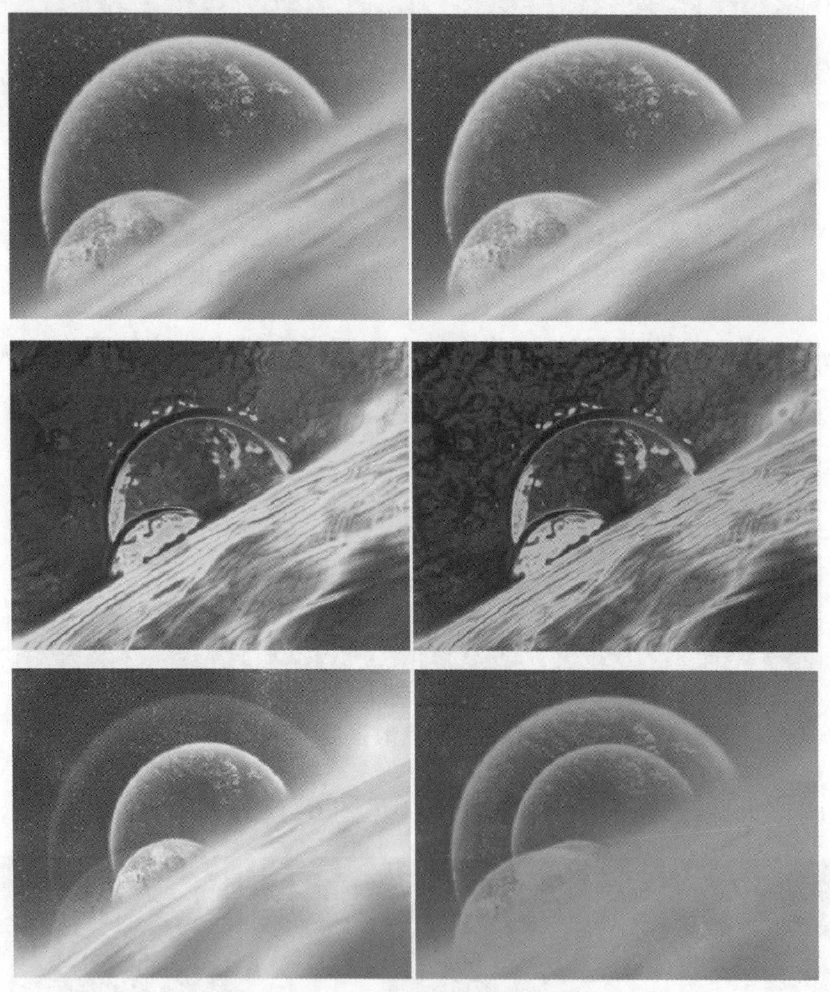

图 6–1–39　3 种不同的模拟特效

实训过程

一、自主学习

1. 简述 After Effects CC 中都有哪些自带的仿真特效。

2. 如何运用 CC Rainfall 特效？

二、实践探索

步骤 1：启动 After Effects CC 软件，导入素材“荷塘 .jpg”，如图 6–1–40 所示；新建合成命名为“瓢泼大雨”，并将该合成的播放制式设为 HDTV 1080 25，“持续时间”设为 10 秒，如图 6–1–41 所示；然后，将“荷塘 .jpg”素材拖拽到时间线面板中。

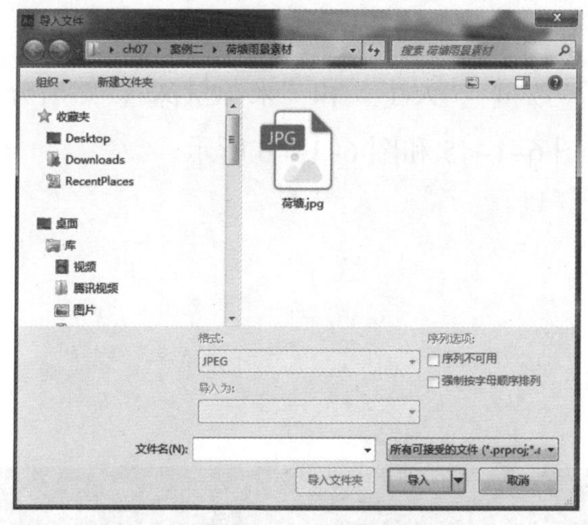

图 6–1–40　导入素材

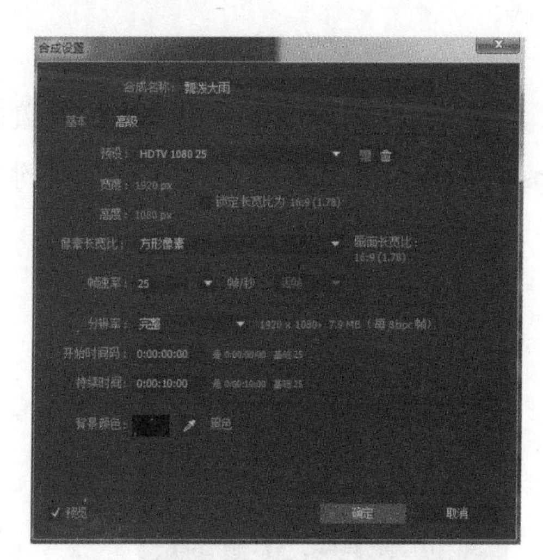

图 6–1–41　“合成设置”对话框

思考：简述导入素材的步骤。

步骤 2:选中图层并在英文输入法下按〈S〉键，将“缩放”设为 38.0，38.0%，如图 6–1–42 所示。

步骤 3：按组合键〈Ctrl+Y〉新建纯色层，命名为“大雨”，选中创建的“大雨”图层并右击，从弹出的菜单栏中选择“效果”→“模拟”→ CC Rainfall 选项，如图 6–1–43 所示；调整叠加模式为“相加”，如图 6–1–44 所示。

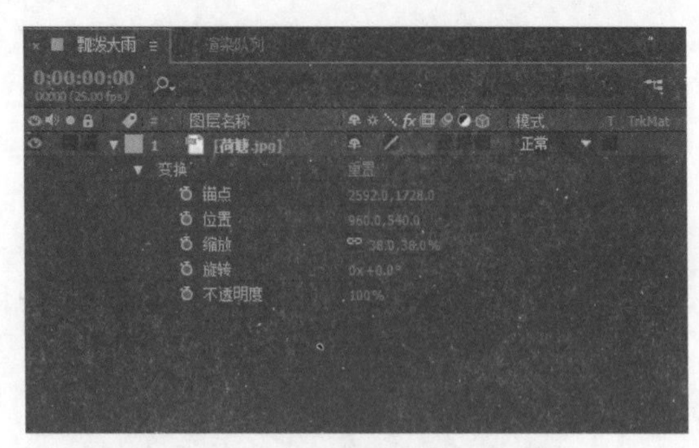

图 6–1–42　设置“缩放”参数

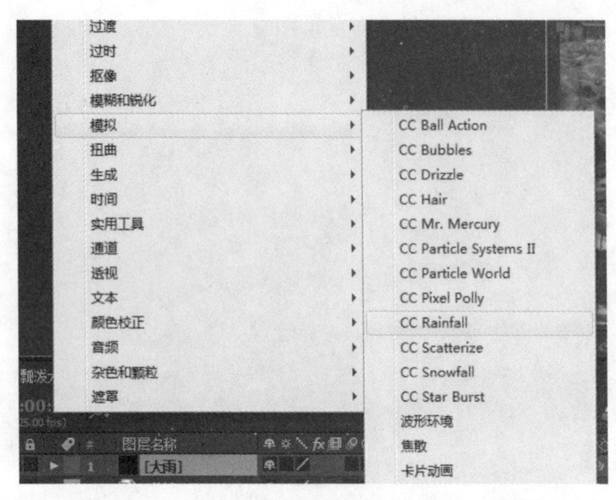

图 6–1–43　选择 CC Rainfall 选项

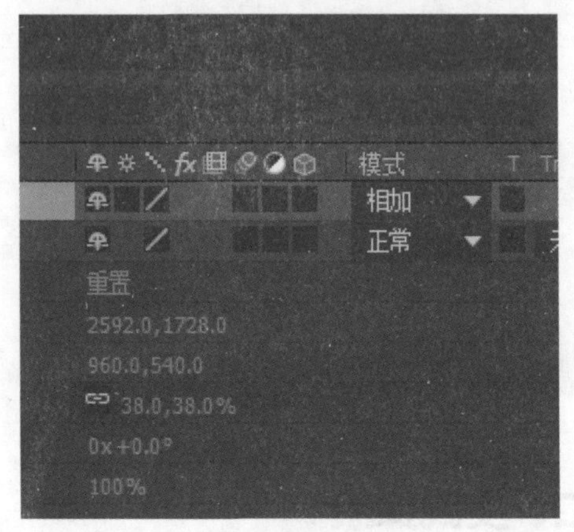

图 6–1–44　调整叠加模式为“相加”

思考：简述调整模式的方法。

步骤 4：将时间线拖至第 0 秒，设置雨滴的“数量”“大小”和“来源景深”，然后分别为 Drops（下降）和 Speed（速度）添加关键帧，如图 6–1–45 和图 6–1–46 所示。

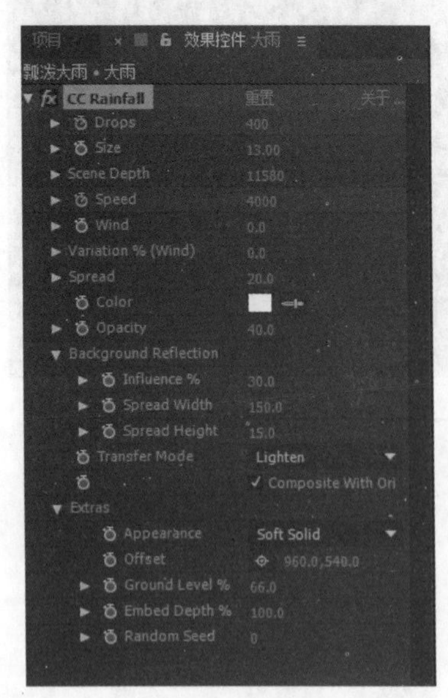

图 6–1–45　设置雨滴的“数量”、“大小”和“来源景深”

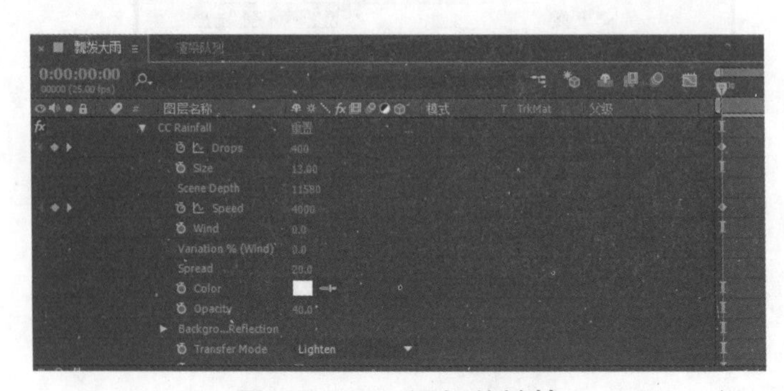

图 6–1–46　添加关键帧

步骤 5：将时间线拖至第 6 秒，然后将 Drops（下降）和 Speed（速度）的参数分别设为 4000 和 5030；将时间线拖至时间线的最右端，将 Drops（下降）和 Speed（速度）的参数分别设为 5600 和 8400；至此，本任务就制作完成了，如图 6-1-47 所示，按〈0〉键可进行预览。

图 6-1-47　制作完成

课堂体验

简述制作完成后的收获。

拓展训练

请根据图 6-1-48（a）所示的素材，完成图 6-1-48（b）所示的“山村雪景”的路径动画。运用 CC Snowfall 特效，通过调整相关参数制作雪花动画。

(a)

(b)

图 6-1-48　拓展任务素材及效果

（a）素材；（b）效果

参考步骤

步骤 1：制作缩放比例和位置动画。

步骤 2：新建纯色层，并运用 CC Snowfall 特效，调整其参数。

步骤 3：调整“色阶”参数值，使雪花的效果更明显。

学习总结

1. 请写出学习过程中的收获和遇到的问题。

2. 请对自己的作品进行评价，并填写表 6–1–1。

表 6–1–1　项目任务过程考核评价表

班级		项目任务			
姓名		教师			
学期		评分日期			
评分内容（满分 100 分）			学生自评	组员互评	教师评价
专业技能（60 分）	工作页完成进度（10 分）				
	对理论知识的掌握程度（20 分）				
	理论知识的应用能力（20 分）				
	改进能力（10 分）				
综合素养（40 分）	按时打卡（10 分）				
	信息获取的途径（10 分）				
	按时完成学习及工作任务（10 分）				
	团队合作精神（10 分）				
总分					
综合得分（学生自评 10%；组员互评 10%；教师评价 80%）					
学生签名：			教师签名：		

任务 2

花瓣飘落

任务描述

请根据图 6–2–1（a）所示的素材，通过调节 Particular（粒子）的各参数，以及其贴图效果的使用，实现花瓣飘落的效果，最终完成效果如图 6–2–1（b）所示。

(a) (b)

图 6–2–1　任务素材及效果

（a）素材；（b）效果

学习目标

1. 了解 Particular（粒子）和“钢笔工具”在 After Effects CC 中的使用方法。

2. 熟悉 Particular（粒子）参数的设定方法。

3. 掌握 Particular（粒子）及其贴图效果等参数的设置方法。

学习指导

“CC 粒子仿真世界”特效是一个专业的粒子系统，可按照相应的设置制作出各种粒子特效，如礼花、飞灰等（见图 6–2–2）。

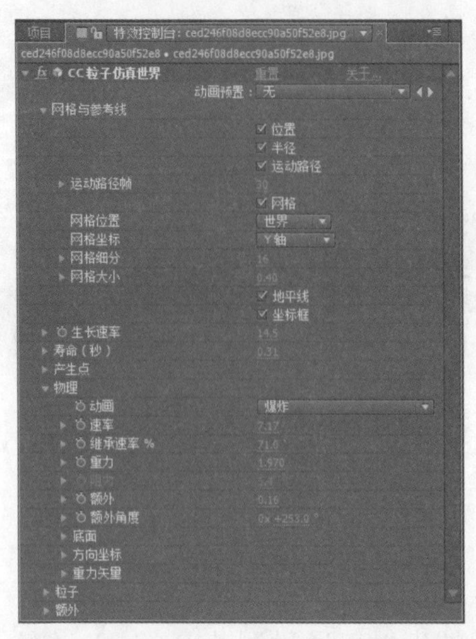

图 6–2–2 “CC 粒子仿真世界”特效

（1）网格与参考线：调整下拉列表选项的参数，可定义在“合成”面板中显示辅助网格及参考线（见图 6–2–3）。

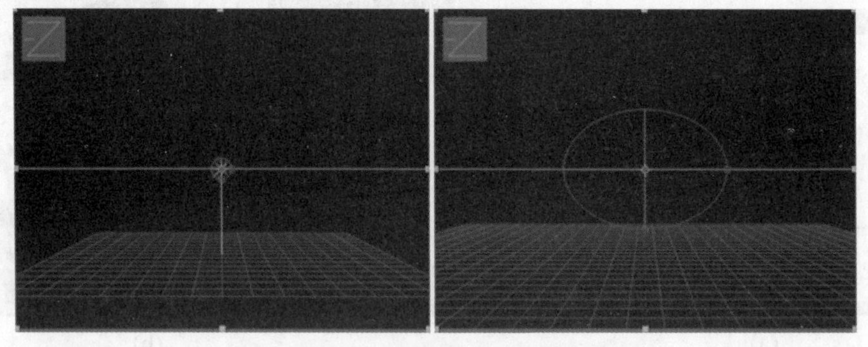

图 6–2–3 “网格与参考线”特效

（2）生长速率：在相应位置上生成粒子的速度（见图 6–2–4）。

图 6–2–4 “生长速率”特效

（3）寿命（秒）：设置每个粒子对象存在的时间长度。

（4）产生点：通过对 X、Y 和 Z 轴位置及半径参数的调整，来对粒子位置和大小进行设置（见图 6–2–5）。

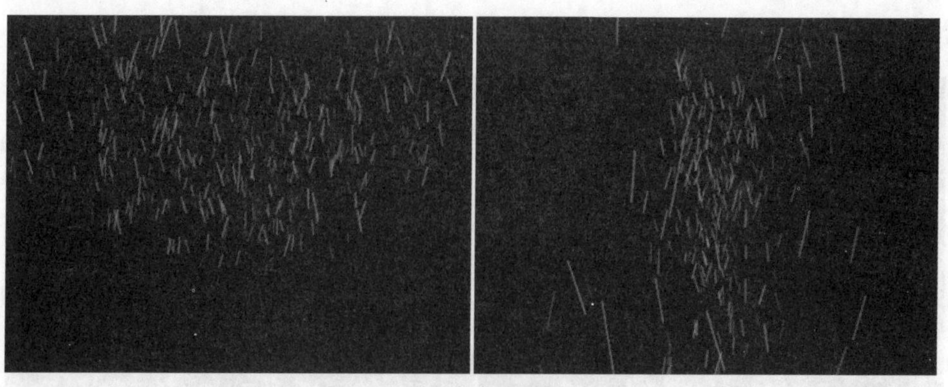

图 6–2–5　“产生点”特效

（5）物理：通过调整下拉列表选项的参数，可设置粒子的物理属性（见图 6–2–6）。

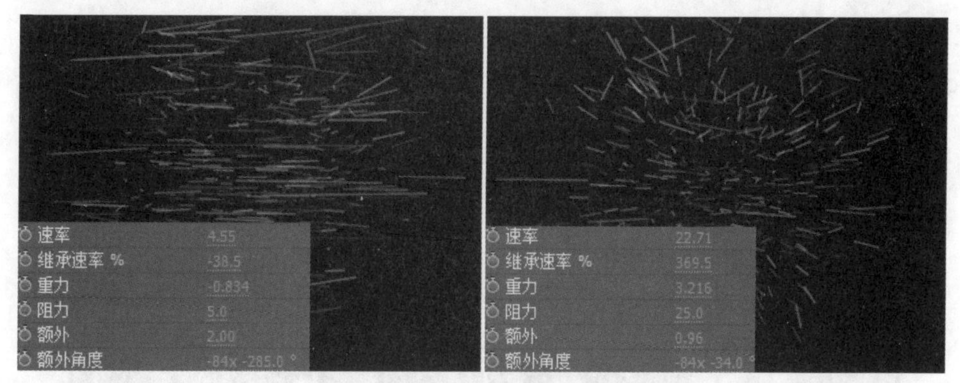

图 6–2–6　粒子的物理属性

（6）动画：可设置粒子的动画模式，在该选项的下拉列表中提供了 9 个选项（见图 6–2–7）。

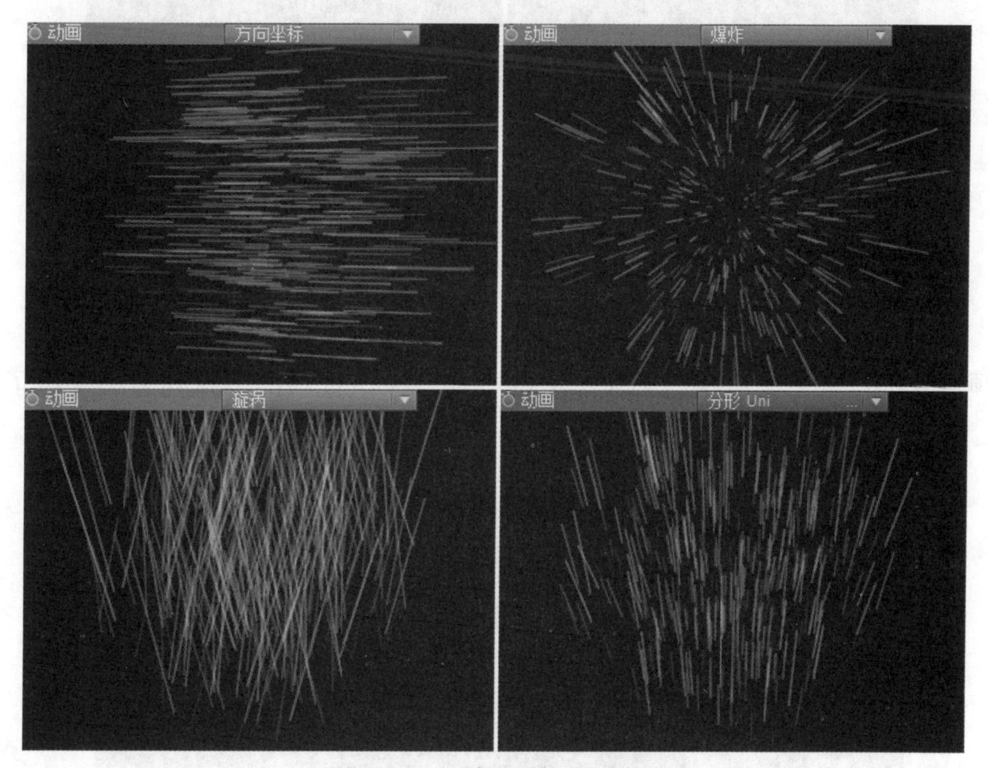

图 6–2–7　粒子的动画模式

（7）底面：可设置底面局部粒子的特效（见图 6–2–8）。

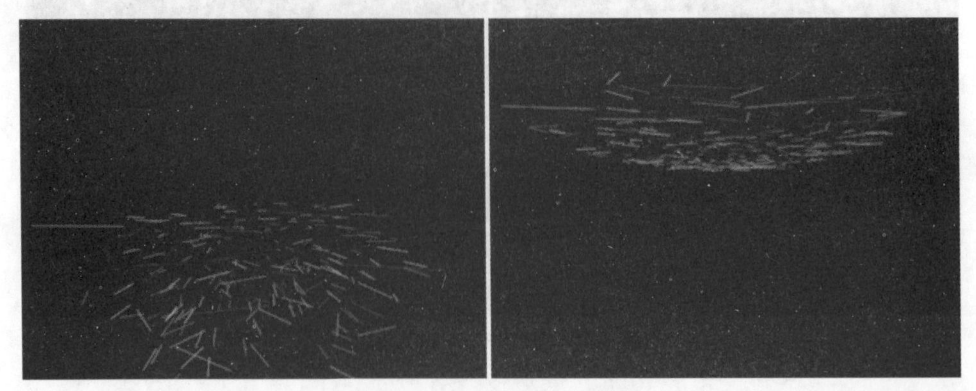

图 6–2–8 “底面”特效

（8）粒子类型：设置粒子对象的属性和形状，在该选项的下拉列表中提供了 22 个选项（见图 6–2–9）。

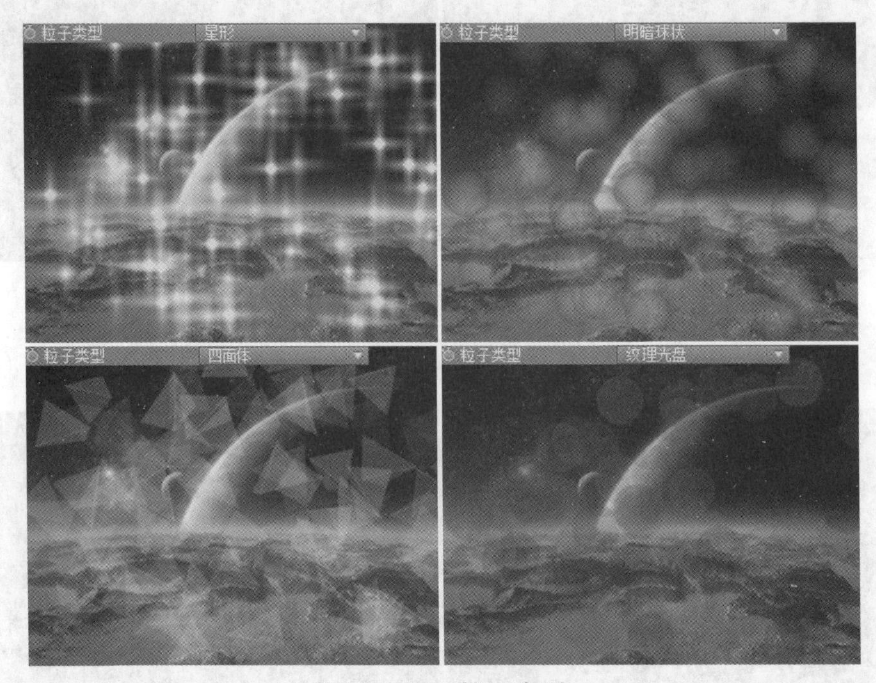

图 6–2–9 粒子类型

（9）颜色映射：定义颜色映射到粒子上的方式，在该选项的下拉列表中提供了 5 个选项（见图 6–2–10）。

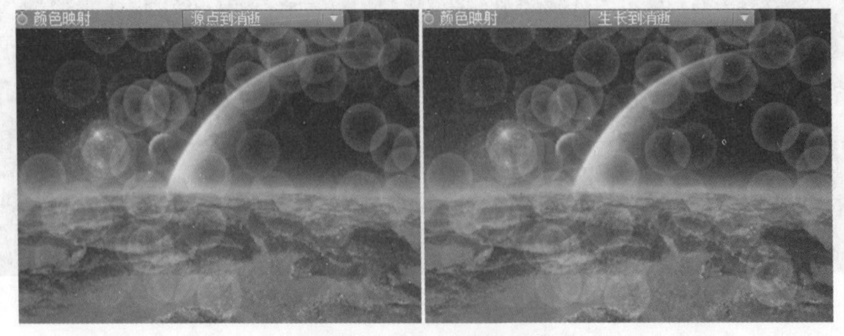

图 6–2–10 颜色映射

（10）传送模式：定义粒子对象转移颜色的方式，在该选项的下拉列表中提供了 4 个选项（见图 6-2-11）。

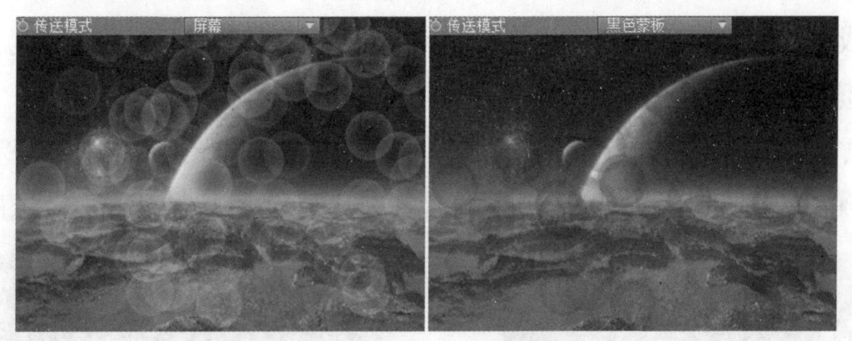

图 6-2-11　传送模式

（11）额外：通过对该下拉列表选项属性的调整，可模拟粒子对象在三维空间中的效果（见图 6-2-12）。

图 6-2-12　“额外”特效

樱花飘落

实训过程

一、自主学习

1. 简述“粒子”的使用方法。

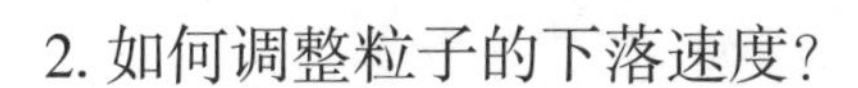

2. 如何调整粒子的下落速度？

二、实践探索

步骤 1：启动 After Effects CC 软件，创建一个名字为“樱花飘落”的项目文件，执行菜单栏中的“合成”→“新建合成”命令，创建“宽度”为1009 px、“高度”为593 px的合成，将其命名为“樱花飘落”，设置“持续时间”为 10 秒，如图 6–2–13 所示。

步骤 2：执行菜单栏中的“图层”→“新建”→“纯色”命令，将其命名为“花瓣”，“宽度”设置为“200 像素”、“高度”设置为“200 像素”，“颜色”设置为粉色，如图 6–2–14 所示。

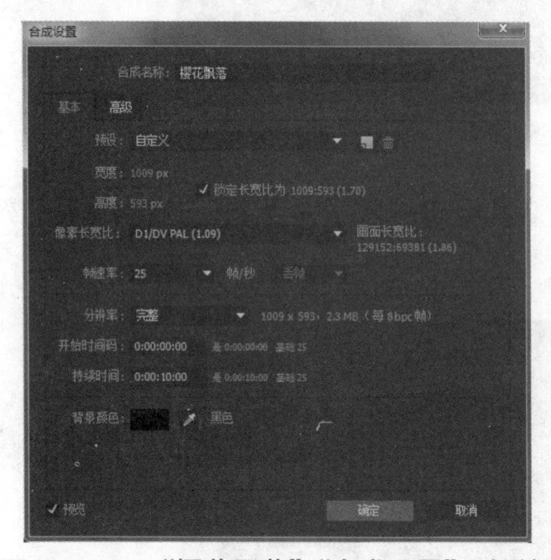

图 6–2–13 “樱花飘落”“合成设置”对话框

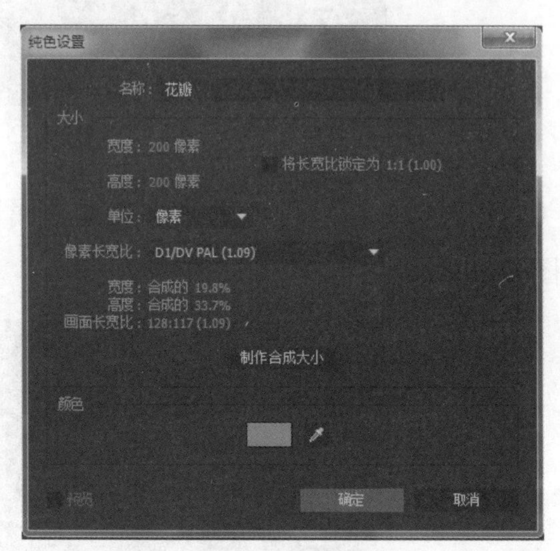

图 6–2–14 “花瓣”“纯色设置”对话框

简述纯色设置的方法。

步骤 3：选择“花瓣”图层，单击工具栏中的“钢笔工具”，利用“钢笔工具”在合成“樱花飘落”中绘制一片“樱花花瓣”，如图 6–2–15 所示。

图 6–2–15 绘制一片“樱花花瓣”

思考：简述“钢笔工具”的使用方法。

步骤 4：为了使“花瓣”看起来更逼真，为“花瓣”图层添加“梯度渐变”特效，执行菜单栏中的“效果”→“生成”→“梯度渐变”命令，设置“起始颜色”为浅粉色（R:255，G:219，B:253）；设置“结束颜色”为粉色（R:233，G:122，B:227），如图 6-2-16 和图 6-2-17 所示。

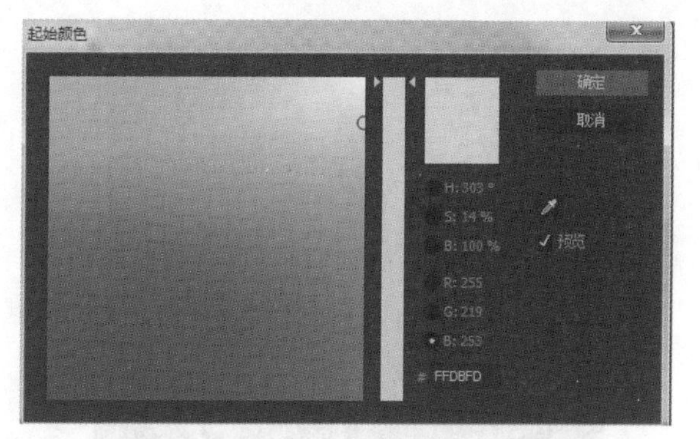

图 6-2-16　“起始颜色”对话框

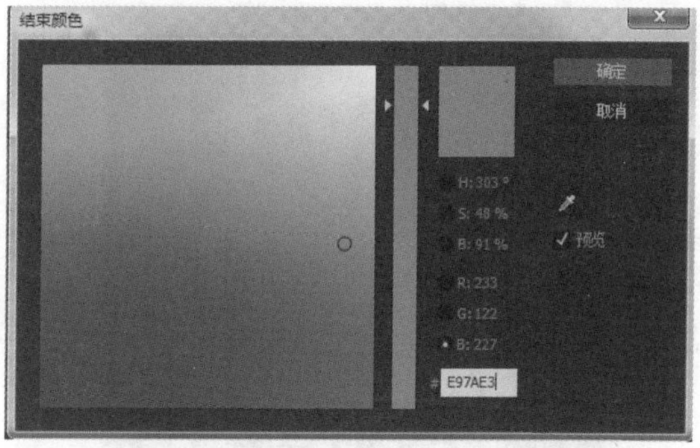

图 6-2-17　“结束颜色”对话框

思考：简述设置“梯度渐变”特效的方法。

步骤 5：调整“梯度渐变”的“渐变起点”“渐变终点”，设置“渐变起点”的参数值为 255.219，253，设置“渐变终点”的参数值为 233，122，127，“渐变形状”为“线性渐变”，得到颜色逐渐变深的樱花花瓣，如图 6-2-18 所示。

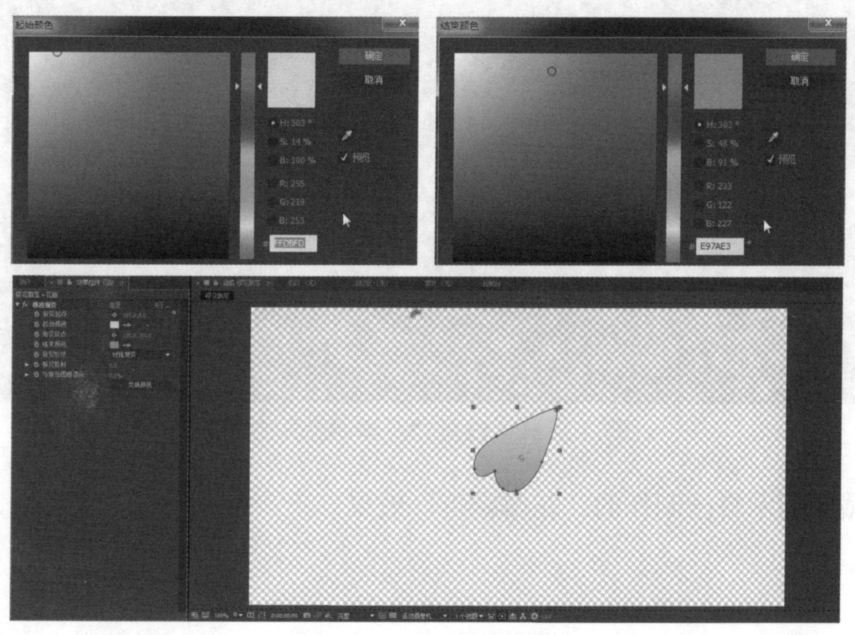

图 6-2-18　设置参数

步骤 6：执行菜单栏中的“图层”→“新建”→“合成”命令，新建一个合成，将其命名为“花瓣飘落”，选择“预设”为 HDTV 1080 25 的合成参数，其“宽度”为 1920 px、“高度”为 1080 px，“像素长宽比”为“方形像素”，“背景颜色”为“黑色”（R:0，G:0，B:0），设置“持续时间”为 10 秒，如图 6-2-19 所示。

步骤 7：在“花瓣飘落”合成下，创建一个纯色图层，执行菜单栏中的“图层”→“新建”→“纯色”命令，新建一个纯色，将其命名为“花瓣飘落”，“宽度”设置为“1920 像素”、“高度”设置为“1080 像素”，“像素长宽比”设置为“方形像素”，如图 6-2-20 所示。

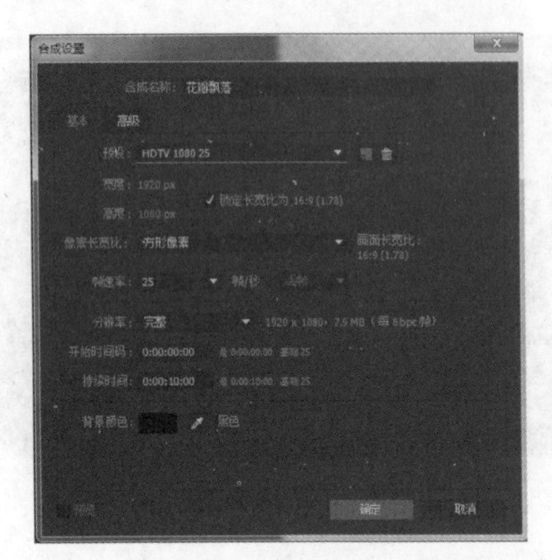

图 6-2-19 “花瓣飘落”“合成设置”对话框

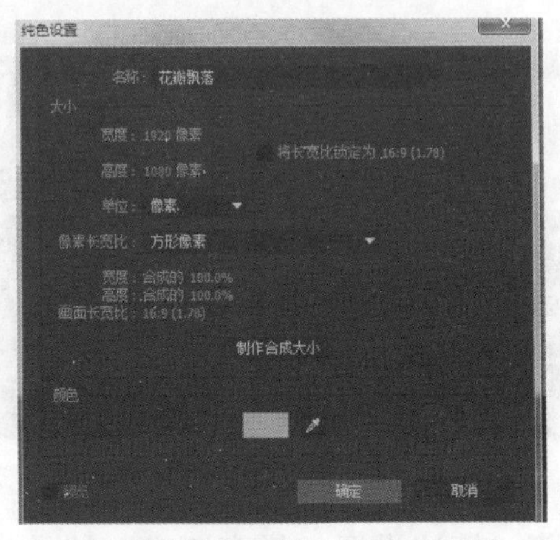

图 6-2-20 “花瓣飘落”“纯色设置”对话框

步骤 8：选择“花瓣飘落”图层，执行菜单栏中的“效果”→ Trapcode → Particular（粒子）命令，为“花瓣飘落”图层添加 Particular（粒子）效果，展开 Particular（粒子）参数栏，设置相关参数，展开 Emitter（Master）参数栏，设置 Particular/sec（粒子数量 / 秒）为 50，Emitter Type（发射类型）为 Box（盒子），如图 6-2-21 所示。

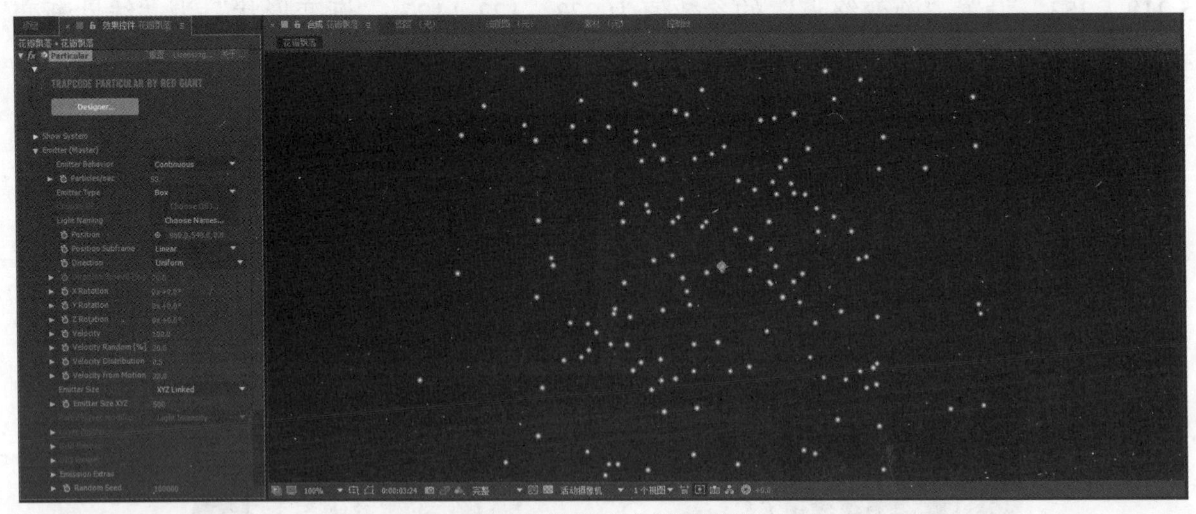

图 6-2-21 设置“花瓣飘落”效果

思考：请截图展示自己制作的“花瓣飘落”效果。

步骤 9：继续调整，设置 Direction 的参数为 Directional，设置 X Rotation（X 轴旋转）值为 0x−90.0°，如图 6-2-22 所示。

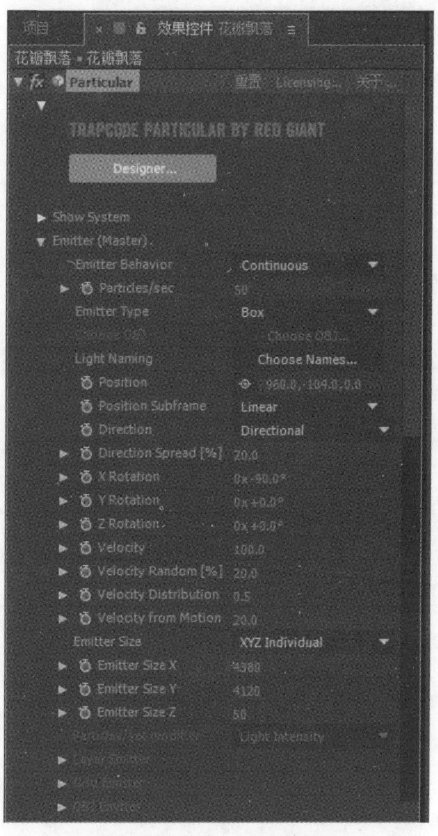

图 6-2-22　设置参数

步骤 10：在 Emitter（Master）展开的参数栏中，调整 Position X/Y 的参数值为 960.0，−104.0”，设置 Emitter Size X 的参数值为 4380，设置 Emitter Size Y 的参数值为 4120，如图 6-2-23 所示。

图 6-2-23　设置 Emitter（Master）参数栏

步骤 11：展开 Particle（粒子）参数栏，设置 Life[sec] 为 10.0，Size 为 25.0，如图 6–2–24 所示。

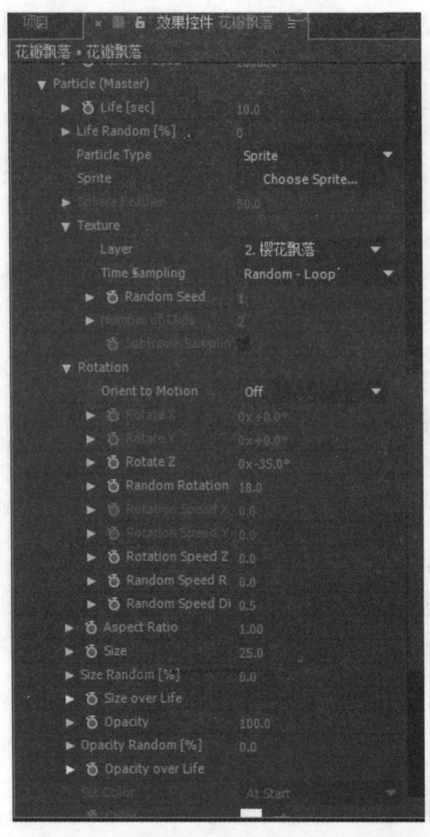

图 6–2–24　设置 Particle（粒子）参数栏

步骤 12：经过上述调整，发现粒子的下落速度过快，因此重新调整 Emitter（Master）的参数，调整 Velocity（速率）、Velocity Random［%］（速度随机值）参数，设置 Velocity（速率）值为 500.0，设置 Velocity Random［%］（速度随机值）值为 70.0，如图 6–2–25 所示。

图 6–2–25　调整 Emitter（Master）的参数

步骤 13：展开 Physics（Master）（物理学）参数项，设置 Wind X（风向 X）为 160.0，如图 6–2–26 所示。

图 6-2-26　设置 Wind X 参数

步骤 14：展开 Physics（Master）（物理学）参数中的 Turbulence Field（扰乱场）选项，选择 Visualize Field 选项，更改 Affect Position 和 Scale 参数值，设置 Affect Position 参数值为 300.0，设置 Scale 参数值为 1.0，如图 6-2-27 所示。

图 6-2-27　更改参数

思考：简述 Physics（Master）物理学参数的设置方法。

步骤 15：经过上调整后，取消对 Visualize Field 选项的选择。

步骤 16：将“樱花飘落”合成，拖拽到“花瓣飘落”合成中，并取消“樱花飘落”合成显示，如图 6-2-28 所示。

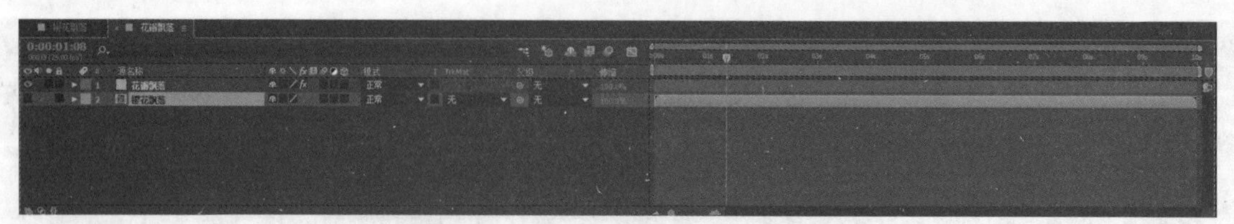

图 6-2-28　取消“樱花飘落”合成显示

步骤 17：将粒子替换为花瓣效果，展开 Particle（粒子）参数栏，将 Particle Type（粒子类型）更改为 Sprite（精灵），展开 Texture（贴图）选项，将其中的 Layer（图层）更改为“2. 樱花飘落”选项，展开 Rotation（旋转）选项，将 Rotate Z（Z 轴旋转）的值设为 0x-35.0°，将 Random Rotation（随机旋转）的值设置为 18.0，如图 6-2-29 所示。

图 6-2-29　粒子替换为花瓣效果

步骤 18：执行“文件”→“导入”→“文件”菜单命令，将“素材 .png”文件导入项目中，然后将其拖拽到“樱花飘落”合成中，如图 6-2-30 所示。

图 6-2-30　将“素材 .png”拖拽到“樱花飘落”合成中

步骤 19：按小键盘上的数字键〈0〉，可以预览最终效果图。

思考：请截图展示预览效果。

课堂体验

简述制作完成后的收获。

拓展训练

请结合使用卡斯特动漫出品的动画“铜鼓奇缘”的素材（见图 6-2-31），完成叶子飘落的设计任务。

图 6-2-31　拓展任务素材

学习总结

1. 请写出学习过程中的收获和遇到的问题。

2. 请对自己的作品进行评价，并填写表 6-2-1。

表 6-2-1　项目任务过程考核评价表

<table>
<tr><td>班级</td><td colspan="2"></td><td>项目任务</td><td colspan="3"></td></tr>
<tr><td>姓名</td><td colspan="2"></td><td>教师</td><td colspan="3"></td></tr>
<tr><td>学期</td><td colspan="2"></td><td>评分日期</td><td colspan="3"></td></tr>
<tr><td colspan="4">评分内容（满分 100 分）</td><td>学生自评</td><td>组员互评</td><td>教师评价</td></tr>
<tr><td rowspan="4">专业技能（60 分）</td><td colspan="3">工作页完成进度（10 分）</td><td></td><td></td><td></td></tr>
<tr><td colspan="3">对理论知识的掌握程度（20 分）</td><td></td><td></td><td></td></tr>
<tr><td colspan="3">理论知识的应用能力（20 分）</td><td></td><td></td><td></td></tr>
<tr><td colspan="3">改进能力（10 分）</td><td></td><td></td><td></td></tr>
<tr><td rowspan="4">综合素养（40 分）</td><td colspan="3">按时打卡（10 分）</td><td></td><td></td><td></td></tr>
<tr><td colspan="3">信息获取的途径（10 分）</td><td></td><td></td><td></td></tr>
<tr><td colspan="3">按时完成学习及工作任务（10 分）</td><td></td><td></td><td></td></tr>
<tr><td colspan="3">团队合作精神（10 分）</td><td></td><td></td><td></td></tr>
<tr><td colspan="4">总分</td><td></td><td></td><td></td></tr>
<tr><td colspan="4">综合得分
（学生自评 10%；组员互评 10%；教师评价 80%）</td><td colspan="3"></td></tr>
<tr><td colspan="4">学生签名:</td><td colspan="3">教师签名:</td></tr>
</table>